《数学中的小问题大定理》丛书（第七辑）

格罗斯问题

——亚纯函数的唯一性问题

刘培杰数学工作室 编

◎ 亚纯函数唯一性的格罗斯问题

◎ 具有公共原象的亚纯函数

◎ 关于亚纯函数的唯一性

◎ 亚纯函数的唯一性定理

◎ 涉及截断重数的亚纯映射的唯一性问题

◎ 二阶线性差分方程亚纯解的唯一性

HITP

哈尔滨工业大学出版社

HARBIN INSTITUTE OF TECHNOLOGY PRESS

内 容 简 介

本书详细介绍了格罗斯问题的相关知识及内容,全书共分为 15 章,主要介绍了亚纯函数唯一性的格罗斯问题、具有公共原象的亚纯函数、亚纯函数的唯一性和格罗斯的一个问题、关于格罗斯的一个问题、亚纯函数的唯一性定理、涉及截断重数的亚纯映射的唯一性问题等内容,通过对本书的学习,读者可以充分理解并掌握格罗斯问题,并能够将其更好地应用到相关的理论研究中.

本书适合数学专业学生、教师及相关领域研究人员和数学爱好者参考阅读.

图书在版编目(CIP)数据

格罗斯问题:亚纯函数的唯一性问题/刘培杰数学
工作室编. —哈尔滨:哈尔滨工业大学出版社,2024.
10. —ISBN 978－7－5767－1704－4
Ⅰ.O174.52

中国国家版本馆 CIP 数据核字第 2024C3F818 号

GELUOSI WENTI:YACHUN HANSHU DE WEIYIXING WENTI

策划编辑	刘培杰　张永芹
责任编辑	关虹玲
封面设计	孙茵艾
出版发行	哈尔滨工业大学出版社
社　　址	哈尔滨市南岗区复华四道街 10 号　邮编 150006
传　　真	0451－86414749
网　　址	http://hitpress.hit.edu.cn
印　　刷	哈尔滨市石桥印务有限公司
开　　本	787 mm×1 092 mm　1/16　印张 13　字数 206 千字
版　　次	2024 年 10 月第 1 版　2024 年 10 月第 1 次印刷
书　　号	ISBN 978－7－5767－1704－4
定　　价	48.00 元

目 录

1

2

从三道数学奥林匹克试题谈起

如何判断两个多项式恒等是初等数学乃至高等数学中常见的问题，我们从数学竞赛试题中俯拾即是.

试题 1 设复系数多项式 $P(Z)$ 与 $Q(Z)$ 有相同的零点集合，但零点的重数可能不同，且 $P(Z)+1$ 与 $Q(Z)+1$ 也具有上述性质，试证：$P(Z) \equiv Q(Z)$.

（第 16 届美国大学生数学竞赛）

证明 命题对于零次多项式不成立，故应假定这两个多项式至少有一个不是常数. 设 P 的次数为 m，Q 的次数为 n. 由对称性可假定 $m \geqslant n$. 令 P 的不同的零点是 $\{\lambda_1, \lambda_2, \cdots, \lambda_r\}$，$P+1$ 的不同的零点是 $\{\mu_1, \mu_2, \cdots, \mu_s\}$. 这两个集合显然不相交. 求 P 及 $P+1$ 的导数，都是 P'，将重数计入，那么它必定至少有 $m-r$ 个零点在 $\{\lambda_1, \lambda_2, \cdots, \lambda_r\}$ 内，$m-s$ 个零点在 $\{\mu_1, \mu_2, \cdots, \mu_s\}$ 内，所以 $m-r+m-s \leqslant m-1$，不等号右边是 P' 的次数（这里假定 $m>0$），于是 $r+s>m$. 但是 $r+s$ 个数 $\lambda_1, \lambda_2, \cdots, \lambda_r, \mu_1, \mu_2, \cdots, \mu_s$ 中的每一个数都是 $P-Q$ 的零点，而多项式 $P-Q$ 的次数至多为 m，由此便推知 $P(Z) \equiv Q(Z)$.

试题 2 设多项式 $P(x)$ 和 $Q(x)$ 的次数都大于 0，记
$$P_k = \{z \in \mathbf{C} \mid P(z) = k\}$$
$$Q_k = \{z \in \mathbf{C} \mid Q(z) = k\}$$
证明：如果 $P_0 = Q_0$，$P_1 = Q_1$，则 $P(x) \equiv Q(x)$，$x \in \mathbf{R}$.

（第 22 届国际数学奥林匹克预选题，1981 年）

证明　如果多项式 $P(x)$ 的根是 $\alpha_1,\alpha_2,\cdots,\alpha_s$，其重数分别为 $k_1,k_2,\cdots,$ k_s，则由于 $P_0=Q_0$，所以多项式 $Q(x)$ 也有相同的根（但重数可能不同）. 同理，如果多项式 $P(x)-1$ 的根是 $\beta_1,\beta_2,\cdots,\beta_r$，其重数分别为 $l_1,l_2,\cdots,l_r$，则由于 $P_1=Q_1$，所以多项式 $Q(x)-1$ 也有相同的根. 因此，在不同的数 $\alpha_1,\alpha_2,\cdots,\alpha_s,\beta_1,\beta_2,\cdots,$ β_r 中，每个数都是多项式 $P(x)-Q(x)$ 的根，设 $P(x)-Q(x)\neq 0$，则

$$\deg[P(x)-Q(x)]\geqslant s+r$$

不妨设 $\deg P(x)\geqslant \deg Q(x)\geqslant 1$，因而

$$\deg P(x)=\deg[P(x)-1]\geqslant \deg[P(x)-Q(x)]$$

如果多项式 $P(x)-k$ 的根 r 的重数为 $m(m>1)$，则多项式 $P'(x)$ 有 $m-1$ 重根 r，因此有

$$\begin{aligned}
\deg P'(x)&\geqslant (k_1-1)+\cdots+(k_s-1)+(l_1-1)+\cdots+(l_r-1)\\
&=(k_1+\cdots+k_s)+(l_1+\cdots+l_r)-(s+r)\\
&\geqslant \deg P(x)+\deg[P(x)-1]-\deg[P(x)-Q(x)]\\
&\geqslant \deg P(x)
\end{aligned}$$

与 $\deg P'(x)<\deg P(x)$ 矛盾. 因此 $P(x)\equiv Q(x)$.

试题 3　证明：非零的复系数多项式 P 和 Q 的根相同（重数也相同）的必要且充分条件为，函数 $f(z)=|P(z)|-|Q(z)|$ 在所有非零的 $z\in \mathbf{C}$ 处的值的符号相同.

（罗马尼亚数学奥林匹克，1978 年）

证明　设多项式 P 和 Q 的根（连同它们的重数）是相同的，则有

$$P(z)=a(z-z_1)^{n_1}(z-z_2)^{n_2}\cdots(z-z_k)^{n_k}$$
$$Q(z)=b(z-z_1)^{n_1}(z-z_2)^{n_2}\cdots(z-z_k)^{n_k}$$

其中 a,b 是非零复数，$n_1,n_2,\cdots,n_k\in \mathbf{N}$，因此，函数

$$\begin{aligned}
f(z)&=|P(z)|-|Q(z)|\\
&=(|a|-|b|)|(z-z_1)^{n_1}\cdots(z-z_k)^{n_k}|
\end{aligned}$$

不能取符号不同的值.

现在证明充分性. 为确定起见，首先，设 $f(z)$ 不取负值，则 $\deg P\geqslant \deg Q$，否则对模充分大的 z 有 $|P(z)|<|Q(z)|$，即 $f(z)<0$，矛盾. 其次，设

$$P(z)=(z-z_0)^{n_0}P_0(z)$$

其中 $z_0\in \mathbf{C},n_0\in \mathbf{N},P_0(z)$ 为多项式，并且 $P_0(z_0)\neq 0$. 再设

$$Q(z)=(z-z_0)^{m_0}Q_0(z)$$

其中 $m_0\in z^+$，$Q_0(z)$ 为多项式，并且 $Q_0(z_0)\neq 0$. 下面证明，$m_0\geqslant n_0$，否则 $0\leqslant$

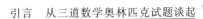

$m_0 < n_0$，则对距点 z_0 足够近的 z 有

$$f(z) = |z - z_0|^{m_0} (|(z - z_0)^{n_0 - m_0} P_0(z_0)| - |Q_0(z_0)|)$$

将是负数. 因此，如果多项式 P 有根 $z_1, z_2, \cdots, z_k$，其重数分别为 $n_1, n_2, \cdots, n_k$，则多项式 Q 也有这些根，且其重数 $m_1, m_2, \cdots, m_k$ 依次不小于 $n_1, n_2, \cdots, n_k$. 最后，由

$$n_1 \leqslant m_1, n_2 \leqslant m_2, \cdots, n_k \leqslant m_k$$

$$n_1 + n_2 + \cdots + n_k \geqslant m_1 + m_2 + \cdots + m_k$$

得到 $n_1 = m_1, \cdots, n_k = m_k$，即 $\deg P = \deg Q$，而且除 $z_1, z_2, \cdots, z_k$ 外，多项式没有其他的根. 因此多项式 P 和 Q 的根相同.

我们的目的并不是要讲这几道试题的解法，而是要以此为引子向读者普及一下多项式的唯一性问题.

从拉格朗日插值谈起

§1 引　言

数学是一切科学的基础,数学需要普及,但怎样普及是个技术活.许多著名数学家的成功因素之一便是很小的时候就知道了一个数学上未解决的大问题或大猜想,潜心研究几十年后终于征服了它.大家耳熟能详的例子有:

第一个例子是美国数学家安德鲁·怀尔斯(Andrew Wiles),十岁时,在放学回家的路上,他拐到社区图书馆,偶然看到数学史家贝尔(Baire)的名著《大数学家》.在介绍费马(Fermat)时顺便提到了举世闻名的"费马最后的定理":$n \in \mathbf{N}, n \geqslant 3$,则丢番图方程 $x^n + y^n = z^n$ 无解.这个定理一直萦绕在怀尔斯的脑海中,几十年后(1994 年),怀尔斯在剑桥大学的一次演讲中宣布他终于解决了这个问题.

第二个例子是我国著名数学家陈景润,他在初中二年级时为躲避战乱而到福州中学就读,此时的任教老师是清华的高才生沈元(后任南京工学院(今东南大学)院长).沈元给他的学生们讲了哥德巴赫猜想,于是它就深深地扎根于陈景润幼小的心灵之中.若干年过去,他终于做出了那个令世界惊叹的"1+2".尽管现在有某个"大人物"说这并没有什么了不起的,但这已成为国人的骄傲是不争的事实.一位世界级解析数论学者的权威评价是恰当的:"他移动了群山."

　　第三个例子是国家自然科学奖一等奖获奖者中唯一的一位中学教师 —— 陆家羲. 他是在哈尔滨电机厂当学徒工时偶然从著名科普作家孙泽瀛所写的小册子《数学方法趣引》中了解到一个组合数学中的著名问题:斯坦纳系列和科克曼系列. 之后的几十年,陆家羲孜孜不倦,数十年如一日地刻苦钻研,终于在"科学的春天"来临之际,将其一举攻克,被加拿大《组合数学》杂志的主编誉为:近 60 年世界组合数学最著名的成就.

　　最后一个例子是挪威裔美籍数学家塞尔伯格(Selberg),1917 年 6 月 14 日他生于挪威的朗厄松. 由于他所做的关于黎曼 ζ 函数零点分布问题的出色成果,以及对素数定理的初等证明,于 1950 年荣获菲尔兹奖,时年 33 岁.1986 年,他还荣获了沃尔夫数学奖,时年 69 岁.

　　塞尔伯格的父亲和两个兄弟都是数学教授,由于受家庭环境的感染和熏陶,他自幼就喜欢数学. 大约在 13 岁时,他便开始自学高等数学. 当他见到 $\frac{\pi}{4}$ 的莱布尼茨级数 $(1-\frac{1}{3}+\frac{1}{5}-\frac{1}{7}+\cdots)$ 时,发现它是由奇数的倒数及加、减符号交错变化而构成时,他感到非常惊奇,更对数学心驰神往,决心要知道这个公式是怎样来的. 当他还是一个中学生时,就已经自修了几年高等数学,所读的书都是从他父亲的书房中找到的. 当他阅读了哥哥从大学图书馆借回的印度数学家拉马努金(Ramanujan)的全集之后,简直像发现了新大陆,极大地唤起了他的想象力. 在上大学之前,他就写了一篇论文,题目是《关于某些数论的等式》. 后来他就读于奥斯陆大学,学习成绩优异,毕业后留校攻读研究生,1943 年获博士学位.1942—1947 年任奥斯陆大学研究员,后当选挪威科学院院士.1947 年移居美国,先在普林斯顿高等研究院任职,1948—1949 年任美国锡拉丘兹大学副教授,1949 年回到普林斯顿高等研究院任研究员,1951 年升为普林斯顿高等研究院教授. 他是美国艺术与科学学院院士.

　　陈省身曾评价说:当代有名的数论大家塞尔伯格曾经说,他喜欢数学的一个动机是下面这个公式

$$\frac{\pi}{4}=1-\frac{1}{3}+\frac{1}{5}-\cdots$$

这个公式实在美极了,奇数 1,3,5,$\cdots$ 这样的组合可以给出 π. 对于一个数学家来说,此公式正如一幅美丽图画或风景.

　　塞尔伯格对中学数学教学的一个很重要的建议是:对中学数学的内容一定要重新斟酌,应该增加一些涉及如何发现并令人振奋的内容.

　　其实举这几个例子就是想说明,要想科普成功,引导青年学子尽快走到高

处,接近前沿,有所成功,就一定要有"问题导向".既要避免"高举高打"一下自平地陡起,使读者丧失勇气,也要避免"平地拉磨",在所谓的各种大纲范围内同水平反复练习,使学生丧失热忱,形成内卷.真正的好方法是"顶天立地",从低处引导至前沿.

下面我们就从中学生所熟悉的拉格朗日(Lagrange)多项式谈起,先看几个简单的题目.

题目 1 设 a,b,c,d 为不同的实数,且 $a+b+c+d=3$,$a^2+b^2+c^2+d^2=45$. 求代数式

$$\frac{a^5}{(a-b)(a-c)(a-d)}+\frac{b^5}{(b-a)(b-c)(b-d)}+$$
$$\frac{c^5}{(c-a)(c-b)(c-d)}+\frac{d^5}{(d-a)(d-b)(d-c)}$$

的值.

解 记

$$S_n=\frac{a^n}{(a-b)(a-c)(a-d)}+\frac{b^n}{(b-a)(b-c)(b-d)}+$$
$$\frac{c^n}{(c-a)(c-b)(c-d)}+\frac{d^n}{(d-a)(d-b)(d-c)}$$

由拉格朗日插值公式,可知

$$\frac{(x-b)(x-c)(x-d)}{(a-b)(a-c)(a-d)}a^3+\frac{(x-a)(x-c)(x-d)}{(b-a)(b-c)(b-d)}b^3+$$
$$\frac{(x-a)(x-b)(x-d)}{(c-a)(c-b)(c-d)}c^3+\frac{(x-a)(x-b)(x-c)}{(d-a)(d-b)(d-c)}d^3$$
$$=x^3 \tag{1}$$

比较两边 x^3 的系数,可知 $S_3=1$;比较两边 x^2 的系数,结合 $a+b+c+d=3$,得 $S_4-3S_3=0$,故 $S_4=3$.由条件,可知

$$ab+ac+ad+bc+bd+cd$$
$$=\frac{1}{2}\left[(a+b+c+d)^2-(a^2+b^2+c^2+d^2)\right]=-18$$

比较式(1)两边 x 项的系数,就有

$$\sum\frac{[-18-a(b+c+d)]a^3}{(a-b)(a-c)(a-d)}=0$$

于是结合 $a+b+c+d=3$,可知 $-18S_3-S_5+3S_4=0$. 于是 $S_5=-9$.

题目 2 给定函数 $F(x)=ax^2+bx+c$,$G(x)=cx^2+bx+a$,$|F(0)|\leqslant 1$,$|F(1)|\leqslant 1$,$|F(-1)|\leqslant 1$.求证:对于 $|x|\leqslant 1$,(1) $|F(x)|\leqslant\frac{5}{4}$,

6

（2）$|G(x)| \leqslant 2$.

证明 为了便于沟通题设条件与结论间的联系，用拉格朗日插值多项式

$$F(x) = \frac{x(x-1)}{2}F(-1) - (x+1)(x-1)F(0) +$$

$$\frac{(x+1)x}{2}F(1) \tag{2}$$

因为

$$|F(-1)| \leqslant 1, |F(0)| \leqslant 1, |F(1)| \leqslant 1$$

所以

$$2|F(x)| \leqslant |x(x-1)| + 2|x^2-1| + |x(x+1)|$$
$$= |x|(1-x) + 2(1-x^2) + |x|(x+1)$$
$$= 2|x| - 2x^2 + 2$$

故

$$|F(x)| \leqslant -x^2 + |x| + 1 = -(|x| - \frac{1}{2})^2 + \frac{5}{4} \leqslant \frac{5}{4}$$

考虑到 $F(x) = ax^2 + bx + c, G(x) = cx^2 + bx + c$，以及 $F(x), G(x)$ 间的系数关系，实行转化

$$x^2 F\left(\frac{1}{x}\right) = x^2\left(\frac{a}{x^2} + \frac{b}{x} + c\right) = cx^2 + bx + a = G(x) \tag{3}$$

根据式（2），得

$$F\left(\frac{1}{x}\right) = \frac{1}{2x^2}[(1-x)F(-1) + 2(1-x)^2 F(0) + (1+x)F(1)]$$

由式（3）知，对于 $|x| \leqslant 1$ 有

$$2|G(x)| \leqslant |-x| + 2|1-x| + |1+x| = 4 - 2x^2$$

故

$$|G(x)| \leqslant 2 - x^2 \leqslant 2$$

题目3 设 P 为 $\triangle ABC$ 所在平面上任一点，求证

$$\frac{PA}{BC} + \frac{PB}{CA} + \frac{PC}{AB} \geqslant \sqrt{3}$$

证明 设 P, A, B, C 在复平面上对应的复数依次为 x, x_1, x_2, x_3. 将多项式 $f(x) = 1$ 于 $x = x_1, x_2, x_3$ 处利用拉格朗日插值公式，得

$$\frac{|x - x_1||x - x_2|}{|x_3 - x_1||x_3 - x_2|} + \frac{|x - x_2||x - x_3|}{|x_1 - x_2||x_1 - x_3|} +$$

$$\frac{|x - x_3||x - x_1|}{|x_2 - x_1||x_2 - x_3|} \geqslant 1$$

所以

$$\frac{PA \cdot PB}{BC \cdot CA} + \frac{PB \cdot PC}{CA \cdot AB} + \frac{PC \cdot PA}{AB \cdot BC} \geqslant 1$$

由

$$(x + y + z)^2 \geqslant \sqrt{3}(xy + yz + zx)$$

即得证.

题目 4　在单位圆周上,给定 $n(n \geqslant 2)$ 个不同的点 $P_1, P_2, \cdots, P_n$,对于其中任意一点 P_k,将它与其他所有点的距离的乘积记为 d_k 求证:$\dfrac{1}{d_1} + \dfrac{1}{d_2} + \cdots + \dfrac{1}{d_k} \geqslant 1$.

证明　设 $P_1, P_2, \cdots, P_n$ 所对应的复数为 $z_1, z_2, \cdots, z_n$,满足 $|z_1| = |z_2| = \cdots = |z_n| = 1$. 由拉格朗日多项式知,对任意复数 z 成立恒等式

$$\frac{(z - z_2)(z - z_3) \cdots (z - z_n)}{(z_1 - z_2)(z_1 - z_3) \cdots (z_1 - z_n)} +$$
$$\frac{(z - z_1)(z - z_3) \cdots (z - z_n)}{(z_2 - z_1)(z_2 - z_3) \cdots (z_2 - z_n)} + \cdots +$$
$$\frac{(z - z_1)(z - z_2) \cdots (z - z_{n-1})}{(z_n - z_1)(z_n - z_2) \cdots (z_n - z_{n-1})} = 1$$

在上式中,令 $z = 0$,并两边取模可得

$$\frac{1}{d_1} + \frac{1}{d_2} + \cdots + \frac{1}{d_n} \geqslant 1$$

题目 5　求证:存在正常数 C(与 n, a_i 无关)使得

$$\max_{0 \leqslant x \leqslant 2} \prod_{j=1}^{n} |x - a_j| \leqslant C^n \max_{0 \leqslant x \leqslant 1} \prod_{j=1}^{n} |x - a_j|$$

对任意正整数 n 及任意 $a_1, a_2, \cdots, a_n \in \mathbf{R}$ 均成立.

证明　设

$$f(x) = (x - a_1)(x - a_2) \cdots (x - a_n)$$
$$b_j = \frac{i}{n} (0 \leqslant i \leqslant n)$$

由拉格朗日插值多项式知

$$f(x) = f(b_0) \frac{(x - b_1) \cdots (x - b_n)}{(b_0 - b_1) \cdots (b_0 - b_n)} + \cdots +$$
$$f(b_n) \frac{(x - b_0) \cdots (x - b_{n-1})}{(b_n - b_0) \cdots (b_n - b_{n-1})}$$

令 $S = \max_{0 \leqslant x \leqslant 1} |f(x)|$,则

$$\max_{0\leqslant x\leqslant 2}\mid f(x)\mid\leqslant\left|f(b_0)\frac{(x-b_1)\cdots(x-b_n)}{(b_0-b_1)\cdots(b_0-b_n)}\right|+\cdots+\left|f(b_n)\frac{(x-b_0)\cdots(x-b_{n-1})}{(b_n-b_0)\cdots(b_n-b_{n-1})}\right|$$

$$\leqslant S\left[\left|\frac{(2-b_1)\cdots(2-b_n)}{(b_0-b_1)\cdots(b_0-b_n)}\right|+\cdots+\left|\frac{(2-b_0)\cdots(2-b_{n-1})}{(b_n-b_0)\cdots(b_n-b_{n-1})}\right|\right]$$

因为

$$\left|\frac{(2-b_0)\cdots(2-b_{i-1})(2-b_{i+1})\cdots(2-b_n)}{(b_n-b_0)\cdots(b_i-b_{i-1})(b_i-b_{i+1})\cdots(b_i-b_n)}\right|$$

$$=\frac{2n(2n-1)\cdots n}{i!\ (n-i)!\ (2n-i)}$$

$$=C_{2n}^i C_{2n-1-i}^{n-i}\leqslant C_{2n}^2 C_{2n-1}^{n-i}$$

所以

$$\max_{0\leqslant x\leqslant 2}\mid f(x)\mid\leqslant S\sum_{i=0}^n C_{2n}^i C_{2n-1}^{n-i}$$

$$<S\left(\sum_{i=0}^n C_{2n}^i\right)\left(\sum_{i=0}^n C_{2n-1}^{n-i}\right)$$

$$<S\cdot 2^{2n}\cdot 2^{2n-1}<S\cdot(16)^n$$

取 $C=16$ 即可.

题目 6　对于给定的 n 个不同的数 $a_1,a_2,\cdots,a_n\in\mathbf{N}(n\geqslant 2)$,记 $p_i=\prod\limits_{\substack{1\leqslant j\leqslant n\\ j\neq i}}(a_i-a_j)(i=1,2,\cdots,n)$. 求证:对于任意的 $k\in\mathbf{N},\sum\limits_{i=1}^n\frac{a_i^k}{p_i}$ 是整数.

证明　先证明结论对 $k=0,1,2,\cdots,n-1$ 成立. 构造一个次数不高于 $n-1$ 的多项式,使它在 n 个点 a_i 处的取值为 $a_i^k(i=1,2,\cdots,n)$. 由拉格朗日插值公式,这个多项式为

$$p(x)=\sum_{j=1}^n a_i^k\frac{\prod\limits_{\substack{1\leqslant j\leqslant n\\ j\neq i}}(x-a_j)}{\prod\limits_{\substack{1\leqslant j\leqslant n\\ j\neq i}}(a_i-a_j)}=\sum_{j=1}^n\frac{a_i^k}{p_i}\prod_{\substack{1\leqslant j\leqslant n\\ j\neq i}}(x-a_j)$$

其中 x^{n-1} 的系数是 $\sum\limits_{i=1}^n\frac{a_i^k}{p_i}$.

另外,多项式 $p(x)=x^k$(由多项式恒等定理),当 $k<n-1$ 时,x^{n-1} 的系数为 0. 而当 $k=n-1$ 时,x^{n-1} 的系数为 1,这说明当 $k=0,1,2,\cdots,n-1$ 时,$\sum\limits_{i=1}^n\frac{a_i^k}{p_i}$ 都是整数. 对于 $k\geqslant n$,假设

$$b_j=\frac{a_1^{k-j}}{p_1}+\frac{a_2^{k-j}}{p_2}+\cdots+\frac{a_n^{k-j}}{p_n}(j=1,2,\cdots,n)$$

且 $b_1, b_2, \cdots, b_n$ 都是整数. 设多项式

$$f(x) = x^n + C_1 x^{n-1} + \cdots + C_{n-1} x + C_n$$

的根为 $a_1, a_2, \cdots, a_n$, 即

$$f(x) = (x - a_1)(x - a_2) \cdots (x - a_n)$$

则由上式易知, $C_1, C_2, \cdots, C_n$ 均为整数, 且对于每个 $j = 1, 2, \cdots, n$, 有

$$a_j^n = \sum_{i=1}^{n} C_i a_j^{n-i}$$

从而

$$
\begin{aligned}
\sum_{i=1}^{n} C_i b_i &= \sum_{i=1}^{n} \sum_{j=1}^{n} C_i \frac{a_j^{k-i}}{p_j} \\
&= \sum_{j=1}^{n} \frac{a_j^{k-n}}{p_j} \sum_{i=1}^{n} C_i a_j^{n-i} \\
&= -\sum_{j=1}^{n} \frac{a_j^{k-n}}{p_j} a_j^n \\
&= -\sum_{j=1}^{n} \frac{a_j^k}{p_j}
\end{aligned}
$$

所以

$$\frac{a_1^k}{p_1} + \frac{a_2^k}{p_2} + \cdots + \frac{a_n^k}{p_n} = -\sum_{i=1}^{n} C_i b_i$$

也是整数. 故由数学归纳法原理知命题成立.

题目 7 已知 $f(x)$ 为一个 n 次复系数多项式. 求证: 存在 3 个 m 次 ($m \geqslant n$) 多项式 $f_1(x), f_2(x), f_3(x)$, 使得:

(1) $f_1(x) + f_2(x) + f_3(x) = f(x)$.

(2) $f_j(x) (1 \leqslant j \leqslant 3)$ 的所有根都为实数.

证明 我们先证明一个引理.

引理 令 $p(x)$ 为实系数多项式, a, b 为任意实数, 且 $a < b$, 则存在 $c \in \mathbf{R}_+$, 使得对一切 $x \in [a, b]$, $|p(x)| < c$.

引理的证明 设 $\deg p = n$, 在区间 $\left(a, \dfrac{a+b}{2}\right)$ 上取 $n+1$ 个点

$$x_0 < x_1 < \cdots < x_{n+1}$$

由拉格朗日插值多项式, 有

$$f(x) = \sum_{j=0}^{n} f(x_j) \prod_{\substack{0 \leqslant k \leqslant n \\ k \neq j}} \frac{x - x_k}{x_j - x_k}$$

对于 $\forall x \in [a, b]$, 有

10

$$| f(x) | \leqslant \sum_{j=0}^{n} | f(x_j) | \prod_{\substack{0 \leqslant k \leqslant n \\ k \neq j}} \frac{| x - x_k |}{| x_j - x_k |}$$

$$\leqslant \sum_{j=0}^{n} | f(x_j) | \prod_{\substack{0 \leqslant k \leqslant n \\ k \neq j}} \frac{| b - x_k |}{| x_j - x_k |}$$

取

$$C > \sum_{j=0}^{n} | f(x_j) | \prod_{\substack{0 \leqslant k \leqslant n \\ k \neq j}} \frac{| b - x_k |}{| x_j - x_k |}$$

则对一切 $x \in [a,b]$，$| f(x) | < C$，引理得证.

下证原题.

设 $f(x) = p(x) + \mathrm{i} q(x)$，这里 $p(x)$ 和 $q(x)$ 均为实系数多项式，$\deg p$，$\deg q \leqslant n$. 定义

$$g(x) = (x-1)(x-2) \cdots (x-m)$$

则 $g\left(\frac{1}{2}\right), g\left(\frac{3}{2}\right), g\left(\frac{5}{2}\right), \cdots, g\left(\frac{2m+1}{2}\right)$ 交替改变符号. 设

$$S = \min \left\{ \left| g\left(\frac{2k-1}{2}\right) \right|, k = 1, 2, \cdots, m+1 \right\} (S > 0)$$

利用引理，存在 C_1, C_2，使得 $x \in (0, m+1)$ 时

$$| p(x) | < C_1, \quad | q(x) | < C_2$$

取 $C = \max\{C_1, C_2\} > 0$，正实数 $A > \frac{C}{S}$，且 A 大于 $p(x), q(x)$ 的首项系数. 构造

$$f_1(x) = p(x) + Ag(x)$$
$$f_2(x) = \mathrm{i}[q(x) + Ag(x)]$$
$$f_3(x) = -(1+\mathrm{i})Ag(x)$$

则

$$\deg f_1 = \deg f_2 = \deg f_3 = m = \deg g$$

且

$$f(x) = f_1(x) + f_2(x) + f_3(x)$$

下证 $f_j(x)$ 的根全为实数.

$j = 3$ 时显然成立. $j = 2$ 时，只需证 $q(x) + Ag(x)$ 的根全为实数.

记 $h(x) = q(x) + Ag(x)$. 当 $x \in \left\{ \frac{1}{2}, \frac{3}{2}, \frac{5}{2}, \cdots, \frac{2m+1}{2} \right\}$ 时

$$A | g(x) | \geqslant AS > C > | q(x) |$$

故 $h(x)$ 与 $g(x)$ 同号. 又 $g(x)$ 在点 $\frac{1}{2}, \frac{3}{2}, \frac{5}{2}, \cdots, \frac{2m+1}{2}$ 处交替改变符号，所

以 $h(x)$ 在这 $m+1$ 个点处亦交替改变符号. 故 $h(x)$ 在 $\left(\dfrac{2j-1}{2},\dfrac{2j+1}{2}\right)$ $(j=1,$ $2,\cdots,m)$ 上有实数根. 这表明 $h(x)$ 至少有 m 个不同的实根. 又 $\deg h=m$, 所以 $h(x)$ 的所有根即为上面所述的 m 个不同的实根. 故 $f_2(x)$ 的所有根也全为实数. 同理 $f_1(x)$ 的所有根也全为实数. 原题得证.

题目 8 设 $f(z)=z^n+a_{n-1}z^{n-1}+\cdots+a_1z+a_0,a_j\in\mathbf{C}$. 求证: 存在 $z_0\in\mathbf{C}$, 使 $|z_0|=1$, 且 $|f(z_0)|\geqslant1$.

证明 设 $z_1,z_2\cdots,z_{n+1}$ 是 $n+1$ 次单位根. 由拉格朗日插值公式可知

$$f(z)=\sum_{i=1}^{n+1}\frac{\prod\limits_{j\neq i}(z-z_j)}{\prod\limits_{j\neq i}(z_i-z_j)}f(z_i) \tag{4}$$

由于 $f(z)$ 的首项系数等于 1, 于是, 比较两边的首项系数可得

$$\sum_{i=1}^{n+1}\frac{f(z_i)}{\prod\limits_{j\neq i}(z_i-z_j)}=1$$

由于 z_i 为 $n+1$ 次单位根, 故有

$$\prod_{j\neq i}(z_i-z_j)=\prod_{j=1}^{n}(z_i-z_{i+j})$$
$$=\Big(\prod_{j=1}^{n}(1-z_j)\Big)z_i^n$$
$$=(n+1)z_i^n$$

故

$$\Big|\prod_{j\neq i}(z_i-z_j)\Big|=n+1$$

对式(4)两边取模, 结合上述结果, 可知

$$\sum_{i=1}^{n+1}|f(z_i)|\geqslant n+1$$

从而存在满足条件的 z_0.

题目 9 设 $\triangle ABC$ 的三边长为 a,b,c, 点 P 是 $\triangle ABC$ 所在平面上的任意一点, 求证

$$\frac{PB\cdot PC}{bc}+\frac{PC\cdot PA}{ca}+\frac{PA\cdot PB}{ab}\geqslant1$$

证明 设点 A,B,C,P 所对应的复数为 z_1,z_2,z_3,z_0, 由拉格朗日插值多项式, 对于任意复数 z 有

$$\frac{(z-z_2)(z-z_3)}{(z_1-z_2)(z_1-z_3)}+\frac{(z-z_3)(z-z_1)}{(z_2-z_3)(z_2-z_1)}+\frac{(z-z_1)(z-z_2)}{(z_3-z_1)(z_3-z_2)}=1$$

在上式中令 $z=z_0$，两边取模，即有

$$\left|\frac{(z_0-z_2)(z_0-z_3)}{(z_1-z_2)(z_1-z_3)}\right|+\left|\frac{(z_0-z_3)(z_0-z_1)}{(z_2-z_3)(z_2-z_1)}\right|+\left|\frac{(z_0-z_1)(z_0-z_2)}{(z_3-z_1)(z_3-z_2)}\right|$$

$$\geqslant\left|\frac{(z_0-z_2)(z_0-z_3)}{(z_1-z_2)(z_1-z_3)}+\frac{(z_0-z_3)(z_0-z_1)}{(z_2-z_3)(z_2-z_1)}+\frac{(z_0-z_1)(z_0-z_2)}{(z_3-z_1)(z_3-z_2)}\right|=1$$

利用这种方法还可以证明下列结论.

设 a,b,c 分别表示 $\triangle ABC$ 的三边 BC,CA,AB 的长，P,Q 为 $\triangle ABC$ 所在平面上任意两点. 求证

$$a\cdot PA\cdot QA+b\cdot PB\cdot QB+c\cdot PC\cdot QC\geqslant abc$$

等号当且仅当 P,Q 为 $\triangle ABC$ 的一对等角共轭点时成立.

利用拉格朗日插值多项式，我们还可以证明一个 I. J. Matrix 恒等式的推广.

I. J. Matrix 恒等式为

$$\frac{a^r}{(a-b)(a-c)}+\frac{b^r}{(b-c)(b-a)}+\frac{c^r}{(c-a)(c-b)}$$

$$=\begin{cases}0,r=0,1\\1,r=2\\a+b+c,r=3\end{cases}$$

可以将其推广为：

推广　设 $x_1,x_2,\cdots,x_n$ 是 n 个互不相等的数，$t_1,t_2,\cdots,t_m$ 是任意 m 个数，$r_1,r_2,\cdots,r_m$ 为非负整数，$\displaystyle\sum_{k=1}^{m}r_k=r(r\geqslant m)$，则

$$\sum_{j=1}^{n}\frac{\displaystyle\prod_{1\leqslant k\leqslant m}(x_j-t_k)^{r_k}}{\displaystyle\prod_{\substack{1\leqslant k\leqslant n\\k\neq j}}(x_j-x_k)}=\begin{cases}0,0\leqslant r<n-1\\1,r=n-1\\\displaystyle\sum_{k=1}^{n}r_kx_k-\sum_{k=1}^{m}r_kt_k,r=n=m\end{cases}$$

证明　当 $0\leqslant r<n-1$ 时，令

$$f(x)=(x-t_1)^{r_1}(x-t_2)^{r_2}\cdots(x-t_m)^{r_m}$$

由拉格朗日插值多项式，得

$$f(x)=\sum_{j=1}^{n}\prod_{\substack{k=1\\k\neq j}}^{n}\frac{x-x_k}{x_j-x_k}f(x_j)$$

$$=\sum_{j=1}^{n}\prod_{\substack{k=1\\k\neq j}}^{n}\frac{x-x_k}{x_j-x_k}\prod_{1\leqslant i\leqslant m}(x_j-t_i)^{r_i}$$

$$\equiv(x-t_1)^{r_1}(x-t_2)^{r_2}\cdots(x-t_m)^{r_m}$$

比较 x^{n-1} 的系数,得

$$\sum_{j=1}^{n} \frac{\prod\limits_{1\leqslant i\leqslant m}(x_j-t_i)^{r_i}}{\prod\limits_{\substack{1\leqslant k\leqslant n\\k\neq j}}(x_j-x_k)} = \begin{cases} 0, 0\leqslant r<n-1 \\ 1, r=n-1 \end{cases}$$

当 $r=n=m$ 时,令

$$f(x)=(x-t_1)^{r_1}(x-t_2)^{r_2}\cdots(x-t_n)^{r_n}-$$
$$(x-x_1)^{r_1}(x-x_2)^{r_2}\cdots(x-x_n)^{r_n}$$

同样地,我们有

$$\sum_{j=1}^{n}\left(\prod_{\substack{k=1\\k\neq j}}^{n}\frac{x-x_k}{x_j-x_k}\right)\prod_{1\leqslant i\leqslant n}(x_j-t_i)^{r_i}$$
$$\equiv\prod_{1\leqslant i\leqslant n}(x-t_i)^{r_i}-\prod_{1\leqslant i\leqslant n}(x-x_i)^{r_i}$$

比较 x^{n-1} 的系数,得

$$\sum_{j=1}^{n}\frac{\prod\limits_{1\leqslant k\leqslant n}(x_j-t_k)^{r_k}}{\prod\limits_{\substack{1\leqslant k\leqslant n\\k\neq j}}(x_j-x_k)}=\sum_{k=1}^{n}r_kx_k-\sum_{k=1}^{n}r_kt_k$$

§2　复数域上的插值多项式

设在复平面上给定了 $n+1$ 个点 $z_0,z_1,\cdots,z_n$,它们之间互不相同,要求构造一个 n 次多项式 $P_n(z)$,它在点 $z=z_i$ 处取得预先给定的值 $w_i(i=0,1,2,\cdots,n)$,则

$$P_n(z_i)=w_i(i=0,1,2,\cdots,n) \tag{1}$$

设

$$P_n(z)=a_0+a_1z+\cdots+a_nz^n$$

则由式(1)得到具有未知数 $a_i(0\leqslant i\leqslant n)$ 的 $n+1$ 个线性方程

$$\begin{cases} a_0+a_1z_0+\cdots+a_nz_0^n=w_0 \\ a_0+a_1z_1+\cdots+a_nz_1^n=w_1 \\ \quad\vdots \\ a_0+a_1z_n+\cdots+a_nz_n^n=w_n \end{cases} \tag{2}$$

其系数行列式为范德蒙德(Vandermonde)行列式

$$\begin{vmatrix} 1 & z_0 & z_0^2 & \cdots & z_0^n \\ 1 & z_1 & z_1^2 & \cdots & z_1^n \\ \vdots & \vdots & \vdots & & \vdots \\ 1 & z_n & z_n^2 & \cdots & z_n^n \end{vmatrix} = \prod_{i<k}(z_i - z_k) \neq 0$$

因此,方程组(2)有唯一的解,且可以用行列式把其清楚地表达出来.

这里我们模仿 $n+1$ 维向量可以用 $n+1$ 维空间中的 $n+1$ 个基向量来表达的思想,可以更清楚地写出它的表达式:对于任意 $k(k=0,1,2,\cdots,n)$,构造 n 次多项式 $l_k(z)$,使其满足

$$l_k(z_i) = \begin{cases} 1, i=k \\ 0, i \neq k, 1 \leqslant i \leqslant n \end{cases} \tag{3}$$

显然这个多项式为

$$l_k(z) = \frac{w(z)}{(z-z_k)w(z_k)}(k=0,1,\cdots,n) \tag{4}$$

其中

$$w(z) = \prod_{i=0}^{n}(z-z_i) \tag{5}$$

我们称 $\{l_k(z)\}(0 \leqslant k \leqslant n)$ 为基多项式.因此,满足条件(1)的唯一的 n 次多项式 $P_n(z)$ 的表示式为

$$P_n(z) = \sum_{k=0}^{n} w_k l_k(z) = \sum_{k=0}^{n} \frac{w_k w(z)}{(z-z_k)w(z_k)} \tag{6}$$

这就是在复数域上的拉格朗日插值多项式.

下面我们来介绍拉格朗日插值多项式与充分条件.

设 $f(z)$ 在闭圆盘 $|z-z_0| \leqslant r(r>0)$ 上解析,且点列 $\{z_n\}$ 互异并满足条件:

(1)$0 < |z_n - z_0| < r$.

(2)$\lim\limits_{n \to \infty} z_n = z_0$.

则由解析函数的内部唯一性定理(亦称解析延拓定理),叙述是这样的:

设 Ω 是复数域.

(1)设 $f(z)$ 在 Ω 上解析,若 Ω 中存在无限点集 A 满足:

①A 在 Ω 中有有限极点(即 $A \cap \Omega \neq \varnothing$).

②对所有的 $z \in A, f(z) = 0$ 恒成立.

则 $f(z) \equiv 0, z \in \Omega$.比如说,$A$ 可以是 Ω 中的一个(非空)子区域,或一条(非退化成一点的)曲线.于是,除非 $f(z)$ 恒等于 0,否则 $f(z)$ 在每个紧致子集

上顶多只能有有限多个零点;在 Ω 上顶多只能有可数无限多个零点.

(2) 设 $f(z)$ 与 $g(z)$ 在 Ω 上解析,Ω 中有一个点集 A,其在 Ω 中有有限极点,使得对于每个点 $z \in A$,$f(z) = g(z)$ 恒成立,则必有 $f(z) \equiv g(z)$,$z \in \Omega$.

由此定理,$f(z)$ 在点列 $\{z_n\}$ 的取值 $f(z_n)(n \geqslant 1)$ 唯一地决定了 $f(z)$.问题是:如何从点列 $\{f(z_n)\}(n \geqslant 1)$ 决定 $f(z)$ 在 $|z-z_0| < r$ 上一点 z 的值.构想来自于拉格朗日多项式:

① 对每个正整数 $n(n \geqslant 2)$,构造一个 $n-1$ 次多项式 $L_{n-1}(z)$,满足 $L_{n-1}(z_k) = f(z_k)$,$1 \leqslant k \leqslant n$.

② 再探讨 $L_{n-1}(z)$ 在 $|z-z_0| < r$ 上是否局部收敛到 $f(z)$?

如果 ② 成立,那么问题便得到解决.

因为 $n-1$ 次多项式最多只有 $n-1$ 个互异的零点,所以 ① 有解,那么这个多项式是唯一的.

设 $L_n(z) = a_{n-1}z^{n-1} + \cdots + a_1 z + a_0$,则由 n 个未知数 $a_{n-1}, \cdots, a_1, a_0$,$n$ 个方程式

$$L_{n-1}(z_k) = \sum_{l=0}^{n-1} a_l z_k^l = f(z_k) (1 \leqslant k \leqslant n)$$

的联立方程组,利用范德蒙德行列式可以得到所求的多项式

$$L_{n-1}(z) = \sum_{k=1}^{n} \frac{f(z_k)}{w'_n(z_k)} \cdot \frac{w_n(z)}{z-z_k} \tag{7}$$

$$w_n(z) = (z-z_1)\cdots(z-z_n)$$

$$= \prod_{k=1}^{n}(z-z_k)(n \geqslant 2)$$

称为拉格朗日插值多项式,这样就解决了 ①.

至于 ②,我们必须估计 $f(z) - L_{n-1}(z)$,看看它在 $|z-z_0| \leqslant \rho < r$ 上是否会均匀收敛到 0.

为此我们需要改变式(7),使其成为积分表达式,以至于可以跟 $f(z)$ 的积分表达式 $\frac{1}{20\pi i} \int \frac{f(\zeta)}{\zeta-z} d\zeta$ 互相搭配计算.

因此,考虑 ζ 的 $n-1$ 次多项式

$$\frac{w_n(\zeta) - w_n(z)}{\zeta-z}$$

以及积分

$$L_{n-1}(z) = \frac{1}{20\pi i} \int_{|\zeta-z_0| < r} \frac{f(\zeta)}{w_n(\zeta)} \cdot \frac{w_n(\zeta) - w_n(z)}{\zeta-z} d\zeta (|z-z_0| < r) \tag{8}$$

可以证明上式右边代表 z 的一个 $n-1$ 次多项式，并且余式

$$f(z) - L_{n-1}(z) = \frac{1}{20\pi i}\int_{|\zeta-z_0|=r}\frac{f(\zeta)}{\zeta-z}\mathrm{d}\zeta -$$

$$\frac{1}{20\pi i}\int_{|\zeta-z_0|=r}\frac{f(\zeta)}{w_n(\zeta)}\cdot\frac{w_n(\zeta)-w_n(z)}{\zeta-z}\mathrm{d}\zeta$$

$$= \frac{w_n(z)}{20\pi i}\int_{|\zeta-z_0|=r}\frac{f(\zeta)}{w_n(\zeta)(\zeta-z)}\mathrm{d}\zeta(\mid z-z_0\mid < r) \qquad (9)$$

在 $\mid z-z_0\mid < r$ 上解析（由柯西（Cauchy）积分，得知上式右边的积分

$\int_{|\zeta-z_0|=r}\dfrac{\left[\dfrac{f(\zeta)}{w_n(\zeta)}\right]}{\zeta-z}\mathrm{d}\zeta$ 在 $\mid z-z_0\mid < r$ 上代表一个解析函数），特别地，在 $z_k(1\leqslant$

$k\leqslant n)$ 处解析，而且有单重零点. 所以式(8)右边的积分的确是拉格朗日多项式，或是应用留数定理到

$$\varphi(\zeta) = \frac{f(\zeta)}{w_n(\zeta)}\cdot\frac{w_n(\zeta)-w_n(z)}{\zeta-z}$$

$\varphi(\zeta)$ 在 $\zeta=z_k(1\leqslant k\leqslant n)$ 处有单极点（注意，$\zeta=z$ 是可去奇点，不是极点）.

现有

$$\mathrm{Res}(\varphi(\zeta);z_k) = \lim_{\zeta\to z_k}(z-z_k)\varphi(\zeta)$$

$$= \frac{f(z_k)}{w'_n(z_k)}\cdot\frac{0-w_n(z)}{z_k-z}$$

$$= \frac{f(z_k)}{w'_n(z_k)}\cdot\frac{w_n(z)}{z-z_k}(k=1,2,3,\cdots,n)$$

所以式(8)右边的积分为

$$\sum_{k=1}^{n}\mathrm{Res}(\varphi(\zeta);z_k)$$

$$= \sum_{k=1}^{n}\frac{f(z_k)}{w'_n(z_k)}\cdot\frac{w_n(z)}{z-z_k}$$

由此重新得到式(7)的右边，所以式(8)的确为 $L_{n-1}(z)$.

　　剩下的问题是：对于任取的 $0 < \rho < r$，式(9)右边的积分会不会在 $\mid z-$
$z_0\mid\leqslant\rho$ 上均匀收敛到 0. 当 $\mid z-z_0\mid < r$ 时，由式(9)有

$$\mid f(z)-L_{n-1}(z)\mid\leqslant\max_{|\zeta-z_0|=r}\left|\frac{w_n(z)}{w_n(\zeta)}\right|\cdot\frac{rM}{r-\mid z-z_0\mid}$$

$$M = \max_{|\zeta-z_0|=r}\mid f(\zeta)\mid \qquad\qquad (*)$$

其中

$$\frac{\mid z-z_k\mid}{\mid\zeta-z_k\mid}\leqslant\frac{\mid z-z_0\mid+\mid z_k-z_0\mid}{\mid\zeta-z_0\mid-\mid z_k-z_0\mid}$$

$$= \frac{|z-z_0|+|z_k-z_0|}{r-|z_k-z_0|}(k=1,2,\cdots,n)$$

假设 $\lim\limits_{k\to\infty} z_k = z_0$ 成立,则

$$\varlimsup_{k\to\infty}\left|\frac{z-z_k}{\zeta-z_k}\right| \leqslant \frac{|z-z_0|}{r} < 1$$

成立. 于是,存在 $k_0 \geqslant 1$ 使得当 $k \geqslant k_0$ 时,恒有

$$\max_{|\zeta-z_0|=r}\left|\frac{z-z_k}{\zeta-z_k}\right| \leqslant \frac{|z-z_0|}{r}$$

z 固定且 $|z-z_0| < r$.

回到式($*$),在条件 $\lim\limits_{k\to\infty} z_k = z_0$ 下,当 $k \geqslant k_0$,且 $n \geqslant k_0$ 时,有

$$|f(z)-L_{n-1}(z)| \leqslant \frac{rM}{r-|z-z_0|} \cdot \prod_{k=1}^{k_0-1}\left(\frac{|z-z_0|+|z_k-z_0|}{r-|z_k-z_0|}\right)\left(\frac{|z-z_0|}{r}n-k_0\right)$$

z 固定且 $|z-z_0| < r$.

这表明 $\lim\limits_{n\to\infty} L_{n-1}(z) = f(z)$ 在 $|z-z_0| < r$ 上逐点成立,而且在闭圆盘 $|z-z_0| < \rho(0 < \rho < r)$ 上会均匀成立.

我们还可以将插值的对象扩展到解析函数上去. 解析函数内插的目的,在本质上不同于实变函数内插法所追求的目的. 阿贝尔－贡恰罗夫(Abel-Goncharov)问题是解析函数最重要和最有趣的问题之一. 但从实变函数的内插法观点来看,至少像是意料之外的装饰. 实际上,我们很难设想这样的问题,即在一点上只有函数值,在另一点上有它的导数值,在第三点上有二阶导数值等. 可是阿贝尔－贡恰罗夫问题中却正要使函数接近这样的事实. 这一仿佛奇怪的问题的重要性,可以这样说明,即解析函数内插的目的并不是已知的某些不连续数据的函数近似式,而是研究展开式为适当内插数列的任意解析函数的某些要素的动态.

§3 函数唯一性理论

前面介绍的拉格朗日多项式可以对 n 次多项式给定的 $n+1$ 个值唯一地确定一个多项式. 在数学中专门有一个分支叫函数唯一性理论,它探讨在什么情况下只存在一个函数满足所给的条件. 因此,如何来唯一地确定一个亚纯函数的探讨也就显得有趣及复杂了. 在这方面,芬兰著名数学家奈望林纳(Nevanlinna)在1925年建立了亚纯函数的一个一般性理论,并在《皮卡－波莱

尔定理与亚纯函数理论》(*Le Théorème de Picard-Borel et la Théorie des Fonctions Méromorphes*) 及《单值解析函数》(*Eindeutige analytische Funktionen*, 1935) 两书中发展了这个理论(现称"奈望林纳理论"),给出了第一及第二基本定理,由此推出亚纯函数的值分布的若干结果,影响深远.这一理论自然就成为研究唯一性理论的主要研究工具.很早奈望林纳本人就证明了,任意一个非常数亚纯函数可由其 5 个值的点集而确定.换句话说,若两个非常数亚纯函数 f 与 g 具有共同的取 5 个值的点集,则 $f \equiv g$.很明显,若附加条件,则两个函数相应地可由具有共同地取 4 个值、3 个值、2 个值,甚至 1 个值的点集而定.

这一问题后来又被推广为具有公共值集的亚纯函数的唯一性问题.一般来说,这类问题难度较大.1976 年,数学家格罗斯(Gross)曾问:能否找到一个有限集合 S,使得对任意两个非常数整函数 f 与 g,当 S 为 f 与 g 的公共值集时,必有 $f \equiv g$?

设 $f(z)$ 为非常数亚纯函数,S 为复平面中的一个集合.令

$$E_f(S) = \bigcup_{a \in S} \{z \mid f(z) - a = 0\}$$

这里 m 重零点在 $E_f(S)$ 中重复 m 次,则称 E_f 为 f 下 S 的原象集合.用 $\overline{E}_f$ 表示 $E_f(S)$ 中不同点的集合,并称 $\overline{E}_f(S)$ 为 f 下 S 的精简原象集合.

1982 年,格罗斯—杨(Gross-Yang)引入了下述定义:

若点集 S 使得对任意两个非常数整函数 f 与 g,只要满足 $E_f(S) = E_g(S)$,则必有 $f \equiv g$,称点集 S 为唯一性象集.

对多项式函数而言,若 f 与 g 都是 n 次的,且 $f\left(\dfrac{1}{i}\right) = g\left(\dfrac{1}{i}\right)$ $(i = 1, 2, \cdots, n)$,则 $f \equiv g$,对于两个非常数整函数 f 与 g,只需 i 走遍所有自然数即可.

1981 年,Diamond,Pomerance 和 Rubel 证明了下述有趣的结果:若集合 $\left\{f\left(\dfrac{1}{n}\right)\right\} = \left\{g\left(\dfrac{1}{n}\right)\right\}$(不管次序),则 $f \equiv g$.

类似结论在多项式函数中一般是不存在的.

其实这个问题是庞大的复分析经典理论中的一个重要问题,其大的背景嵌入在奈望林纳理论之中.

奈望林纳,芬兰人,1895 年 10 月 22 日生于约恩苏,毕业于赫尔辛基大学,1924 年成为芬兰科学院院士,1926 年至 1946 年间在赫尔辛基大学任教授,1946 年起在秋里赫斯基大学任教,1959 年至 1962 年间任国际数学家协会主席,1980 年逝世.

奈望林纳是芬兰数学学派的著名人物.他在 20 世纪 20 年代发表的亚纯函

数值分布理论的基本定理,奠定了这一分支的基础,著有专著《解析函数论》.他的学生有不少是复变函数论专家.如阿尔弗斯(Ahlfors)就因对"奈望林纳理论"研究的一系列成果而获得首届菲尔兹奖.

关于奈望林纳的国际声望可以从数学的几个著名大奖看出来,比如:2006年8月22日,在西班牙马德里的国际数学家大会(ICM 2006)开幕式上,由西班牙国王胡安·卡洛斯一世(Juan Carlos I)亲自颁发了菲尔兹奖、奈望林纳奖和高斯奖.

• 菲尔兹奖的获得者是:安德烈·奥昆科夫(Andrei Okounkov),格里戈里·佩雷尔曼(Grigori Perelman),陶哲轩(Terence Tao)和文德林·维尔纳(Wendelin Werner).

• 奈望林纳奖授予乔恩·克莱因伯格(Jon Kleinberg).

• 高斯奖授予伊藤清(Kiyoshi Itô).

由于本书是以介绍奈望林纳的理论为主的,所以我们就不介绍大名鼎鼎的陶哲轩和伊藤清了.专门介绍一下克莱因伯格,他对日益增长的网络世界的理解和管理已成为重要的实际问题,这些问题进而引发了深刻的理论思考.他在一个非常广阔的领域中工作,从网络分析和运行,到数据挖掘,到核苷酸序列的比较研究和蛋白质结构分析,除了在研究工作上做出了基本性的贡献,克莱因伯格还深刻地考虑了技术对社会、经济和政治领域的影响(进一步的信息请参见 www.icm2006.org.).

克莱因伯格于1971年出生在美国马萨诸塞州的波士顿.1996年他在麻省理工学院获得博士学位.他是康奈尔大学的计算机科学教授,曾获得 Sloan 基金(1997),Packard 基金(1999)和美国科学院的研究初创奖(Initiatives in Research Award)(2001).2005年,克莱因伯格从 John D. 和 Catherine T. MacArthur 基金会获得 MacArthur "天才"基金.

其他几位历年的得主分别是:塔简(1983)、瓦利亚特(1986)、拉兹博洛夫(1990)、威治森(1994)、肖尔(1998)、苏丹(2002)、斯皮尔曼(2010)、库特(2014)、达斯卡斯基(2018).

有些人物在某个特定区域就是业内的标志性人物.如果一个人对其没有耳闻,那就说明此人并非业内人士,最起码不是业内小有成就的人.比如毕加索(Picasso)之于绘画,肖邦(Chopin)之于音乐,瓦尔德内尔(Waldner)之于乒乓球,武宫正树(Masaki Takemiya)之于围棋,在芬兰,奈望林纳也有如此的地位.据说有一次奈望林纳的孙子问他的数学老师:"您知道奈望林纳吗?"其老师一脸茫然,于是他的孙子断言道:"您一定不是一位优秀的高中数学教师!"

本书从内容上划分属函数值分布论(theory of value distribution),复变函数论中历史悠久、理论完美的一个分支,其主要研究内容是整函数和亚纯函数的取值情况.

1879 年,法国数学家皮卡(Picard)证明了:对于不退化为常数的整函数 $f(z)$ 和任意复数 a,方程 $f(z)=a$ 都有根,至多除去 a 的两个例外值.皮卡定理奠定了值分布论的基础.之后,法国数学家庞加莱(Poincaré)、阿达玛(Hadamard)等人继续进行研究,后者建立了整函数和亚纯函数的分解定理,并应用于 J 函数的零点研究.

1896 年,法国数学家波莱尔正式引入整函数的级的概念,把皮卡定理大大推进了一步.

20 世纪初,有许多人从事值分布论的研究,其中成果较为显著的有芬兰数学家林德勒夫(Lindelöf)、德国数学家布卢门塔尔(Blumenthal)和法国数学家当茹瓦(Denjoy)等.

1919 年,法国数学家朱利亚(Julia)开创了在一射线附近函数取值情况的研究,不久他的工作又被推进了一步.1925 年,芬兰数学家奈望林纳把亚纯函数作为主要研究对象,建立了两个基本定理.他的工作使值分布论呈现了崭新的面貌,开始了值分布的近代理论.1928 年,法国数学家瓦利隆(Valiron)也发展了朱利亚的工作.这一阶段还有许多杰出的学者从事值分布论的研究.20 世纪 50 年代中期以来,又出现了许多优秀的工作者.

在中国,在著名数学家熊庆来的倡导下,庄圻泰、杨乐和张广厚等人从事值分布论的研究,并取得了显著的成果.

在亚纯函数唯一性理论的研究中,较著名的是仪洪勋先生.

亚纯函数唯一性的格罗斯问题

格罗斯曾提出了这样一个问题：能否找到两个（甚至一个）有穷集合 $S_j(j=1,2)$，使得满足 $E_f(S_j)=E_g(S_j)(j=1,2)$ 的任何两个整函数 f 和 g 必定恒等，这里 $E_f(S_j)$ 表示 S_j 关于 f 的逆象，计重数. 仪洪勋教授[①]对于亚纯函数 f 和 g 对此问题做了肯定的回答. 华东师范大学的宋国栋和上海铁道大学的李农两位教授于 1996 年以 $\overline{E}_f(S)$ 和 $\overline{E}_g(S)$ 代替 $E_f(S)$ 和 $E_g(S)$，对这个问题做了进一步的讨论，这里 $\overline{E}_f(S)$ 是与 $E_f(S)$ 相同的点集，但不计重数.

§1 引　　言

本节将使用奈望林纳理论的标准记号，如 $N(r,f),\overline{N}(r,f),T(r,f)$. 又 $S(r,f)=o(T(r,f))$，当 $r\to\infty$ 时在一个有限测度集外成立[②]. 此外，我们将使用如下记号：

f 和 g——整函数或亚纯函数.

$E_f(A)=\bigcup\limits_{w\in A}\{z\mid f(z)=w\}$——有穷集合 $A\subset\hat{\mathbb{C}}$ 关于 f 的逆象，计重数.

$\overline{E}_f(A)$——与 $E_f(A)$ 有相同的点集，但不计重数.

n——自然数.

---

① YI H X. On unicity of meromorphic functions and a Gross' problem[J]. Science in China，Ser. A,1994,5(24):457-466.

② HAYMAN W K. Meromorphic functions[M]. Oxford: Clarendon Press，1964.

a 和 b—— 复数，$a \neq b, b \neq 0$.

$$\omega = \cos \frac{2\pi}{n} + \mathrm{i}\sin \frac{2\pi}{n}.$$

以及

$$S = \{a + b, a + b\omega, \cdots, a + b\omega^{n-1}\} \tag{1}$$

并用 $f = T(g)$ 表示：或者 $f - a = \nu(g - a), \nu^n = 1$，或者 $(f - a)(g - a) = b^2\mu$，$\mu^n = 1$.

1976 年，格罗斯[1]提出了前文所述的一个问题. 对此问题，仪洪勋教授[2]证明了如下 3 个定理：

定理 A　设 f 和 g 为两个非常数亚纯函数. 若 $E_f(S) = E_g(S)$，这里 S 是由式(1) 表示的集合，$n > 8$，则 $f = T(g)$.

定理 B　设 f 和 g 为两个非常数整函数. 若 $E_f(S) = E_g(S), n > 4$，则 $f = T(g)$.

定理 C　设 f 和 g 为两个非常数亚纯函数. 记 $\tilde{S} = \{\tilde{a}\}$，这里 $\tilde{a} = a$ 或 $\tilde{a} = \infty$. 若 $E_f(S) = E_g(S), n > 6$，且 $E_f(\tilde{S}) = E_g(\tilde{S})$，则 $f = T(g)$.

仪洪勋教授[3]还指出，从上述 3 个定理不难解决格罗斯问题. 例如，设 $S_1 = S, n > 8, S_2 = \{c_1, c_2\}, c_1 \neq a, c_2 \neq a, (c_1 - a)^n \neq (c_2 - a)^n$ 且 $(c_j - a)^n(c_k - a)^n \neq b^{2n}(j, k = 1, 2)$. 若 $E_f(S_j) = E_g(S_j)(j = 1, 2)$，则 $f = g$.

上述定理中的假设 $E_f(S) = E_g(S)$ 可以理解为 f 和 g "分担" 值集 S(计重数). 本章将在条件 $\overline{E}_f(S) = \overline{E}_g(S)$ 下讨论同样的问题，即假定 f 和 g 分担 S(不计重数)，证明下列定理：

定理 1　设 f 和 g 为两个非常数亚纯函数. 若 $\overline{E}_f(S) = \overline{E}_g(S), n > 14$，则 $f = T(g)$.

定理 2　设 f 和 g 为两个非常数整函数. 若 $\overline{E}_f(S) = \overline{E}_g(S), n > 7$，则 $f = T(g)$.

定理 3　设 f 和 g 为两个非常数亚纯函数，$\tilde{S}$ 如定理 C 中所述. 若 $\overline{E}_f(S) =$

————————————

①　GROSS F. Factorization of meromorphic functions and some open problems[J]. Lecture Notes in Math. ,1976,599:51-67.

②　YI H X. On unicity of meromorphic functions and a Gross' problem[J]. Science in China, Ser. A,1994,5(24):457-466.

③　YI H X. On unicity of meromorphic functions and a Gross' problem[J]. Science in China, Ser. A,1994,5(24):457-466.

$\overline{E}_g(S), n > 13$, 且 $\overline{E}_f(\check{S}) = \overline{E}_g(\check{S})$, 则 $f = T(g)$.

由定理 $1 \sim 3$, 我们可以在 f 和 g 分担某两个集合 S_1 和 S_2(不计重数)的假设下解决格罗斯提出的问题. 对此不再赘述.

§2 引 理

引理 1[①]　设 $f_j(j = 1, 2, 3)$ 为线性无关的亚纯函数,满足 $\sum_{j=1}^{3} f_j = 1$. 则有

$$T(r, f_1) < N(r) + o(T(r))(r \to \infty, r \notin E)$$

其中

$$N(r) = \sum_{j=1}^{3} N(r, \frac{1}{f_j}) + N(r, D) - N(r, f_2) - N(r, f_3) - N(r, \frac{1}{D}) \quad (1)$$

D 表示朗斯基(Wronski)行列式

$$D = \begin{vmatrix} f_1 & f_2 & f_3 \\ f'_1 & f'_2 & f'_3 \\ f''_1 & f''_2 & f''_3 \end{vmatrix} \quad (2)$$

E 是一个有限测度集, $T(r) = \max\limits_{1 \leqslant j \leqslant 3}\{T(r, f_j)\}$.

引理 2[②]　设 f 和 g 为两个非常数亚纯函数,满足 $c_1 f + c_2 g = c_3, c_1, c_2$ 和 c_3 为非零常数,则有

$$T(r, f) \leqslant \overline{N}(r, \frac{1}{f}) + \overline{N}(r, \frac{1}{g}) + \overline{N}(r, f) + S(r, f)$$

为证明我们的定理,不失一般性,可假定 $a = 0, b = 1$(从而 $S = \{1, \omega, \cdots, \omega^{n-1}\}$),并令

$$f_1 = f^n, f_2 = \frac{f^n - 1}{g^n - 1}, f_3 = 1 - f_1 - f_2 = -f_2 g^n \quad (3)$$

显然,若 $\overline{E}_f(S) = \overline{E}_g(S)$, 则 $f_j(j = 1, 2, 3)$ 的零点和极点来自 f, g 和 f_2 的零点和极点,而行列式 D 的极点来自 f 和 f_2 的极点. 为了估计 $N(r)$, 我们把 f, g 和 f_2 的零点和极点分成三类,即 $E_1 = \{z \mid z$ 是 f 或 g 的零点或极点$\}, E_2 = $

①　NEVANLINNA R. Le théorème de Picard-Borel et la théorie des fonctions méromorphes[M]. Paris:Gauthier Villars,1929.

②　YI H X. Meromorphic functions that share three values[J]. Chin. Ann. of Math. ,1988,4(9A):434-439.

$\{z \mid z \in \overline{E}_f(S)$ 且 z 是 f_2 的零点$\}$,$E_3 = \{z \mid z \in \overline{E}_f(S)$ 且 z 是 f_2 的极点$\}$.将 E_j 中点的计数函数记为 $\overline{N}(r,E_j)(j=1,2,3)$,不计重数,而 $N_j(r)(j=1,2,3)$ 表示相应的计重数的计数函数.显然有

$$N(r) \leqslant N_1(r) + N_2(r) + N_3(r) \tag{4}$$

为方便计,再给出如下记号:

对于亚纯函数 F 和给定的点 z_0,记

$$\alpha(F,z_0) = \begin{cases} l, \text{若 } z_0 \text{ 是 } F \text{ 的 } l \text{ 级零点}(l>0) \\ -m, \text{若 } z_0 \text{ 是 } F \text{ 的 } m \text{ 级极点}(m>0) \\ 0, \text{若 } z_0 \text{ 不是 } F \text{ 的零点或极点} \end{cases}$$

$$\overline{\alpha}(F,z_0) = \begin{cases} 1, \text{若 } \alpha(F,z_0) \neq 0 \\ 0, \text{若 } \alpha(F,z_0) = 0 \end{cases}$$

又对于实数 r,记

$$r^+ = \begin{cases} r, \text{若 } r \geqslant 0 \\ 0, \text{若 } r < 0 \end{cases}, r^- = -(-r)^+$$

引理 3　设 f 和 g 为两个非常数的亚纯函数,满足 $\overline{E}_f(S) = \overline{E}_g(S)$,$n > 2$,则有

$$N_1(r) \leqslant 2\left[\overline{N}\left(r,\frac{1}{f}\right) + \overline{N}(r,f) + \overline{N}\left(r,\frac{1}{g}\right) + \overline{N}(r,g)\right] \tag{5}$$

注 1　这个引理本质上由仪洪勋教授[①]给出.我们在这里用稍为不同且较简单的方式给予证明.

证明　设 $z_0 \in E_1$.记 $\alpha(f,z_0) = p$,$\alpha(g,z_0) = q$,$\mid p \mid + \mid q \mid > 0$.由式(3)易见

$$\alpha(f_1,z_0) = np, \alpha(f_2,z_0) = n(p^- - q^-), \alpha(f_3,z_0) = n(p^- + q^+) \tag{6}$$

用 $n(z_0)$ 表示点 z_0 贡献给 $N_1(r)$ 的个数.根据式(1),为了得到 $n(z_0)$ 的上界,只需估计 $\alpha(D,z_0)$.由式(6)以及行列式 D 可分别表示为

$$D = \begin{vmatrix} f'_1 & f'_2 \\ f''_1 & f''_2 \end{vmatrix} \quad \text{或} \quad D = \begin{vmatrix} f'_2 & f'_3 \\ f''_2 & f''_3 \end{vmatrix} \quad \text{或} \quad D = -\begin{vmatrix} f'_1 & f'_3 \\ f''_1 & f''_3 \end{vmatrix} \tag{7}$$

再通过仔细的计算,我们最终得到 $\alpha(D,z_0)$ 和 $n(z_0)$ 关于 p 和 q 不同取值的估计式,其结果列表(表 1)如下:

---

①　YI H X. On unicity of meromorphic functions and a Gross' problem[J]. Science in China,Ser. A,1994,5(24):457-466.

表 1

情形		$\alpha(D,z_0)\geqslant$	$n(z_0)\leqslant$
$p>0$	$q=0$	$np-2$	$2\overline{\alpha}(f,z_0)$
	$q\neq 0$	$np+n\mid q\mid-3$	$2\overline{\alpha}(f,z_0)+\overline{\alpha}(g,z_0)$
$p=0$	$q\neq 0$	$n\mid q\mid-2$	$2\overline{\alpha}(g,z_0)$
$p<0$	$q=0$	$2np-2$	$2\overline{\alpha}(f,z_0)$
	$q\neq 0$	$2np-nq-3$	$2\overline{\alpha}(f,z_0)+\overline{\alpha}(g,z_0)$

归结表 1 中各种可能的情形,即可得到式(5).引理 3 证毕.

注 2 我们对上面的表 1 做些说明.例如,若 $p>0,q<0$,则 $\alpha(f_2,z_0)=n\mid q\mid,\alpha(f_3,z_0)=0$.应用(7)的第一式,我们可以导出

$$\alpha(D,z_0)\geqslant np+n\mid q\mid-3$$

这表明 z_0 是 D 的至少 $np+n\mid q\mid-3$ 级的零点.考虑到式(1),易见

$$n(z_0)\leqslant np+n\mid q\mid-(np+n\mid q\mid-3)=3=2\overline{\alpha}(f,z_0)+\overline{\alpha}(g,z_0)$$

又若 $p<0,q=0$,则 $\alpha(f_2,z_0)=\alpha(f_3,z_0)=np$.从而得到 $\alpha(D,z_0)\geqslant 2np-2$,这表明 z_0 是 D 的至多 $2n\mid p\mid+2$ 级的极点,于是有

$$n(z_0)\leqslant(2n\mid p\mid+2)-n\mid p\mid-n\mid p\mid=2=2\overline{\alpha}(f,z_0)$$

引理 4 在引理 3 的假设下,有

$$N(r)\leqslant 8T(r,f)+6T(r,g)+S(r,f)+S(r,g) \tag{8}$$

证明 根据式(4)和(5),只需估计 $N_2(r)$ 和 $N_3(r)$.

设 $z_0\in E_2$,因 z_0 是 $f_2=\dfrac{f^n-1}{g^n-1}$ 的零点,且 $\overline{E}_f(S)=\overline{E}_g(S)$,则必有一个 $\omega^{k_0}\in S$,使得 $\alpha(f-\omega^{k_0},z_0)\geqslant 2$.由奈望林纳第二基本定理有

$$\overline{N}(r,E_2)\leqslant\sum_{k=0}^{n-1}N(r,\frac{1}{f-\omega^k})-\sum_{k=0}^{n-1}\overline{N}(r,\frac{1}{f-\omega^k})$$

$$\leqslant nT(r,f)-(n-2)T(r,f)+S(r,f)$$

$$=2T(r,f)+S(r,f) \tag{9}$$

另外,若 $\alpha(f_2,z_0)=k(k\geqslant 1)$,则 $\alpha(f_1,z_0)=0,\alpha(f_3,z_0)=k$.易见 $\alpha(D,z_0)\geqslant 2k-2$.于是,$z_0$ 对 $N_2(r)$ 的贡献至多为 $2k-(2k-2)=2$.所以我们有

$$N_2(r)\leqslant 2\overline{N}(r,E_2)\leqslant 4T(r,f)+S(r,f) \tag{10}$$

类似于式(9),我们可以导出 $\overline{N}(r,E_3)\leqslant 2T(r,g)+S(r,g)$.此外,若 $z_0\in E_3$ 且 $\alpha(f_2,z_0)=-l(l\geqslant 1)$,则 $\alpha(f_3,z_0)=-l,\alpha(f_1,z_0)=0$.我们有 $\alpha(D,z_0)\geqslant$

$-(l+2)$. 因此 z_0 对 $N_3(r)$ 的贡献至多为 $l+2-2l \leqslant 1$, 从而得

$$N_3(r) \leqslant \overline{N}(r, E_3) \leqslant 2T(r,g) + S(r,g) \tag{11}$$

于是, 引理 4 可由式 (5) 及式 (10) 和 (11) 推出.

引理 5　在定理 1 的假设下, f_1, f_2 和 f_3 线性相关.

证明　由奈望林纳第二基本定理及 $\overline{E}_f(S) = \overline{E}_g(S)$, 有

$$(n-2)T(r,g) \leqslant \sum_{k=0}^{n-1} \overline{N}\left(r, \frac{1}{g-\omega^k}\right) + S(r,g)$$

$$= \sum_{k=0}^{n-1} \overline{N}\left(r, \frac{1}{f-\omega^k}\right) + S(r,g)$$

$$\leqslant nT(r,f) + S(r,g)$$

由此推出

$$T(r,g) \leqslant \frac{n}{n-2}T(r,f) + S(r,g) \leqslant \frac{15}{13}T(r,f) + S(r,g) \tag{12}$$

类似地, 有

$$T(r,f) \leqslant \frac{15}{13}T(r,g) + S(r,f) \tag{13}$$

又有

$$T(r,f_2) \leqslant T(r,f^n) + T(r,g^n) + O(1)$$

$$\leqslant nT(r,f) + \frac{15}{13}nT(r,f) + S(r,g)$$

$$\leqslant \frac{28}{13}nT(r,f) + S(r,f) \tag{14}$$

由式 (12) $\sim$ (14) 可见

$$T(r) = \max_{1 \leqslant j \leqslant 3}\{T(r,f_j)\} = O(T(r,f))$$

现假定 f_1, f_2 和 f_3 线性无关, 则由引理 1 和引理 4 有

$$nT(r,f) = T(r,f_1) \leqslant N(r) + S(r,f)$$

$$\leqslant 8T(r,f) + 6T(r,g) + S(r,f) + S(r,g) \tag{15}$$

令

$$g_1 = g^n(=-f_3/f_2), g_2 = 1/f_2, g_3 = 1 - g_1 - g_2(=-f_1/f_2)$$

则 g_1, g_2 和 g_3 也是线性无关的[①]. 由此得

---

① YI H X. A question of C. C. Yang on the uniqueness of entire functions[J]. Kodai Math. J. , 1990, 13: 39-46.

$$nT(r,g) = T(r,g_1) \leqslant 8T(r,g) + 6T(r,f) + S(r,g) + S(r,f)$$

结合式(15),将给出

$$(n-14)(T(r,f) + T(r,g)) \leqslant S(r,f) + S(r,g) \qquad (16)$$

因 $n > 14$,得到矛盾. 于是引理 5 得证.

§3　定理 1 的证明

由引理 5,存在不全为零的复数 c_1, c_2 和 c_3,使得 $c_1 f_1 + c_2 f_2 + c_3 f_3 = 0$. 若 $c_1 = 0$,则 $c_2 \neq 0, c_3 \neq 0, g^n = c_2/c_3$,这是不可能的. 故 $c_1 \neq 0$,从而得 $\alpha_1 f_2 + \alpha_2 f_3 = 1$,这里 $\alpha_1 = 1 - \dfrac{c_2}{c_1}, \alpha_2 = 1 - \dfrac{c_3}{c_1}$.

情形 1　$\alpha_1 \alpha_2 \neq 0$. 则 $\alpha_2 g^n + \dfrac{1}{f_2} = \alpha_1$. 由引理 2,有

$$nT(r,g) \leqslant \overline{N}(r, \frac{1}{g}) + \overline{N}(r, \frac{1}{f_2}) + \overline{N}(r,g) + S(r,g)$$

另外

$$\overline{N}(r, \frac{1}{f_2}) \leqslant \overline{N}(r,f) + \overline{N}(r,E_3) \leqslant T(r,f) + 2T(r,g) + S(r,g)$$

结合 §2(指本章,下同) 中的式(13) 得

$$nT(r,g) \leqslant 4T(r,g) + T(r,f) + S(r,g) \leqslant \frac{67}{13}T(r,g) + S(r,g)$$

矛盾(因 $n > 14$).

情形 2　$\alpha_2 = 0$. 则 $f_2 = \dfrac{1}{\alpha_1}$,即 $f^n - \dfrac{1}{\alpha_1} g^n = 1 - \dfrac{1}{\alpha_1}$. 若 $\alpha_1 \neq 1$,则由引理 2 及 §2 中的式(12) 得

$$nT(r,f) \leqslant \overline{N}(r, \frac{1}{f}) + \overline{N}(r, \frac{1}{g}) + \overline{N}(r,f) + S(r,f)$$

$$\leqslant 2T(r,f) + T(r,g) + S(r,f)$$

$$\leqslant \frac{41}{13}T(r,f) + S(r,f)$$

由此又得到了矛盾. 故有 $\alpha_1 = 1$,从而有 $f^n = g^n$.

情形 3　$\alpha_1 = 0$. 则 $f_3 = \dfrac{1}{\alpha_2}$,即 $f^n + f_2 = 1 - \dfrac{1}{\alpha_2}$. 若 $\alpha_2 \neq 1$,则可如情形 2 一样导出矛盾. 故 $\alpha_2 = 1$,从而有 $f^n g^n = 1$.

所以,由情形 2 和 3,我们得到 $f = T(g)$.

§4　定理 2 的证明

因 f 和 g 为整函数,所以 §2 中的式(5)可化为

$$N_1(r) \leqslant 2\overline{N}(r, \frac{1}{f}) + 2\overline{N}(r, \frac{1}{g}) \tag{1}$$

又

$$
\begin{aligned}
\overline{N}(r, E_2) &\leqslant \sum_{k=0}^{n-1} N(r, \frac{1}{f - \omega^k}) - \sum_{k=0}^{n-1} \overline{N}(r, \frac{1}{f - \omega^k}) \\
&\leqslant nT(r, f) - (n-1)T(r, f) + S(r, f) \\
&= T(r, f) + S(r, f)
\end{aligned}
\tag{2}
$$

类似地,有

$$\overline{N}(r, E_3) \leqslant T(r, g) + S(r, g) \tag{3}$$

由式(1)～(3)及 §2 中的式(4)得

$$N(r) \leqslant 4T(r, f) + 3T(r, g) + S(r, f) + S(r, g)$$

若 f_1, f_2 和 f_3 线性无关,则将导出如 §2 中的式(16)的不等式,其中的数字 14 代以 7,从而得到矛盾. 余下的证明同定理 1 的证明.

§5　定理 3 的证明

我们指出,当 $\tilde{a} = \infty$ 时,引理 3 证明中的表 1 有些情形不会出现.特别地,不可能有 $p = 0$ 而 $q < 0$ 的情形.故 §2 中的式(5)可化为

$$N_1(r) \leqslant 2[\overline{N}(r, \frac{1}{f}) + \overline{N}(r, \frac{1}{g}) + \overline{N}(r, f)] + \overline{N}(r, g)$$

而 §2 中的式(8)则代以 $N(r) \leqslant 8T(r, f) + 5T(r, g) + S(r, f) + S(r, g)$. 若 $\tilde{a} = a$,则我们考虑 $F = a + \dfrac{b^2}{f - a}, G = a + \dfrac{b^2}{g - a}$.

具有公共原象的亚纯函数

第 3 章

§1 引 言

设 $f(z)$ 是 z 的非常数的亚纯函数,s 是一个复数集合,令

$$E_f(s) = \bigcup_{a \in s} \{z \mid f(z) - a = 0\}$$

这里 m 重零点在 $E_f(s)$ 中计算 m 次.

1982 年,格罗斯与奥斯古德(Osgood)证明了下述定理[①].

定理 A 设 $s_1 = \{-1, 1\}$,$s_2 = \{0\}$,如果 $f(z)$ 与 $g(z)$ 是有穷级整函数,使得

$$E_f(s_i) = E_g(s_i)(i = 1, 2)$$

则或者 $f(z) = \pm g(z)$,或者 $f(z) \cdot g(z) = \pm 1$.

但对无穷级的情况并没有解决.

山东大学的仪洪勋教授早在 1987 年就使用了与格罗斯和奥斯古德完全不同的方法,解决了无穷级的情况,并从几个方面推广了定理 A.

§2 主要结果

定理 1 设 $s_1 = \{-1, 1\}$,$s_2 = \{0\}$,$s_3 = \{\infty\}$,如果 $f(z)$ 与 $g(z)$ 是非常数的亚纯函数,使得

---

① GROSS F, OSGOOD C F. Entire functions with common preimages, factorization theory of meromorphic functions and related topics[J]. Lecture Notes in Pure and Appl. Math. 78, Dekker, New York, 1982, 19-24.

$$E_f(s_i)=E_g(s_i)(i=1,2,3)$$

则或者 $f(z)=\pm g(z)$，或者 $f(z)\cdot g(z)=\pm 1$.

推论　把定理 A 中的条件"有穷级"去掉,定理 A 仍成立.

定理 2　设 $s_1=\{a_1\}$,$s_2=\{a_2\}$,$s_3=\{a_3,a_4\}$,交比 $(a_1,a_2,a_3,a_4)=-1$,如果 $f(z)$ 与 $g(z)$ 是非常数的亚纯函数,使得

$$E_f(s_i)=E_g(s_i)(i=1,2,3)$$

则或者

$$f(z)=g(z)$$

或者

$$\frac{f(z)-a_1}{f(z)-a_2}=-\frac{g(z)-a_1}{g(z)-a_2}$$

或者

$$\frac{[f(z)-a_1][g(z)-a_1]}{[f(z)-a_2][g(z)-a_2]}=\pm\left(\frac{a_3-a_1}{a_3-a_2}\right)^2$$

定理 3　设 $s_1=\{a_1\}$,$s_2=\{\infty\}$,$s_3=\{a_3,a_4\}$,其中 $a_1\neq a_3$,$a_4=2a_1-a_3$,如果 $f(z)$ 与 $g(z)$ 是两个非常数的亚纯函数,使得

$$E_f(s_i)=E_g(s_i)(i=1,2,3)$$

则或者 $f(z)=g(z)$,或者 $f(z)=2a_1-g(z)$,或者 $[f(z)-a_1][g(z)-a_1]=\pm(a_3-a_1)^2$.

定理 4　设 $s_1=\{a_1\}$,$s_2=\{a_2\}$,$s_3=\{a_3,\infty\}$,其中 $a_1\neq a_2$,$a_3=\dfrac{1}{2}(a_1+a_2)$,如果 $f(z)$ 与 $g(z)$ 是两个非常数的亚纯函数,使得

$$E_f(s_i)=E_g(s_i)(i=1,2,3)$$

则或者

$$f(z)=g(z)$$

或者

$$\frac{f(z)-a_1}{f(z)-a_2}=-\frac{g(z)-a_1}{g(z)-a_2}$$

或者

$$\frac{[f(z)-a_1][g(z)-a_1]}{[f(z)-a_2][g(z)-a_2]}=\pm 1$$

§3 几个引理

为了叙述方便,我们用"n. e."表示区间 $0 \leqslant r < +\infty$ 除去有穷线性测度的一个集合,在每次出现时,不一定相同.

引理 1[①]   设 $f_i(z)(i=1,2,3)$ 是 3 个线性无关的亚纯函数,且 $\sum\limits_{i=1}^{3} f_i(z) = 1$,则

$$T(r,f_j) < \sum_{i=1}^{3} N(r, \frac{1}{f_i}) + N(r, f_j) + N(r, D) +$$
$$O(\log r + \log T(r))(\text{n. e.})$$

其中

$$D = \begin{vmatrix} f_1 & f_2 & f_3 \\ f'_1 & f'_2 & f'_3 \\ f''_1 & f''_2 & f''_3 \end{vmatrix}, T(r) = \max\{T(r, f_j)\}(j=1,2,3)$$

引理 2[②]   设 $f(z)$ 与 $g(z)$ 为非常数的亚纯函数,$a_i(i=1,2,3)$ 是 3 个判别的复数,如果 $f(z) \in a_i$,当且仅当 $g(z) \in a_i$(不计重数)$(i=1,2,3)$,则

$$\frac{1}{3} \leqslant \varliminf_{r \to \infty} \frac{T(r,f)}{T(r,g)} \leqslant \varlimsup_{r \to \infty} \frac{T(r,f)}{T(r,g)} \leqslant 3(\text{n. e})$$

引理 3   设 $f(z)$ 与 $g(z)$ 为非常数的亚纯函数,使得

$$E_f(\{0\}) = E_g(\{0\}), E_f(\{1\}) = E_g(\{1\}), E_f(\{\infty\}) = E_g(\{\infty\})$$
$$N(r, \frac{1}{f}) + N(r, f) = o(T(r, f))(\text{n. e})$$

如果 $f(z) \neq g(z)$,则 $f(z) \cdot g(z) = 1$.

引理 4[③]   设 $\alpha(z)$ 是非常数的整函数,则 $T(r, \alpha') \leqslant (1+o(1))T(r,\alpha)$,n. e.

───────────────

① GROSS F. Factorization of meromorphic functions[M]. Washington：U. S. Government Printing Office,1972.

② [3] GUNDERSEN G G. Meromorphic functions that share three or four values[J]. J. London Math. Soc. ,1979,20(2)：457-466.

③ HAYMAN W K. Meromorphic functions[M]. Oxford：Clarendon Press,1964.

引理 5[①]　如果 $f(z)$ 是超越亚纯函数,$g(z)$ 是超越整函数,则 $T(r,g)=o(T(r,f(g)))$.

引理 6　设 $f(z)$ 与 $g(z)$ 是非常数的亚纯函数,满足 $E_f(\{0\})=E_g(\{0\})$, $\dfrac{f^2(z)-1}{g^2(z)-1}=c$,其中 $c(c\neq 0)$ 为常数,则 $c=1$,且 $f^2(z)=g^2(z)$.

§4　引理 3 的证明

根据奈望林纳第二基本定理,显然有
$$T(r,g)=(1+o(1))T(r,f)(\text{n. e})$$
如果 $f(z)$ 与 $g(z)$ 为有理函数,则必有 $f(z)=g(z)$,下设 $f(z)$ 与 $g(z)$ 为超越亚纯函数.

由 $E_f(\{0\})=E_g(\{0\})$,$E_f(\{1\})=E_g(\{1\})$,$E_f(\{\infty\})=E_g(\{\infty\})$ 知
$$f(z)=g(z)\cdot e^{\alpha(z)},\quad f(z)-1=[g(z)-1]\cdot e^{\beta(z)}$$
其中 $\alpha(z)$ 与 $\beta(z)$ 是整函数,因此
$$f(z)-g(z)e^{\beta(z)}+e^{\beta(z)}=1$$
令 $f_1(z)=f(z)$,$f_2(z)=-g(z)e^{\beta(z)}$,$f_3(z)=e^{\beta(z)}$,如果 $f_i(z)(i=1,2,3)$ 线性无关,注意到
$$N\left(r,\frac{1}{f}\right)+N(r,f)=o(T(r,f))(\text{n. e})$$
根据引理 1 知
$$T(r,f)<o(T(r,f))+O(\log r)(\text{n. e})$$
这是不可能的,因此存在不全为零的常数 $c_i(i=1,2,3)$,使得
$$c_1 f(z)+c_2 g(z)e^{\beta(z)}+c_3 e^{\beta(z)}=0$$
显然 $c_i(i=1,2,3)$ 中至少有两个不为零.

如果 $c_1 c_2 c_3\neq 0$,则
$$c_1 f(z)e^{-\beta(z)}=-c_2\left[g(z)+\frac{c_3}{c_2}\right]$$
因此 $-\dfrac{c_3}{c_2}$ 是 $g(z)$ 的皮卡例外值,这是不可能的.

---

① GROSS F. Factorization of meromorphic functions[M]. Washington：U.S. Government Printing Office,1972.

如果 $c_1 = 0$，则 $g(z)$ 为常数，这也是不可能的.

如果 $c_3 = 0$，则 $f(z) = -\dfrac{c_2}{c_1} g(z) e^{\beta(z)}$，上式仅当 $-\dfrac{c_2}{c_1} - 1 = 0, e^{\beta(z)} - 1 = 0$ 时

成立，此时有 $f(z) = g(z)$.

如果 $c_2 = 0$，则

$$f(z) = -\frac{c_3}{c_1} e^{\beta(z)}$$

$$e^{\beta(z)} \left[(1 - \frac{c_3}{c_1}) - g(z) \right] = 1$$

上式仅当 $1 - \dfrac{c_3}{c_1} = 0$ 时成立，此时有 $f(z) \cdot g(z) = 1$.

§5 引理 6 的证明

根据引理 6 的条件知，$E_f(\{\infty\}) = E_g(\{\infty\})$，且 $f^2(z) = g^2(z) e^{\alpha(z)}$，其中 $\alpha(z)$ 为整函数.

如果 $e^{\alpha(z)}$ 不为常数，则有

$$g^2(z) = \frac{1 - c}{e^{\alpha(z)} - c}$$

$$N(r, g^2) = N(r, \frac{1}{e^\alpha - c}) = (1 + o(1)) T(r, e^\alpha) (\text{n. e.})$$

但 $g^2(z)$ 的极点的重数必为偶数，因而 $g^2(z)$ 的极点满足 $e^{\alpha(z)} = c$ 及 $\alpha'(z) = 0$，由此易知

$$N(r, g^2) \leqslant 2N(r, \alpha')$$

根据引理 4 与引理 5 知

$$N(r, g^2) = o(T(r, e^\alpha))(\text{n. e})$$

由此便出现了矛盾，因此 $e^{\alpha(z)}$ 必为常数.

设 $e^{\alpha(z)} = k (k \neq 0$，为常数$)$，如果 $k \neq c$，易得 $g^2(z) = \dfrac{1 - c}{k - c}$，这是不可能的，

因此 $k = c, \dfrac{f^2(z)}{g^2(z)} = \dfrac{f^2(z) - 1}{g^2(z) - 1}$，由此易得 $f^2(z) = g^2(z)$，且 $c = 1$.

§6　定理 1 的证明

令 $F(z)=f^2(z)$，$G(z)=g^2(z)$，显然有 $E_F(\{1\})=E_G(\{1\})$，$E_F(\{0\})=E_G(\{0\})$，$E_F(\{\infty\})=E_G(\{\infty\})$，且 $f^2(z)-1=e^{\alpha(z)}\cdot[g^2(z)-1]$，其中 $\alpha(z)$ 为整函数.

如果 $e^{\alpha(z)}$ 为常数，根据引理 6 知，必有 $F(z)=G(z)$. 下设 $F(z)\neq G(z)$，因而 $e^{\alpha(z)}$ 不为常数. 显然

$$2f(z)\cdot f'(z)=[2g(z)\cdot g'(z)+(g^2(z)-1)\cdot\alpha'(z)]\cdot e^{\alpha(z)}$$

由上式知，$f(z)$ 的零点必是 $\alpha'(z)$ 的零点，故

$$N\left(r,\frac{1}{f}\right)\leqslant N\left(r,\frac{1}{\alpha}\right)\leqslant T(r,\alpha')+O(1)$$

根据引理 4 与引理 5 知

$$N\left(r,\frac{1}{f}\right)=o(T(r,e^\alpha))(\mathrm{n.e})$$

根据引理 2 知

$$T(r,e^\alpha)=O(T(r,F))(\mathrm{n.e})$$

因此有

$$N\left(r,\frac{1}{F}\right)=o(T(r,F))(\mathrm{n.e})$$

令 $F_1(z)=\dfrac{1}{F(z)}$，$G_1(z)=\dfrac{1}{G(z)}$，用与上面类似的推导得出，如果 $F(z)\neq G(z)$，则必有

$$N\left(r,\frac{1}{F_1}\right)=o(T(r,F_1))(\mathrm{n.e})$$

即

$$N(r,F)=o(T(r,F))(\mathrm{n.e})$$

这就导出

$$N\left(r,\frac{1}{F}\right)+N(r,F)=o(T(r,F))(\mathrm{n.e})$$

根据引理 3 知，$F(z)\cdot G(z)=1$.

由 $F(z)=G(z)$，得 $f(z)=\pm g(z)$，由 $F(z)\cdot G(z)=1$，得 $f(z)\cdot g(z)=\pm 1$.

§7 其余定理的证明

定理 2 的证明 令 $F(z) = \dfrac{f(z) - a_1}{f(z) - a_2} \cdot \dfrac{a_3 - a_2}{a_3 - a_1}$，$G(z) = \dfrac{g(z) - a_1}{g(z) - a_2} \cdot$

$\dfrac{a_3 - a_2}{a_3 - a_1}$，显然 $F(z)$ 与 $G(z)$ 满足定理 1 的条件，根据定理 1 容易得出定理 2 的结论.

定理 3 的证明 令 $F(z) = \dfrac{f(z) - a_1}{a_3 - a_1}$，$G(z) = \dfrac{g(z) - a_1}{a_3 - a_1}$，根据定理 1 容易导出定理 3 的结论，显然定理 3 也可看作在定理 2 中令 $a_2 \rightarrow \infty$ 而得到.

定理 4 的证明 令 $F(z) = -\dfrac{f(z) - a_1}{f(z) - a_2}$，$G(z) = -\dfrac{g(z) - a_1}{g(z) - a_2}$，根据定理 1 容易导出定理 4 的结论，显然定理 4 也可看作在定理 2 中令 $a_3 = \dfrac{1}{2}(a_1 + a_2)$ 而得到.

关于亚纯函数的唯一性

第 4 章

§1 引 言

在本节中，$f(z)$ 与 $g(z)$ 是开平面上非常数的亚纯函数，$\alpha(z)$ 与 $\beta(z)$ 是整函数，n 与 l 是正整数，$\omega=\cos\dfrac{2\pi}{n}+\mathrm{i}\sin\dfrac{2\pi}{n}$.

设 s 是一个复数集合，令 $f^{-1}(s)=\bigcup\limits_{a\in s}\{z\mid f(z)-a=0\}$，这里 m 重零点在 $f^{-1}(s)$ 中计算 m 次.

若 $f(z)\in s$ 当且仅当 $g(z)\in s$（不计重级），则记作 $f(z)\in s\Leftrightarrow g(z)\in s$. 若 $f^{-1}(s)=g^{-1}(s)$，则记作 $f(z)\in s\leftrightarrow g(z)\in s$.

奈望林纳证明了：

定理 A[①] 如果 $f(z)\in\{a_j\}\Leftrightarrow g(z)\in\{a_j\}(j=1,2,3,4,5)$，其中 $a_1,a_2,\cdots,a_5$ 是 5 个判别的复数，则 $f(z)\equiv g(z)$.

1982 年，格罗斯与杨得出了：

结论 B[②] 设 $s_j=\{a_j,a_j+b,\cdots,a_j+(n-1)b\}(j=1,2,\cdots,l)$，其中 $b\neq0,s_{j_1}\bigcap s_{j_2}=\varnothing(j_1\neq j_2),l>2+\dfrac{2}{n}$. 如果 $f(z)\in s_j\Leftrightarrow g(z)\in s_j(j=1,2,\cdots,l)$，则 $f(z)\equiv g(z)$.

---

① HAYMAN W K. Meromorphic functions[M]. Oxford：Clarendon Press，1964.

② GROSS F，YANG C C. Meromorphic functions covering certain finite sets at the same points[J]. llli. nois J. Math.，1982,26:432-441.

山东大学数学系的仪洪勋教授 1988 年用反例法证实了结论 B 是不正确的,指出了结论 B 证明的问题,并得出了结论 B 应修改为下述结论:

定理 1 把结论 B 的条件 $l > 2 + \dfrac{2}{n}$ 换为 $l > 4$,则结论 B 仍成立.

显然定理 A 是定理 1 的推论.

本章还得出了一个与结论 B 类似的结论.

定理 2 设 $s_j = \{c + a_j, c + a_j \omega, \cdots, c + a_j \omega^{n-1}\}(j = 1, 2, \cdots, l)$,其中 $a_j \neq 0(j = 1, 2, \cdots, l)$,$s_{j_1} \cap s_{j_2} = \varnothing (j_1 \neq j_2)$,$l > 2 + \dfrac{2}{n}$. 如果 $f(z) \in s_j \Leftrightarrow g(z) \in s_j(j = 1, 2, \cdots, l)$,则 $\{f(z) - c\}^n \equiv \{g(z) - c\}^n$.

根据定理 2,显然可得下述推论:

推论 1 设 $s_j = \{c + a_j, c - a_j\}(i = 1, 2, 3)$,其中 $a_j \neq 0(j = 1, 2, 3, 4)$,$s_{j_1} \cap s_{j_2} = \varnothing (j_1 \neq j_2)$. 如果 $f(z) \in s_j \Leftrightarrow g(z) \in s_j(j = 1, 2, 3, 4)$,则或者 $f(z) \equiv g(z)$,或者 $f(z) + g(z) \equiv 2c$.

推论 2 设 $s_j = \{c + a_j, c + a_j e^{\frac{2\pi}{3}i}, c + a_i e^{-\frac{2\pi}{3}i}\}(j = 1, 2, 3)$,其中 $a_j \neq 0(j = 1, 2, 3)$,$s_{j_1} \cap s_{j_2} = \varnothing (j_1 \neq j_2)$. 如果 $f(z) \in s_j \Leftrightarrow g(z) \in s_j(j = 1, 2, 3)$,则或者 $f(z) \equiv g(z)$,或者 $f(z) \equiv c + e^{\pm \frac{2\pi}{3}i}\{g(z) - c\}$.

显然定理 2 是定理 A 的推广(其中 $n = 1, l = 5$).

仪教授还得出了下述结论:

定理 3 设 $s_j = \{c + a_j, c - a_j\}(j = 1, 2, 3)$,$s_4 = \{c\}$,其中 $s_{j_1} \cap s_{j_2} = \varnothing (j_1 \neq j_2)$. 如果 $f(z) \in s_j \Leftrightarrow g(z) \in s_j(j = 1, 2, 3, 4)$,则或者 $f(z) \equiv g(z)$,或者 $f(z) + g(z) \equiv 2c$.

这正是推论 1 中 $a_4 = 0$ 的情况.

定理 4 把定理 3 中的 $s_4 = \{c\}$ 换为 $s_4 = \{\infty\}$,则定理 3 的结论仍成立.

定理 5 设 $s_j = \{c + a_j, c + a_j \omega, \cdots, c + a_j \omega^{n-1}\}(j = 1, 2)$,$s_3 = \{\infty\}$,其中 $n \geqslant 3, a_1 a_2 \neq 0, a_1^n \neq a_2^{2n}$. 如果 $f(z) \in s_j \leftrightarrow g(z) \in s_j(j = 1, 2, 3)$,则 $\{f(z) - c\}^n \equiv \{g(z) - c\}^n$.

定理 6 把定理 5 中的 $s_3 = \{\infty\}$ 换为 $s_3 = \{c\}$,则定理 5 的结论仍成立.

1982 年,格罗斯与奥斯古德证明了:

定理 C[①]　设 $s_1 = \{1, -1\}$，$s_2 = \{0\}$，$f(z)$ 与 $g(z)$ 是有穷级整函数. 如果 $f(z) \in s_j \leftrightarrow g(z) \in s_j (j=1,2)$，则或者 $f(z) \equiv \pm g(z)$，或者 $f(z) \cdot g(z) = \pm 1$.

仪教授还证明了：

定理 7　设 $s_1 = \{1, \omega, \cdots, \omega^{n-1}\}$，$s_2 = \{0\}$，$s_3 = \{\infty\}$，其中 $n \geqslant 2$. 如果 $f(z) \in s_j \leftrightarrow g(z) \in s_j (j=1,2,3)$，则或者 $\{f(z)\}^n \equiv \{g(z)\}^n$，或者 $\{f(z) \cdot g(z)\}^n \equiv 1$.

定理 8　设 $s_1 = \{c+a, c+a\omega, \cdots, c+a\omega^{n-1}\}$，$s_2 = \{c\}$，$s_3 = \{\infty\}$，其中 $n \geqslant 2$，$a \neq 0$. 如果 $f(z) \in s_j \leftrightarrow g(z) \in s_j (j=1,2,3)$，则或者 $\{f(z)-c\}^n \equiv \{g(z)-c\}^n$，或者 $\{f(z)-c\}^n \cdot \{g(z)-c\}^n = a^{2n}$.

显然定理 C 是定理 7 的特殊情况，定理 7 又是定理 8 的特殊情况. 在文章《具有公共原象的亚纯函数》[②] 中，仪教授证明了定理 8 中 $n=2$ 的情况.

§2　几个引理

为了叙述方便，我们用 n. e. 表示区间 $0 < r < +\infty$ 除去有穷线性测度的一个集合，在每次出现时，不一定相同.

引理 1[③]　$T(r, a') = o(T(r, e^a))$ (n. e.).

引理 2[④]　设 $s_j = \{a_j\} (j=1,2,3)$，$s_{j_1} \cap s_{j_2} = \varnothing (j_1 \neq j_2)$. 如果 $f(z) \in s_j \leftrightarrow g(z) \in s_j (j=1,2,3)$，则

$$\frac{1}{3} \leqslant \varliminf_{r \to \infty} \frac{T(r, f)}{T(r, g)} \leqslant \varlimsup_{r \to \infty} \frac{T(r, f)}{T(r, g)} \leqslant 3 (\text{n. e.})$$

引理 3[⑤]　设 $s_j = \{a_j\} (j=1,2,3,4)$，$s_{j_1} \cap s_{j_2} = \varnothing (j_1 \neq j_2)$. 如果 $f(z) \in$

①　GROSS F, OSGOOD C F. Entire functions with common preimages, factorization theory of meromorphic functions and related topics[J]. Lecture Notes in Pure and Appl. Math. 78, Dekker, New York, 1982, 19-24.

②　仪洪勋. 具有公共原象的亚纯函数[J]. 数学杂志, 1987, 7: 219-224.

③　GROSS F. Factorization of meromorphic functions[M]. Washington: U. S. GV. Printing Office, 1972.

④　GUNDERSEN G G. Meromorphic functions that share three or four values[J]. J. London Math. Soc(2). , 1979, 20: 457-466.

⑤　GUNDERSEN G G. Meromorphic functions that share three or four values[J]. J. London Math. Soc(2). , 1979, 20: 457-466.

$s_j \Leftrightarrow g(z) \in s_j (j=1,2,3,4)$，且 $f(z) \not\equiv g(z)$，则

$$\sum_{j=1}^{4} \overline{N}(r, \frac{1}{f-a_j}) = (2+o(1))T(r,f)(\text{n. e.})$$

引理 4[①]   设 $s_1 = \{0\}$，$s_2 = \{1\}$，$s_3 = \{\infty\}$．如果 $f(z) \in s_j \leftrightarrow g(z) \in s_j (j=1,2,3)$，且 $N(r, \frac{1}{f}) + N(r,f) = o(T(r,f))(\text{n. e.})$，则或者 $f(z) \equiv g(z)$，或者 $f(z) \cdot g(z) \equiv 1$．

§3   定理 1 的证明

显然 $f(z) - g(z) \not\equiv kb(k=1,2,\cdots,n-1)$，否则 $a_j(j=1,2,\cdots,l)$ 是 $f(z)$ 的皮卡例外值，$a_j + (n-1)b(j=1,2,\cdots,l)$ 是 $g(z)$ 的皮卡例外值，这是不可能的，同理也有 $g(z) - f(z) \not\equiv kb(k=1,2,\cdots,n-1)$．

假设 $f(z) \not\equiv g(z)$，根据奈望林纳第二基本定理，有

$$(nl-2)T(r,f) < \sum_{i=1}^{l} \sum_{k=0}^{n-1} \overline{N}(r, \frac{1}{f-(a_j+kb)}) + o(T(r,f))(\text{n. e.})$$

$$\leqslant \overline{N}(r, \frac{1}{f-g}) + \sum_{k=1}^{n-1} \overline{N}(r, \frac{1}{f-g-kb}) +$$

$$\sum_{k=1}^{n-1} \overline{N}(r, \frac{1}{g-f-kb}) + o(T(r,f))$$

$$\leqslant (2n-1)\{T(r,f) + T(r,g)\} + o(T(r,f))(\text{n. e.})$$

同理

$$(nl-2)T(r,g) < (2n-1)\{T(r,f) + T(r,g)\} + o\{T(r,g)\}(\text{n. e.})$$

所以

$$(nl-2)\{T(r,f) + T(r,g)\} < \{2(2n-1)+o(1)\} \cdot \{T(r,f) + T(r,g)\}(\text{n. e.})$$

$$n(l-4)\{T(r,f) + T(r,g)\} < o\{T(r,f) + T(r,g)\}(\text{n. e.})$$

因 $l > 4$，这是不可能的，由此便证明了 $f(z) \equiv g(z)$．

格罗斯和杨[②]得出结论 B 时，用到了不等式

---

① 仪洪勋．具有公共原象的亚纯函数[J]．数学杂志，1987,7:219-224.

② GROSS F, YANG C C. Meromorphic functions covering certain finite sets at the same points[J]. llli. nois J. Math. , 1982,26:432-441.

$$\sum_{j=1}^{l}\sum_{k=0}^{n-1}N(r,\frac{1}{f-(a_j+kb)})\leqslant N(r,\frac{1}{f-g})+\sum_{k=1}^{n-1}N(r,\frac{1}{f-g-kb})$$

事实上,这个不等式是不正确的,因而导出了错误的结论.

§4　一个反例

在本节中,我们将指出结论 B 证明的问题,下述例子可以证实结论 B 是不正确的.

设 $a_1=0,a_2=\sqrt{2},a_3=\dfrac{\sqrt{2}}{1+\sqrt{2}+\sqrt{3}},a_4=\dfrac{\sqrt{2}}{1+\sqrt{2}-\sqrt{3}},s_j=\{a_j,a_j+1\}$

$(j=1,2,3,4),f(z)=\dfrac{\sqrt{2}}{(\sqrt{2}-1)\mathrm{e}^z+1},g(z)=\dfrac{\sqrt{2}}{(\sqrt{2}-1)\mathrm{e}^{-z}+1}$,可以验证

$$f(z)\in\{a_j\}\leftrightarrow g(z)\in\{a_j\}(j=1,2)$$
$$f(z)\in\{a_j+1\}\leftrightarrow g(z)\in\{a_j+1\}(j=1,2)$$
$$f(z)\in\{a_j\}\leftrightarrow g(z)\in\{a_j+1\}(j=3,4)$$
$$f(z)\in\{a_j+1\}\leftrightarrow g(z)\in\{a_j\}(j=3,4)$$

显然,当且仅当 $\mathrm{e}^z=\dfrac{\sqrt{2}+\sqrt{3}}{\sqrt{2}-1}$ 时,$f(z)=a_3$,当且仅当 $\mathrm{e}^z=\dfrac{1+2\sqrt{2}+\sqrt{3}}{\sqrt{3}-1}$ 时,

$g(z)=a_3+1$,注意到

$$(\sqrt{2}+\sqrt{3})(\sqrt{3}-1)=(1+2\sqrt{2}+\sqrt{3})(\sqrt{2}-1)$$

因此

$$\frac{\sqrt{2}+\sqrt{3}}{\sqrt{2}-1}=\frac{1+2\sqrt{2}+\sqrt{3}}{\sqrt{3}-1}$$

由此易知

$$f(z)\in\{a_3\}\leftrightarrow g(z)\in\{a_3+1\}$$

这就证明了 $f(z)\in s_j\leftrightarrow g(z)\in s_j(j=1,2,3,4)$,但 $f(z)\not\equiv g(z)$.

上述例子还说明了,即使把结论 B 的条件 $f(z)\in s_j\Leftrightarrow g(z)\in s_j(j=1,2,\cdots,l)$ 换为更强的条件 $f(z)\in s_j\leftrightarrow g(z)\in s_j(j=1,2,\cdots,l)$,结论 B 也不成立.

§5 定理 2 的证明

假设 $\{f(z)-c\}^n \not\equiv \{g(z)-c\}^n$，根据奈望林纳第二基本定理知

$$(nl-2)T(r,f) < \sum_{i=1}^{l}\sum_{k=0}^{n-1}\overline{N}(r,\frac{1}{(j-c)-a_i\omega^k}) + o(T(r,f))(\text{n.e.})$$

$$\leqslant N(r,-\frac{1}{(f-c)^n-(g-c)^n}) + o(T(r,f))$$

$$\leqslant n\{T(r,f)+T(r,g)\} + o(T(r,f))(\text{n.e.})$$

同理

$$(nl-2)T(r,g) < n\{T(r,f)+T(r,g)\} + o(T(r,g))(\text{n.e.})$$

所以

$$(nl-2)\{T(r,f)+T(r,g)\} < \{2n+o(1)\}\cdot\{T(r,f)+T(r,g)\}(\text{n.e.})$$

$$n(l-2-\frac{2}{n})\{T(r,f)+T(r,g)\} < o\{T(r,f)+T(r,g)\}(\text{n.e.})$$

因 $l > 2+\dfrac{2}{n}$，这是不可能的，所以

$$\{f(z)-c\}^n \equiv \{g(z)-c\}^n$$

§6 定理 3 的证明

令 $F(z)=\{f(z)-c\}^2, G(z)=\{g(z)-c\}^2, b_j=a_j^2(j=1,2,3), b_4=0$，则 $F(z)\in\{b_j\}\Leftrightarrow G(z)\in\{b_j\}(j=1,2,3,4)$. 如果 $F(z)\not\equiv G(z)$，根据引理 3 知

$$\sum_{j=1}^{4}\overline{N}(r,\frac{1}{F-b_j}) = (2+o(1))T(r,F)(\text{n.e.})$$

根据奈望林纳第二基本定理知

$$5T(r,f) < \sum_{j=1}^{3}\overline{N}(r,\frac{1}{f-(c+a_j)}) + \sum_{j=1}^{3}\overline{N}(r,\frac{1}{f-(c-a_j)}) +$$

$$\overline{N}(r,\frac{1}{f-c}) + o(T(r,f))(\text{n.e.})$$

$$= \sum_{j=1}^{3}\overline{N}(r,\frac{1}{F-b_j}) + o(T(r,f))(\text{n.e.})$$

$$= (2+o(1))T(r,F) + o(T(r,f))(\text{n.e.})$$

$$= (4 + o(1)) T(r, f) \quad (\text{n. e.})$$

这是不可能的, 故 $F(z) \equiv G(z)$, 这就导出

$$f(z) \equiv g(z) \text{ 或 } f(z) + g(z) \equiv 2c$$

§7　定理 5 的证明

令 $F(z) = \{ f(z) - c \}^n$, $G(z) = \{ g(z) - c \}^n$, 根据定理 5 的条件知

$$G(z) - a_1^n = \mathrm{e}^{\alpha(z)} \{ F(z) - a_1^n \}, \quad G(z) - a_2^n = \mathrm{e}^{\beta(x)} \{ F(z) - a_2^n \}$$

根据引理 2 知, $T(r, \mathrm{e}^\alpha) = O(T(r, F)) \, (\text{n. e.})$, $T(r, \mathrm{e}^\beta) = O(T(r, F)) \, (\text{n. e.})$.

假设 $F(z) \not\equiv G(x)$, 显然 $\mathrm{e}^{\beta(z)} \not\equiv \mathrm{e}^{\alpha(z)}$, 且

$$F = \frac{a_2^n \mathrm{e}^\beta - a_1^n \mathrm{e}^\alpha + a_1^n - a_2^n}{\mathrm{e}^\beta - \mathrm{e}^\alpha}$$

显然 $F(z)$ 的零点必满足

$$\begin{cases} a_2^n \mathrm{e}^\beta - a_1^n \mathrm{e}^\alpha + a_1^n - a_2^n = 0 \\ a_2^n \beta' \mathrm{e}^\beta - a_1^n \alpha' \mathrm{e}^\alpha = 0 \\ a_2^n \{ \beta'' + (\beta')^2 \} \mathrm{e}^\beta - a_1^n \{ \alpha'' + (\alpha')^2 \} \mathrm{e}^\alpha = 0 \end{cases}$$

由此方程组后两个等式易得

$$\frac{\alpha''}{\alpha'} + \alpha' - \frac{\beta''}{\beta'} - \beta' = 0$$

根据引理 1 知

$$N\left(r, \frac{1}{F}\right) = o(T(r, F)) \quad (\text{n. e.})$$

显然 $F(z)$ 的零点必满足

$$\begin{cases} \mathrm{e}^\beta - \mathrm{e}^\alpha = 0 \\ \beta' \mathrm{e}^\beta - \alpha' \mathrm{e}^\alpha = 0 \end{cases}$$

由此方程组易得 $\beta' - \alpha' = 0$, 因而

$$N(r, F) = o(T(r, F)) \quad (\text{n. e.})$$

根据引理 4 知, $\dfrac{F(z)}{a_1^n} \cdot \dfrac{G(z)}{a_1^n} \equiv 1$ 及 $\dfrac{F(z)}{a_2^n} \cdot \dfrac{G(z)}{a_2^n} \equiv 1$. 又 $a_1^{2n} \neq a_2^{2n}$, 这是不可能的, 所以 $F(z) \equiv G(z)$, 即 $\{ f(z) - c \}^n \equiv \{ g(z) - c \}^n$.

亚纯函数的唯一性和格罗斯的一个问题（Ⅰ）

设 f 于开平面亚纯，照例，$S(r,f)$ 表示任意满足 $o(T(r,f))(r \rightarrow \infty, r \notin E)$ 的数量，这里 E 是一个有穷线性测度的集合。设 S 是一个复数集合，仅含有限个元素，令

$$E_f(S) = \bigcup_{a \in S} \{z \mid f(z) - a = 0\}$$

这里 m 重零点在 $E_f(S)$ 中重复 m 次。本章中，$\omega = \cos \dfrac{2\pi}{n} + i \sin \dfrac{2\pi}{n}$，这里 n 是正整数，a,b,c,c_1,c_2 都是有穷复数，且 $b \neq 0$，以后不再说明。

定理 A[1][2]　设 f 与 g 是非常数亚纯函数，$S_1 = \{a+b, a+b\omega, \cdots, a+b\omega^{n-1}\}$，$S_2 = \{a\}$，$S_3 = \{\infty\}$，其中 $n > 1$。如果 $E_f(S_j) = E_g(S_j)(j=1,2,3)$，则 $f-a = t(g-a)$，这里 $t^n = 1$，或 $(f-a) \cdot (g-a) = s$，这里 $s^n = b^{2n}$。

现在自然要问：定理 A 中的 3 个集合能否换为两个集合，甚至一个集合，使其结论仍然成立？

仪洪勋教授于 1994 年解决了上述问题，证明了：

定理 1　设 f 与 g 是非常数亚纯函数，$S_1 = \{a+b, a+b\omega, \cdots, a+b\omega^{n-1}\}$，$S_2 = \{a\}$ 或 $S_2 = \{\infty\}$，其中 $n > 6$。如果 $E_f(S_j) = E_g(S_j)(j=1,2)$，则 $f-a = t(g-a)$，这里 $t^n = 1$，或 $(f-a)(g-a) = s$，这里 $s^n = b^{2n}$。

---

①　仪洪勋.关于亚纯函数的唯一性[J].数学学报,1988,31(4):570-576.

②　TOHGE K. Meromorphic functions covering certain finite sets at the same points[J]. Kodai Math. J. ,1988,11(2):249-279.

定理 2　设 f 与 g 是非常数亚纯函数，$S = \{a+b, a+b\omega, \cdots, a+b\omega^{n-1}\}$，其中 $n > 8$. 如果 $E_f(S) = E_g(S)$，则 $f - a = t(g - a)$，这里 $t^n = 1$，或 $(f-a)(g-a) = s$，这里 $s^n = b^{2n}$. 当 f 与 g 是非常数整函数时，把上面的条件 $n > 8$ 减弱为 $n > 4$，结论仍成立.

根据奈望林纳四值定理[①]，可以证明：

定理 B[②]　存在 3 个有限集合 $S_j (j = 1, 2, 3)$，使得对任意两个非常数整函数 f 与 g，只要满足 $E_f(S_j) = E_g(S_j)(j = 1, 2, 3)$，必有 $f = g$.

定理 C[③]　存在 4 个有限集合 $S_j (j = 1, 2, 3, 4)$，使得对任意两个非常数亚纯函数 f 与 g，只要满足 $E_f(S_j) = E_g(S_j)(j = 1, 2, 3, 4)$，必有 $f = g$.

1977 年，格罗斯提出下述问题[④]：定理 B 中的 3 个集合能否换为两个集合，使其结论仍成立？现在自然要问：定理 C 中的 4 个集合能否换为 3 个集合，甚至两个集合，使其结论仍成立？

本章证明了：

定理 3　设 f 与 g 是非常数整函数，$S_1 = \{a+b, a+b\omega, \cdots, a+b\omega^{n-1}\}$，$S_2 = \{c\}$，其中 $n > 4, c \neq a$ 且 $(c-a)^{2n} \neq b^{2n}$. 如果 $E_f(S_j) = E_g(S_j)(j = 1, 2)$，则 $f = g$.

定理 4　设 f 与 g 是非常数亚纯函数，$S_1 = \{a+b, a+b\omega, a+b\omega^{n-1}\}$，$S_2 = \{c_1, c_2\}, S_3 = \{a\}$ 或 $S_3 = \{\infty\}$，其中 $n > 6, c_1 \neq a, c_2 \neq a, (c_1-a)^n \neq (c_2-a)^n, (c_k-a)^n(c_j-a)^n \neq b^{2n}(k, j = 1, 2)$. 如果 $E_f(S_j) = E_g(S_j)(j = 1, 2, 3)$，则 $f = g$.

定理 5　设 f 与 g 是非常数亚纯函数，$S_1 = \{a+b, a+b\omega, \cdots, a+b\omega^{n-1}\}$，$S_2 = \{c_1, c_2\}$，其中 $n > 8, c_1 \neq a, c_2 \neq a, (c_1-a)^n \neq (c_2-a)^n, (c_k-a)^n(c_j-a)^n \neq b^{2n}(k, j = 1, 2)$. 如果 $E_f(S_j) = E_g(S_j)(j = 1, 2)$，则 $f = g$.

下面给出详细证明.

————————

①　NEVANLINNA R. Le théorèms de Picard-Borel et la théorie des fonctions méromorphes[M]. Paris：Gauthier-Villars, 1929.

②　仪洪勋. 纪念闵嗣鹤教授学术报告会论文选集[C]. 济南：山东大学出版社, 1990, 24-30.

③　仪洪勋. 纪念闵嗣鹤教授学术报告会论文选集[C]. 济南：山东大学出版社, 1990, 24-30.

④　GROSS F. Factorization of meromorphic functions and some open problems[A]. Complex Analysis Lecture Notes in Math. , 599, Berlin：Springer-Velag, 1977, 51-69.

引理 1[①]　设 f 与 g 是非常数亚纯函数，c_1, c_2, c_3 是非零常数，如果 $c_1 f + c_2 g = c_3$，则

$$T(r, f) < \overline{N}\left(r, \frac{1}{f}\right) + \overline{N}\left(r, \frac{1}{g}\right) + \overline{N}(r, f) + S(r, f)$$

引理 2[②]　设 f_1, f_2, f_3 是 3 个线性无关的亚纯函数，且满足 $\sum_{j=1}^{3} f_j = 1$. 再设 $g_1 = -\dfrac{f_3}{f_2}$，$g_2 = \dfrac{1}{f_2}$，$g_3 = -\dfrac{f_1}{f_2}$，则 g_1, g_2, g_3 也是 3 个线性无关的亚纯函数，且满足 $\sum_{j=1}^{3} g_j = 1$.

设 f_1, f_2 是两个非常数亚纯函数，$D = \begin{vmatrix} f'_1 & f'_2 \\ f''_1 & f''_2 \end{vmatrix} = f'_1 f''_2 - f'_2 f''_1$. 为了叙述方便，当 z_0 不是某个亚纯函数 H 的零点与极点时，有时我们也称 z_0 是 H 的 0 重零点. 通过计算，容易证明下述结论：

引理 3　设 z_0 是 f_1 的 k_1 重零点，f_2 的 k_2 重零点，则当 $k_1 + k_2 \geq 3$ 时，z_0 是 D 的至少 $k_1 + k_2 - 3$ 重零点，当 $k_1 = k_2 = k \geq 1$ 时，z_0 是 D 的至少 $2k - 2$ 重零点.

引理 4　设 z_0 是 f_1 的 k_1 重极点，f_2 的 k_2 重极点，则 z_0 是 D 的至多 $k_1 + k_2 + 3$ 重极点，当 $k_1 = k_2 = k$ 时，z_0 是 D 的至多 $2k + 2$ 重极点.

引理 5　设 z_0 是 f_1 的 k_1 重零点，f_2 的 k_2 重极点，则当 $k_1 - k_2 \geq 3$ 时，z_0 是 D 的至少 $k_1 - k_2 - 3$ 重零点，当 $k_1 - k_2 < 3$ 时，z_0 是 D 的至多 $k_2 + 3 - k_1$ 重极点.

定理 2 的证明　不失一般性，可设 $a = 0, b = 1$. 否则只需设 $F = \dfrac{f-a}{b}$，$G = \dfrac{g-a}{b}$ 即可. 根据条件 $E_f(S) = E_g(S)$，由奈望林纳第二基本定理得

$$
\begin{aligned}
(n-2)T(r, g) &< \sum_{k=0}^{n-1} \overline{N}\left(r, \frac{1}{g - \omega^k}\right) + S(r, g) \\
&= \sum_{k=0}^{n-1} \frac{1}{N}\left(r, \frac{1}{f - \omega^k}\right) + S(r, g) \\
&< nT(r, f) + S(r, g)
\end{aligned}
$$

---

①　仪洪勋. 具有三个公共值的亚纯函数[J]. 数学年刊，1988，9A(4)：434-439.

②　YI H X. Meromorphic functions that share two or three value[J]. Kodai Math. J.，1990，13(3)：363-372.

注意到 $n > 8$，于是

$$T(r,g) < \frac{9}{7}T(r,f) + S(r,f) \tag{1}$$

同理可证

$$T(r,f) < \frac{9}{7}T(r,g) + S(r,g) \tag{2}$$

设

$$h = \frac{f^n - 1}{g^n - 1} \tag{3}$$

由式(1)(3)，可得

$$T(r,h) < \frac{16}{7}nT(r,f) + S(r,f) \tag{4}$$

根据 $E_f(S) = E_g(S)$ 及式(3)知，h 的极点仅可能在 f 的极点处取得，h 的零点仅可能在 g 的极点处取得，于是

$$\overline{N}(r,h) \leqslant \overline{N}(r,f) \tag{5}$$

$$\overline{N}(r,\frac{1}{h}) \leqslant \overline{N}(r,g) \tag{6}$$

设 $f_1 = f^n, f_2 = h, f_3 = -hg^n$ 及 $T(r) = \max\limits_{1 \leqslant j \leqslant 3}\{T(r,f_j)\}$，由式(1)(3)(4)，可得

$$\sum_{j=1}^{3} f_j = 1 \tag{7}$$

及

$$T(r) = O(T(r,f)) \quad (r \notin E) \tag{8}$$

下面先来证明引理 6.

引理 6　f_1, f_2 与 f_3 必线性相关.

证明　假设 f_1, f_2 与 f_3 线性无关.根据奈望林纳关于亚纯函数组的一个定理①，由式(7)(8)，可得

$$T(r,f_1) < N(r) + S(r,f) \tag{9}$$

这里

$$N(r) = \sum_{j=1}^{3} N(r,\frac{1}{f_j}) + N(r,D) - N(r,f_2) - N(r,f_3) - N(r,\frac{1}{D}) \tag{10}$$

---

① NEVANLINNA R. Le théorèms de Picard-Borel et la théorie des fonctions méromorphes[M]. Paris：Gauthier-Villars,1929.

$$D = \begin{vmatrix} f_1 & f_2 & f_3 \\ f'_1 & f'_2 & f'_3 \\ f''_1 & f''_2 & f''_3 \end{vmatrix}$$

再根据式(7)得

$$D = \begin{vmatrix} f'_1 & f'_2 \\ f''_1 & f''_2 \end{vmatrix} = -\begin{vmatrix} f'_1 & f'_3 \\ f''_1 & f''_3 \end{vmatrix} = \begin{vmatrix} f'_2 & f'_3 \\ f''_2 & f''_3 \end{vmatrix} \qquad (11)$$

显然 $f_j(j=1,2,3)$ 的零点与 D 的极点仅可能在 f 的零点或极点及 g 的零点或极点处取得. 设 z_0 为 f 的零点或极点, 或为 g 的零点或极点, 则

$$(f(z_0))^n - 1 \neq 0, (g(z_0))^n - 1 \neq 0$$

设

$$f(z) = a_p(z - z_0)^p + a_{p+1}(z - z_0)^{p+1} + \cdots \qquad (12)$$

$$g(z) = b_q(z - z_0)^q + b_{q+1}(z - z_0)^{q+1} + \cdots \qquad (13)$$

这里 $a_p \neq 0, b_q \neq 0$. p, q 为整数, 但不同时为零. 根据式(12)(13), 得

$$f_1(z) = a_p^n(z - z_0)^{np} + na_p^{n-1}a_{p+1}(z - z_0)^{np+1} + \cdots \qquad (14)$$

$$f_2(z) = \frac{-1 + a_p^n(z - z_0)^{np} + na_p^{n-1}a_{p+1}(z - z_0)^{np+1} + \cdots}{-1 + b_q^n(z - z_0)^{nq} + nb_q^{n-1}b_{q+1}(z - z_0)^{nq+1} + \cdots} \qquad (15)$$

$$f_3(z) = -f_2(z) \cdot \{ b_q^n(z - z_0)^{nq} + nb_q^{n-1}b_{q+1}(z - z_0)^{nq+1} + \cdots \} \qquad (16)$$

下面分 4 种情况进行讨论. 在第 $k(k=1,2,3,4)$ 种情况中, $f, g, D, \cdots$ 的极点的相应密指量分别记作 $N_k(r, f), N_k(r, g), N_k(r, D), \cdots$. 并设

$$N_k(r) = \sum_{j=1}^{3} N_k\left(r, \frac{1}{f_j}\right) + N_k(r, D) - N_k(r, f_2) - N_k(r, f_3) - N_k\left(r, \frac{1}{D}\right)$$

$$(17)$$

$N_k(r, f), N_k(r, g), \cdots$ 相应的精简密指量分别记作 $\overline{N}_k(r, f), \overline{N}_k(r, g), \cdots$.

情况 1 $p \geqslant 0, q \geqslant 0$, 且 $p + q > 0$.

根据式(14)(15)(16)知, z_0 是 f_1 的 np 重零点, 不是 f_2 的零点与极点, 是 f_3 的 nq 重零点. 注意到 $D = \begin{vmatrix} f'_1 & f'_3 \\ f''_1 & f''_3 \end{vmatrix}$, 我们易知, 当 $p=0, q>0$ 时, z_0 是 D 的至少 $nq-2$ 重零点; 当 $p>0, q=0$ 时, z_0 是 D 的至少 $np-2$ 重零点; 当 $p>0, q>0$ 时, z_0 是 D 的至少 $np + nq - 3$ 重零点. 于是

$$N_1(r) \leqslant nN_1\left(r, \frac{1}{f}\right) + nN_1\left(r, \frac{1}{g}\right) - $$

$$\left(nN_1\left(r, \frac{1}{f}\right) + nN_1\left(r, \frac{1}{g}\right) - 2\overline{N}_1\left(r, \frac{1}{f}\right) - 2\overline{N}_1\left(r, \frac{1}{g}\right) \right)$$

48

$$= 2\overline{N}_1(r, \frac{1}{f}) + 2\overline{N}_1(r, \frac{1}{g}) \tag{18}$$

情况 2　$p \geqslant 0, q < 0$.

根据式(14)(15)(16)知,z_0 是 f_1 的 np 重零点,是 f_2 的 $n|q|$ 重零点,不是 f_3 的零点与极点. 注意到 $D = \begin{vmatrix} f'_1 & f'_2 \\ f''_1 & f''_2 \end{vmatrix}$. 我们易知,当 $p = 0$ 时,z_0 是 D 的至少 $n|q| - 2$ 重零点;当 $p > 0$ 时,z_0 是 D 的至少 $np + n|q| - 3$ 重零点. 于是

$$N_2(r) \leqslant nN_2(r, \frac{1}{f}) + nN_2(r, g) -$$

$$(nN_2(r, \frac{1}{f}) + nN_2(r, g) - \overline{N}_2(r, \frac{1}{f}) - 2\overline{N}_2(r, g))$$

$$= \overline{N}_2(r, \frac{1}{f}) + 2\overline{N}_2(r, g) \tag{19}$$

情况 3　$p < 0, q \geqslant 0$.

根据式(14)(15)知,z_0 是 f_1 与 f_2 的 $n|p|$ 重极点,由此再分 3 种情况进行讨论.

①$0 \leqslant q < |p|$.

根据式(16)知,z_0 是 f_3 的 $n(|p| - q)$ 重极点. 注意到 $D = \begin{vmatrix} f'_2 & f'_3 \\ f''_2 & f''_3 \end{vmatrix}$,我们易知,当 $q = 0$ 时,z_0 是 D 的至多 $2n|p| + 2$ 重极点;当 $q > 0$ 时,z_0 是 D 的至多 $n|p| + n(|p| - q) + 3 = 2n|p| - nq + 3$ 重极点. 于是

$$N_①(r) \leqslant 2nN_①(r, f) - nN_①(r, \frac{1}{g}) + 2\overline{N}_①(r, f) + \overline{N}_①(r, \frac{1}{g}) -$$

$$nN_①(r, f) - n(N_①(r, f) - N_①(r, \frac{1}{g}))$$

$$= 2\overline{N}_①(r, f) + \overline{N}_①(r, \frac{1}{g}) \tag{20}$$

②$|p| \leqslant q \leqslant 2|p|$.

根据式(16)知,z_0 是 f_3 的 $n(q - |p|)$ 重零点. 注意到 $D = -\begin{vmatrix} f'_1 & f'_3 \\ f''_1 & f''_3 \end{vmatrix}$,根据引理 5 知,$z_0$ 是 D 的至多 $n|p| - n(q - |p|) + 3 = 2n|p| - nq + 3$ 重极点. 于是

$$N_②(r) \leqslant n(N_②(r, \frac{1}{g}) - N_②(r, f)) + 2nN_②(r, f) -$$

$$nN_{②}\left(r,\frac{1}{g}\right)+2\overline{N}_{②}(r,f)+\overline{N}_{②}\left(r,\frac{1}{g}\right)-nN_{②}(r,f)$$

$$=2\overline{N}_{②}(r,f)+\overline{N}_{②}\left(r,\frac{1}{g}\right) \tag{21}$$

③$2\mid p\mid<q$.

根据式(16)知,z_0 是 f_3 的 $n(q-\mid p\mid)$ 重零点. 注意到 $D=-\begin{vmatrix}f'_1&f'_3\\f''_1&f''_3\end{vmatrix}$,

根据引理 5 知,z_0 是 D 的至少 $n(q-\mid p\mid)-n\mid p\mid-3=nq-2n\mid p\mid-3$ 重零点. 于是

$$N_{③}(r)\leqslant n\left(N_{③}\left(r,\frac{1}{g}\right)-N_{③}(r,f)\right)-nN_{③}(r,f)-$$

$$\left(nN_{③}\left(r,\frac{1}{g}\right)-2nN_{③}(r,f)-2N_{③}(r,f)-\overline{N}_{③}\left(r,\frac{1}{g}\right)\right)$$

$$=2\overline{N}_{③}(r,f)+\overline{N}_{③}\left(r,\frac{1}{g}\right) \tag{22}$$

根据式(20)(21)(22)得

$$N_3(r)\leqslant 2\overline{N}_3(r,f)+\overline{N}_3\left(r,\frac{1}{g}\right) \tag{23}$$

情况 4 $p<0,q<0$.

根据式(14)(16)知,z_0 是 f_2 与 f_3 的 $n\mid p\mid$ 重极点,由此再分 3 种情况进行讨论.

①$\mid q\mid<\mid p\mid$.

根据式(15)知,z_0 是 f_2 的 $n(\mid p\mid-q)$ 重极点. 注意到 $D=\begin{vmatrix}f'_2&f'_3\\f''_2&f''_3\end{vmatrix}$,

根据引理 4 知,z_0 是 D 的至多 $n(\mid p\mid-\mid q\mid)+n\mid p\mid+3=2n\mid p\mid-n\mid q\mid+3$ 重极点. 于是

$$N_{①}(r)\leqslant 2nN_{①}(r,f)-nN_{①}(r,g)+2\overline{N}_{①}(r,f)+\overline{N}_{①}(r,g)-$$

$$\left(nN_{①}(r,f)-nN_{①}(r,g)\right)-nN_{①}(r,f)$$

$$=2\overline{N}_{①}(r,f)+\overline{N}_{①}(r,g) \tag{24}$$

②$\mid p\mid\leqslant\mid q\mid\leqslant 2\mid p\mid$.

根据式(15)知,z_0 是 f_2 的 $n(\mid q\mid-\mid p\mid)$ 重零点. 注意到 $D=\begin{vmatrix}f'_2&f'_3\\f''_2&f''_3\end{vmatrix}$,

我们易知,当 $p=q$ 时,z_0 是 D 的至多 $n\mid p\mid+2$ 重极点;当 $\mid p\mid<\mid q\mid\leqslant 2\mid p\mid$ 时,z_0 是 D 的至多 $n\mid p\mid-n(\mid q\mid-\mid p\mid)+3=2n\mid p\mid-n\mid q\mid+3$ 重极点. 于是

$$N_②(r) \leqslant n(N_②(r,g) - N_②(r,f)) +$$
$$2nN_②(r,f) - nN_②(r,g) +$$
$$2\overline{N}_②(r,f) + \overline{N}_②(r,g) - nN_②(r,f)$$
$$= 2\overline{N}_②(r,f) + \overline{N}_②(r,g) \tag{25}$$

③ $2|p| < |q|$.

根据式（15）知, z_0 是 f_2 的 $n(|q|-|p|)$ 重零点. 注意到 $D = \begin{vmatrix} f'_2 & f'_3 \\ f''_2 & f''_3 \end{vmatrix}$,

根据引理 5 知, z_0 是 D 的至少 $n(|q|-|p|) - n|p| - 3 = n|q| - 2n|p| - 3$ 重零点. 于是

$$N_③(r) \leqslant n(N_③(r,g) - N_③(r,f)) - nN_③(r,f) -$$
$$(nN_③(r,g) - 2nN_③(r,f) - 2\overline{N}_③(r,f) - \overline{N}_③(r,g))$$
$$= 2\overline{N}_③(r,f) + \overline{N}_③(r,g) \tag{26}$$

根据式（24）（25）（26）得

$$N_4(r) \leqslant 2\overline{N}_4(r,f) + \overline{N}_4(r,g) \tag{27}$$

由式（10）（18）（19）（23）（27）得

$$N(r) \leqslant 2\overline{N}(r,\frac{1}{f}) + 2\overline{N}(r,\frac{1}{g}) + 2\overline{N}(r,f) + 2\overline{N}(r,g)$$

再由式（9）得

$$nT(r,f) < 4T(r,f) + 4T(r,g) + S(r,f) \tag{28}$$

设 $g_1 = -\dfrac{f_3}{f_2} = g^n, g_2 = \dfrac{1}{f_2} = \dfrac{1}{h} = H, g_3 = -\dfrac{f_1}{f_2} = -Hf^n$. 根据引理 2 知,

$\displaystyle\sum_{j=1}^{3} g_j = 1$, 且 g_1, g_2, g_3 也线性无关. 使用与上面类似的方法, 我们可以得到

$$nT(r,g) < 4T(r,g) + 4T(r,f) + S(r,g) \tag{29}$$

由式（28）（29）得

$$(n-8)T(r,f) + (n-8)T(r,g) < S(r,f) + S(r,g) \tag{30}$$

因为 $n > 8$, 所以式（30）不成立, 由这个矛盾即证明了引理 6 成立.

下面继续证明定理 2.

根据引理 6 知, f_1, f_2, f_3 线性相关, 即存在不全为 0 的常数 c_1, c_2, c_3, 使得

$$c_1 f_1 + c_2 f_2 + c_3 f_3 = 0 \tag{31}$$

如果 $c_1 = 0$, 由式（31）容易得出 $g^n = \dfrac{c_2}{c_3}$, 这是不可能的, 于是 $c_1 \neq 0$, 且

$$f_1 = -\frac{c_2}{c_1} f_2 - \frac{c_3}{c_1} f_3 \tag{32}$$

由式(7)及(32)得

$$(1-\frac{c_2}{c_1})f_2+(1-\frac{c_3}{c_1})f_3=1 \tag{33}$$

现在,我们分3种情况进行讨论.

情况 1 假设 $c_1 \neq c_2, c_1 \neq c_3$.

由式(33)得

$$(1-\frac{c_3}{c_1})g^n+\frac{1}{h}=1-\frac{c_2}{c_1}$$

根据引理1及式(2)(5)得

$$nT(r,g)<\overline{N}(r,\frac{1}{g})+\overline{N}(r,h)+\overline{N}(r,g)+S(r,g)$$

$$\leqslant \overline{N}(r,\frac{1}{g})+\overline{N}(r,f)+\overline{N}(r,g)+S(r,g)$$

$$<2T(r,g)+T(r,f)+S(r,g)$$

$$<\frac{23}{7}T(r,g)+S(r,g) \tag{34}$$

因为 $n>8$,所以式(34)不成立.

情况 2 假设 $c_1=c_3$.

由式(33)得 $c_1 \neq c_2$ 及

$$h=\frac{c_1}{c_1-c_2} \tag{35}$$

由式(7)及(35)得

$$f^n+\frac{c_1}{c_2-c_1}g^n=\frac{c_2}{c_2-c_1} \tag{36}$$

如果 $c_2 \neq 0$,根据引理1和式(1),由式(36)得

$$nT(r,f)<2T(r,f)+T(r,g)+S(r,f)$$

$$<\frac{23}{7}T(r,f)+S(r,f)$$

这是一个矛盾.因此 $c_2=0$.由式(36)得 $f^n=g^n$,于是 $f=tg$,这里 $t^n=1$.

情况 3 假设 $c_1=c_2$.

由式(33)得 $c_1 \neq c_3$ 及

$$f_3=\frac{c_1}{c_1-c_3} \tag{37}$$

由式(7)及(37)得

$$f^n+h=\frac{c_3}{c_3-c_1} \tag{38}$$

如果 $c_3 \neq 0$，根据引理 1，式（1）和（6），由式（38）得

$$nT(r,f) < \overline{N}(r,\frac{1}{f}) + \overline{N}(r,\frac{1}{h}) + \overline{N}(r,f) + S(r,f)$$

$$\leqslant \overline{N}(r,\frac{1}{f}) + \overline{N}(r,g) + \overline{N}(r,f) + S(r,f)$$

$$< 2T(r,f) + T(r,g) + S(r,f)$$

$$< \frac{23}{7}T(r,f) + S(r,f)$$

这又是一个矛盾.因此 $c_3 = 0$.由式（37）和（38）得 $f^n = -h, g^n = -\frac{1}{h}$ 及 $f^n g^n =$

1.于是 $fg = s$，这里 $s^n = 1$.

当 f 与 g 是非常数整函数时，只需考虑引理 6 中的情况 1，与上面完全类似，可以证明把条件 $n > 8$ 减弱为 $n > 4$，结论仍然成立.

这样就完成了定理 2 的证明.

定理 1 的证明　我们分 2 种情况进行讨论.

情况 1　假设 $S_2 = \{\infty\}$.

使用定理 2 的证明方法即可证明定理 1 的结论成立，只需考虑引理 6 的情况 1 及 4 中的 $p = q$ 即可.

情况 2　假设 $S_2 = \{a\}$.

只要设 $F = a + \dfrac{b^2}{f-a}, G = a + \dfrac{b^2}{g-a}$，对 F, G 使用上面的情况 1，即可得到定理 1 的结论.

定理 5 的证明　根据 $E_f(S_1) = E_g(S_1)$，由定理 2 得

$$f - a = t(g - a) \tag{39}$$

这里 $t^n = 1$，或

$$(f - a)(g - a) = s \tag{40}$$

这里 $s^n = b^{2n}$.我们分 2 种情况进行讨论.

情况 1　假设式（39）成立，由此我们再分 3 种情况进行讨论.

① 假设 c_1 不是 f 的皮卡例外值，则存在 z_0 使 $f(z_0) = c_1$.根据 $E_f(S_2) = E_g(S_2)$ 知，$g(z_0) = c_1$ 或 $g(z_0) = c_2$.

如果 $g(z_0) = c_1$，由式（39）得 $c_1 - a = t(c_1 - a)$.于是 $t = 1, f = g$.

如果 $g(z_0) = c_2$，由式（39）得 $c_1 - a = t(c_2 - a)$.于是 $(c_1 - a)^n = (c_2 - a)^n$，这与假设矛盾.

② 假设 c_2 不是 f 的皮卡例外值，与前面类似，也可得出 $f = g$.

③ 假设 c_1, c_2 都是 f 的皮卡例外值. 根据 $E_f(S_2) = E_g(S_2)$ 知, c_1, c_2 也是 g 的皮卡例外值. 再根据式(39)知, $a + t(c_1 - a)$ 和 $a + t(c_2 - a)$ 也都是 f 的皮卡例外值. 因为亚纯函数至多有两个皮卡例外值. 于是 $c_1 = a + t(c_1 - a)$ 或 $c_1 = a + t(c_2 + a)$, 与前面类似, 也可得出 $f = g$.

情况 2 假设式(40)成立, 由此我们再分 3 种情况进行讨论.

① 假设 c_1 不是 f 的皮卡例外值, 则存在 z_0 使 $f(z_0) = c_1$. 根据 $E_f(S_2) = E_g(S_2)$ 知, $g(z_0) = c_1$ 或 $g(z_0) = c_2$.

如果 $g(z_0) = c_1$, 由式(40)得 $(c_1 - a)^2 = s$, 于是 $(c_1 - a)^{2n} = b^{2n}$. 这与假设矛盾.

如果 $g(z_0) = c_2$. 由式(40)得 $(c_1 - a)(c_2 - a) = s$, 于是 $(c_1 - a)^n (c_2 - a)^n = b^{2n}$. 这也与假设矛盾.

② 假设 c_2 不是 f 的皮卡例外值, 与前面类似, 也可得出矛盾.

③ 假设 c_1, c_2 都是 f 的皮卡例外值, 根据 $E_f(S_2) = E_g(S_2)$ 知, c_1, c_2 也都是 g 的皮卡例外值. 再根据式(40)知, $a + \dfrac{s}{c_1 - a}$ 和 $a + \dfrac{s}{c_2 - a}$ 也都是 f 的皮卡例外值. 于是 $c_1 = a + \dfrac{s}{c_1 - a}$ 或 $c_1 = a + \dfrac{s}{c_2 - a}$, 与前面类似, 也可得出矛盾.

这样就完成了定理 5 的证明.

定理 4 的证明 使用证明定理 5 的方法, 从定理 1 即可得到定理 4 的结论.

定理 3 的证明 与定理 5 的证明类似. 可得 f 与 g 满足式(39)或式(40). 我们分 2 种情况进行讨论.

情况 1 假设式(39)成立.

如果 c 不是 f 的皮卡值, 则存在 z_0 使 $f(z_0) = g(z_0) = c$. 由式(39)得 $c - a = t(c - a)$. 于是 $t = 1, f = g$.

如果 c 是 f 的皮卡值, 则 c 也是 g 的皮卡值. 再由式(39)知, $a + t(c - a)$ 也是 f 的皮卡值, 因为整函数至多有一个有穷皮卡值, 于是 $c = a + t(c - a)$. 这样就导出了 $t = 1, f = g$.

情况 2 假设式(40)成立.

因为 f 与 g 是整函数, 由式(40)知, a 是 f 的皮卡例外值, 因此 c 不是 f 的皮卡例外值, 则存在 z_0 使 $f(z_0) = g(z_0) = c$. 再由式(40)得 $(c - a)^2 = s$. 于是 $(c - a)^{2n} = b^{2n}$, 这与假设矛盾.

这样就证明了定理 3.

关于格罗斯的一个结果

第 6 章

§1 引　　言

设 $f(z)$ 是开平面内的非常数亚纯函数，S 是一个复数集合，令 $E_f(S) = \bigcup_{a \in S} \{z \mid f(z) - a = 0\}$，这里零点按重级计算.

奈望林纳证明了[①]：

定理 A　设 f 与 g 是非常数亚纯函数，$S_i = \{a_i\}(i=1,2,3,4)$，这里 $S_i \bigcap S_j = \Phi(i \neq j)$. 如果 $E_f(S_i) = E_g(S_i)(i=1,2,3,4)$，则或者 $f \equiv g$，或者 f 是 g 的一个分式线性变换，其中两个值记作 a_1, a_2，必是 f 与 g 的皮卡例外值，交比 $(a_1, a_2, a_3, a_4) = -1$.

1968 年，格罗斯得出了下述结论[②]，并在他之后所写的专著[③]和论文[④][⑤]中多次引用了这些结论.

①　NEVANLINNA R. Le théorème de Picard-Borel et la théorie des fonctions méromorphes[M]. Paris：Gauthier-Villars，1929.

②　GROSS F. On the distribution of values of meromorphic functions[J]. Trans. Am. Math. Soc. ，1968，131：199-214.

③　GROSS F. Factorization of meromorphic functions[M]. Washington：U. S. Govt. Printing Office Publication，Math. Res. Center，1972.

④　GROSS F. Factorization of meromorphic functions and some open problems[A]. Complex Analysis Lecture Notes in Math. ，599，Berlin：Springer-Velag，1977，51-69.

⑤　GROSS F，OSGOOD C F. Entire functions with common preimages, Factorization theory of meromorphic functions and related topics[J]. Lecture Notes in Pure and Appl. Math. ，78，Dekker，New York，1982，19-24.

定理 B 设 f 与 g 是非常数整函数,$S_1=\{1\}$,$S_2=\{-1\}$,$S_3=\{a,b\}$,其中 a,b 是两个有穷复数,且 $S_3\bigcap S_i=\Phi(i=1,2)$. 如果 $E_f(S_i)=E_g(S_i)(i=1,2,3)$,则 f 与 g 必满足下述 3 个关系之一:①$f\equiv g$,②$fg\equiv 1$,③$(f-1)(g-1)\equiv 4$.

定理 C 设 f 与 g 是非常数整函数,$S_1=\{1\}$,$S_2=\{-1\}$,$S_3=\{a_1,a_2\}$,$S_4=\{b_1,b_2,\cdots,b_n\}$,其中 n 为正奇数,且 $S_i\bigcap S_j=\Phi(i\neq j)$,$\{0,3\}\bigcap S_4=\Phi$. 如果 $E_f(S_i)=E_g(S_i)(i=1,2,3,4)$,则 $f\equiv g$.

事实上,定理 B 与定理 C 都是不正确的. 例如,设 $a=\dfrac{\sqrt{3}}{3}\mathrm{i}$,$b=-\dfrac{\sqrt{3}}{3}\mathrm{i}$,$f(z)=\mathrm{e}^z+\dfrac{\sqrt{3}}{3}\mathrm{i}$,$g(z)=\dfrac{4}{3}\mathrm{e}^{-z}-\dfrac{\sqrt{3}}{3}\mathrm{i}$,这个例子可以证实定理 B 是不正确的. 再如,设 $a_1=\sqrt{3}\mathrm{i}$,$a_2=-\sqrt{3}\mathrm{i}$,$n=1$,$b_1=-3$,$f(z)=2\mathrm{e}^z-1$,$g(z)=2\mathrm{e}^{-z}-1$,这个例子可以证实定理 C 也是不正确的.

仪洪勋教授于 1994 年修正了定理 B 与定理 C,并把其结果推广到一般的亚纯函数. 他还指出,定理 A 是其结果的一个推论.

§2 主要结果

定理 1 假设定理 B 的条件成立,则 f 与 g 必满足下述 5 个关系之一:

①$f\equiv g$.

②$fg\equiv 1$,仅当 $ab=1$ 或 $a=b=0$ 时成立.

③$(f-a)(g-b)\equiv\dfrac{4}{3}$,其中 $a=\pm\dfrac{\sqrt{3}}{3}\mathrm{i}$,$b=-a$.

④$(f+1)(g+1)\equiv 4$,仅当 $(a+1)(b+1)=4$ 时成立.

⑤$(f-1)(g-1)\equiv 4$,仅当 $(a-1)(b-1)=4$ 时成立.

显然定理 1 是定理 B 的修正. 根据定理 1 容易得出下述推论,它是定理 C 的修正.

推论 1 定理 C 再加上条件 $\{-3\}\bigcap S_4=\Phi$,则定理 C 的结论成立.

定理 2 设 f 与 g 是非常数亚纯函数,$S_1=\{1\}$,$S_2=\{-1\}$,$S_3=\{\infty\}$,$S_4=\{a,b\}$,且 $S_i\bigcap S_4=\Phi(i=1,2,3)$. 如果 $E_f(S_i)=E_g(S_i)(i=1,2,3,4)$,则 f 与 g 必满足下述 10 个关系之一:

①$f\equiv g$.

②$f+g\equiv 2$,仅当 $a+b=2$ 或 $a=b=3$ 时成立,此时 $-1,3$ 为 f 与 g 的皮卡例外值.

③$(a-1)(f-1)\equiv(b-1)(g-1)$,其中 $a=2\pm\sqrt{3}\mathrm{i},b=2\mp\sqrt{3}\mathrm{i}$,此时 $-1,a$ 为 f 的皮卡例外值,$-1,b$ 为 g 的皮卡例外值.

④$f+g\equiv-2$,仅当 $a+b=-2$ 或 $a=b=-3$ 时成立,此时 $1,-3$ 为 f 与 g 的皮卡例外值.

⑤$(a+1)(f+1)=(b+1)(g+1)$,其中 $a=-2\pm\sqrt{3}\mathrm{i},b=-2\mp\sqrt{3}\mathrm{i}$,此时 $1,a$ 为 f 的皮卡例外值,$1,b$ 为 g 的皮卡例外值.

⑥$f+g\equiv 0$,仅当 $a+b=0$ 时成立,此时 ±1 为 f 与 g 的皮卡例外值.

⑦$fg\equiv 1$,仅当 $ab=1$ 或 $a=b=0$ 时成立,此时 $0,\infty$ 为 f 与 g 的皮卡例外值.

⑧$(f-a)(g-b)\leqslant\dfrac{4}{3}$,其中 $a=\pm\dfrac{\sqrt{3}}{3}\mathrm{i},b=-a$,此时 a,∞ 为 f 的皮卡例外值,b,∞ 为 g 的皮卡例外值.

⑨$(f+1)(g+1)\equiv 4$,仅当 $(a+1)(b+1)=4$ 时成立,此时 $-1,\infty$ 为 f 与 g 的皮卡例外值.

⑩$(f-1)(g-1)\equiv 4$,仅当 $(a-1)(b-1)=4$ 时成立,此时 $1,\infty$ 为 f 与 g 的皮卡例外值.

显然定理 1 是定理 2 的特殊情况. 设

$$L(z)=\frac{(2a_3-a_1-a_2)z+2a_1a_2-a_1a_3-a_2a_3}{(a_2-a_1)(z-a_3)}$$

则分式线性变换 $L(z)$ 把 a_1,a_2,a_3,a_4,a_5 分别变为 $1,-1,\infty,L(a_4),L(a_5)$. 通过线性变换 $L(z)$ 容易把定理 2 推广到一般情况,在其结论中令 $a_4=a_5$,即可得出下述结果.

定理 3　假设定理 A 的条件成立,则 f 与 g 必满足下述 7 个关系之一:

①$f\equiv g$.

②$L(f)+L(g)\equiv 2$,仅当 $a_4=L^{-1}(3)$ 时成立,此时 a_2,a_4 为 f 与 g 的皮卡例外值,交比$(a_2,a_4,a_1,a_3)=-1$.

③$L(f)+L(g)\equiv-2$,仅当 $a_4=L^{-1}(-3)$ 时成立,此时 a_1,a_4 为 f 与 g 的皮卡例外值,交比$(a_1,a_4,a_2,a_3)=-1$.

④$L(f)+L(g)\equiv 0$,仅当 $a_4=L^{-1}(0)$ 时成立,此时 a_1,a_2 为 f 与 g 的皮卡例外值,交比$(a_1,a_2,a_3,a_4)=-1$.

⑤$L(f)\cdot L(g)\equiv 1$,仅当 $a_4=L^{-1}(0)$ 时成立,此时 a_3,a_4 为 f 与 g 的皮卡

例外值,交比$(a_3,a_4,a_1,a_2)=-1$.

⑥$[L(f)+1][L(g)+1]\equiv 4$,仅当$a_4=L^{-1}(-3)$时成立,此时a_2,a_3为f与g的皮卡例外值,交比$(a_2,a_3,a_1,a_4)=-1$.

⑦$[L(f)-1][L(g)-1]\equiv 4$,仅当$a_4=L^{-1}(3)$时成立,此时a_1,a_3为f与g的皮卡例外值,交比$(a_1,a_3,a_2,a_4)=-1$.

定理 A 显然是定理 3 的推论.根据定理 3,容易得出下述推论:

推论 2 假设定理 A 的条件成立,并且$L(a_4)\not\equiv 0,\pm 3$,则$f\equiv g$.

§3　几个引理

引理 1 设$\alpha_i(z)(i=1,2,3)$是整函数,且$\alpha_1(z)\not\equiv \mathrm{const},\alpha_2(z)\not\equiv \mathrm{const}$.如果$\sum\limits_{i=1}^{3}c_i\mathrm{e}^{\alpha_i(z)}\equiv c_0$,其中$c_i(i=0,1,2,3)$是常数,且$c_0\neq 0$,则$c_3\mathrm{e}^{\alpha_3(z)}\equiv c_0$.

这是文章《具有两个亏值的亚纯函数》[1]中引理 3 的特殊情况.

引理 2 设$\alpha_i(z)(i=1,2,\cdots,n)$是整函数,且$\sum\limits_{i=1}^{n}c_i\mathrm{e}^{\alpha_i(z)}\equiv c_0$,其中$c_i(i=0,1,\cdots,n)$是常数,且$c_0\neq 0$,则$\mathrm{e}^{\alpha_i(z)}(i=1,2,\cdots,n)$中至少有一个为常数.

这是文章《具有两个亏值的亚纯函数》[2]中引理 4 的特殊情况.

引理 3 设$\alpha(z)$是非常数整函数,且$\sum\limits_{i=-m}^{n}c_i\mathrm{e}^{i\alpha(z)}\equiv 0$,其中$c_i(i=-m,-m+1,\cdots,n)$为常数,则$c_i=0(i=-m,-m+1,\cdots,n)$.

这是文章《具有两个亏值的亚纯函数》[3]中引理 5 的特殊情况.

引理 4 设$f(z)$是非常数亚纯函数,a_1,a_2是两个判别的有穷复数.如果a_1,a_2是$f(z)$的皮卡例外值,则$f(z)=\dfrac{a_1\mathrm{e}^{\alpha(z)}+a_2}{1+\mathrm{e}^{\alpha(z)}}$,其中$\alpha(z)$是非常数整函数.

证明 因a_1是$f(z)$的皮卡例外值,故$h(z)=\dfrac{1}{f(z)-a_1}$是整函数.又a_2是$f(z)$的皮卡例外值,故$\dfrac{1}{a_2-a_1}$是$h(z)$的皮卡例外值,因此$h(z)=\dfrac{1}{a_2-a_1}(1+$

---

① 仪洪勋.具有两个亏值的亚纯函数[J].数学学报,1987,30:588-597.

② 仪洪勋.具有两个亏值的亚纯函数[J].数学学报,1987,30:588-597.

③ 仪洪勋.具有两个亏值的亚纯函数[J].数学学报,1987,30:588-597.

$e^{\alpha(z)}$),其中 $\alpha(z)$ 为非常数整函数,由此易得引理 4 的结论.

引理 5　设 f 与 g 是非常数亚纯函数,且满足 $E_f(\{\infty\})=E_g(\{\infty\})$,$a_1$,$a_2$,$a_3$ 是常数,且 $a_1\neq a_2$,$a_1\neq a_3$. 如果 a_1,a_2 是 f 的皮卡例外值,a_1,a_3 是 g 的皮卡例外值,则 $f=\dfrac{a_1\mathrm{e}^{\alpha}+a_2}{1+\mathrm{e}^{\alpha}}$,$g=\dfrac{a_1\mathrm{e}^{\alpha}+a_3}{1+\mathrm{e}^{\alpha}}$ 或 $g=\dfrac{a_1+a_3\mathrm{e}^{\alpha}}{1+\mathrm{e}^{\alpha}}$,其中 $\alpha(z)$ 是非常数整函数.

证明　根据引理 4,$f=\dfrac{a_1\mathrm{e}^{\beta}+a_2}{1+\mathrm{e}^{\beta}}$,$g=\dfrac{a_1\mathrm{e}^{\beta}+a_3}{1+\mathrm{e}^{\beta}}$,其中 $\alpha(z)$ 与 $\beta(z)$ 是非常数整函数. 根据引理 5 的条件知

$$\frac{f-a_1}{g-a_1}=\mathrm{e}^r$$

其中 $r(z)$ 是整函数. 因此

$$(a_3-a_1)\mathrm{e}^r+(a_3-a_1)\mathrm{e}^{\alpha+r}-(a_2-a_1)\mathrm{e}^{\beta}=a_2-a_1$$

根据引理 1 知

$$(a_3-a_1)\mathrm{e}^r=a_2-a_1 \text{ 或 } (a_3-a_1)\mathrm{e}^{\alpha+r}=a_2-a_1$$

由此即得 $\mathrm{e}^{\beta}=\mathrm{e}^{\alpha}$ 或 $\mathrm{e}^{\beta}=\mathrm{e}^{-\alpha}$,因此

$$g=\frac{a_1\mathrm{e}^{\alpha}+a_3}{1+\mathrm{e}^{\alpha}} \text{ 或 } g=\frac{a_1+a_3\mathrm{e}^{\alpha}}{1+\mathrm{e}^{\alpha}}$$

§4　定理 2 的证明

根据定理 2 的条件知

$$\frac{f-1}{g-1}=\mathrm{e}^{\varphi_1} \tag{1}$$

$$\frac{f+1}{g+1}=\mathrm{e}^{\varphi_2} \tag{2}$$

$$\frac{(f-a)(f-b)}{(g-a)(g-b)}=\mathrm{e}^{\varphi_3} \tag{3}$$

其中 $\varphi_1,\varphi_2,\varphi_3$ 为整函数. 假设 $f\not\equiv g$,则 $\mathrm{e}^{\varphi_1}\not\equiv 1$,$\mathrm{e}^{\varphi_2}\not\equiv 1$,$\mathrm{e}^{\varphi_2-\varphi_1}\not\equiv 1$. 由式(1)(2)得

$$f=\frac{\mathrm{e}^{\varphi_1}+\mathrm{e}^{\varphi_2}-2\mathrm{e}^{\varphi_1+\varphi_2}}{\mathrm{e}^{\varphi_2}-\mathrm{e}^{\varphi_1}},\ g=\frac{2-\mathrm{e}^{\varphi_1}-\mathrm{e}^{\varphi_2}}{\mathrm{e}^{\varphi_2}-\mathrm{e}^{\varphi_1}} \tag{4}$$

下面分 11 种情况来进行讨论.

情况 1　设 $\mathrm{e}^{\varphi_1}=K(K\neq 0,1)$,这里 K 是一个常数. 由式(1)知,-1 是 f

与 g 的皮卡例外值.

如果 $a=b$,则 a 也是 f 与 g 的皮卡例外值,根据引理 5 知

$$f=\frac{a\mathrm{e}^{\alpha}-1}{\mathrm{e}^{\alpha}+1},g=\frac{a-\mathrm{e}^{\alpha}}{\mathrm{e}^{\alpha}+1} \tag{5}$$

其中 $\alpha(z)$ 是非常数整函数.把式(5)代入式(1),得 $K=-1,a=3$,这正是定理 2 中的关系 ②.

如果 $a\neq b$.若 $f-a=0$ 与 $f-b=0$ 均有零点,把这些零点代入(1)得

$$\frac{a-1}{b-1}=K,\frac{b-1}{a-1}=K$$

由此可得 $K=-1,a+b=2$.再根据式(4)得

$$f=\frac{3\mathrm{e}^{\varphi_2}-1}{\mathrm{e}^{\varphi_2}+1},g=\frac{3-\mathrm{e}^{\varphi_2}}{\mathrm{e}^{\varphi_2}+1}$$

这也是定理 2 中的关系 ②.设 a 是 f 的皮卡例外值,则 b 是 g 的皮卡例外值,且 $\frac{b-1}{a-1}=K$.根据引理 5 知

$$f=\frac{-\mathrm{e}^{\alpha}+a}{1+\mathrm{e}^{\alpha}},g=\frac{-1+b\mathrm{e}^{\alpha}}{1+\mathrm{e}^{\alpha}}\ 或\ g=\frac{-\mathrm{e}^{\alpha}+b}{1+\mathrm{e}^{\alpha}} \tag{6}$$

注意到 $\mathrm{e}^{\varphi_1}=\frac{b-1}{a-1}$,把式(6)代入式(1)得

$$-2(a-1)\mathrm{e}^{\alpha}+(a-1)^2=-2(b-1)\mathrm{e}^{\alpha}+(b-1)^2 \tag{7}$$

或

$$-2(a-1)\mathrm{e}^{\alpha}+(a-1)^2=-2(b-1)+(b-1)^2\mathrm{e}^{\alpha} \tag{8}$$

因 $a\neq b$,故式(7)不可能成立,由式(8)得

$$-2(a-1)=(b-1)^2,-2(b-1)=(a-1)^2$$

解得 $a=2\pm\sqrt{3}\mathrm{i},b=2\mp\sqrt{3}\mathrm{i}$,这样就得到了定理 2 中的关系 ③.

情况 2 设 $\mathrm{e}^{\varphi_2}\equiv K(K\neq0,1)$,与前面类似,可得定理 2 中的关系 ④ 与 ⑤.

情况 3 设 $\mathrm{e}^{\varphi_3}\equiv K(K\neq0)$.如果 -1 与 1 是 f 的皮卡例外值,根据引理 5 得

$$f=\frac{\mathrm{e}^{\alpha}-1}{\mathrm{e}^{\alpha}+1},g=\frac{1-\mathrm{e}^{\alpha}}{1+\mathrm{e}^{\alpha}} \tag{9}$$

把式(9)代入式(3)得

$$[(1-a)(1-b)-(1+a)(1+b)K]\mathrm{e}^{2\alpha}+2(1-ab)(K-1)\mathrm{e}^{\alpha}+$$
$$[(1+a)(1+b)-(1-a)(1-b)K]=0$$

再根据引理 3 得 $K=1,a+b=0$,这就是定理 2 中的关系 ⑥.下设 $f-1=0$ 或 $f+1=0$ 有零点,把这些零点代入式(3)得 $K=1$.再根据式(3)得 $f+g\equiv a+$

b,其中 $a+b=2$ 或 -2.再根据式(4)得

$$2\mathrm{e}^{\varphi_1+\varphi_2}+(a+b)\mathrm{e}^{\varphi_2}-(a+b)\mathrm{e}^{\varphi_1}=2$$

根据引理 1 得 $\mathrm{e}^{\varphi_1+\varphi_2}\equiv 1$ 及 $\mathrm{e}^{\varphi_2}\equiv\mathrm{e}^{\varphi_1}$,这是不可能的.

情况 4　设 $\mathrm{e}^{\varphi_2-\varphi_1}\equiv K(K\neq 0,1)$.根据式(1)(2) 知

$$\frac{f+1}{f-1}\cdot\frac{g-1}{g+1}=K \tag{10}$$

显然 ∞ 是 f 与 g 的皮卡例外值.

如果 $a=b$,根据式(10) 知,a 也是 f 与 g 的皮卡例外值,因此

$$f=a+\mathrm{e}^{\alpha},g=a+\mathrm{e}^{\beta} \tag{11}$$

其中 α,β 是非常数整函数,把式(11) 代入式(10) 得

$$(1-K)\mathrm{e}^{\alpha+\beta}+[(a-1)-(a+1)K]\mathrm{e}^{\alpha}+[(a+1)-(a-1)K]\mathrm{e}^{\beta}$$
$$=(K-1)(a^2-1)$$

再根据引理 1 知

$$\mathrm{e}^{\alpha+\beta}=1-a^2,(a-1)-(a+1)K=0,(a+1)-(a-1)K=0$$

解得 $K=-1,a=0,\mathrm{e}^{\beta}=\mathrm{e}^{-\alpha}$,因此 $f=\mathrm{e}^{\alpha},g=\mathrm{e}^{-\alpha}$,这正是定理 2 中的关系 ⑦.

如果 $a\neq b$.若 $f-a=0$ 与 $f-b=0$ 均有零点,把这些零点代入式(10) 得

$$\frac{(a+1)(b-1)}{(a-1)(b+1)}=K,\frac{(b+1)(a-1)}{(b-1)(a+1)}=K$$

由此可得 $K=-1,ab=1$.因此 $\mathrm{e}^{\varphi_1}=-\mathrm{e}^{\varphi_2}$,再根据式(4) 得 $f=\mathrm{e}^{\varphi_2},g=\mathrm{e}^{-\varphi_2}$,这也是定理 2 中的关系 ⑦.设 a 是 f 的皮卡例外值,则 b 是 g 的皮卡例外值,且 $\frac{(b+1)(a-1)}{(b-1)(a+1)}=K$.因此 $f=a+\mathrm{e}^{\alpha},g=b+\mathrm{e}^{\beta}$,这里 α 与 β 是非常数整函数,代入式(10) 得

$$(1+b^2-2ab)\mathrm{e}^{\alpha}-(1+a^2-2ab)\mathrm{e}^{\beta}-(a-b)\mathrm{e}^{\alpha+\beta}=2(a-b)(ab-1)$$

再根据引理 1 知

$$\mathrm{e}^{\alpha+\beta}=2(1-ab),1+b^2-2ab=0,1+a^2-2ab=0$$

解得 $a=\pm\frac{\sqrt{3}}{3}\mathrm{i},b=\mp\frac{\sqrt{3}}{3}\mathrm{i},(f-a)(g-b)=\frac{4}{3}$.这正是定理 2 中的关系 ⑧.

情况 5　设 $\mathrm{e}^{2\varphi_1-\varphi_3}\equiv K(K\neq 0)$.根据式(1)(3) 得

$$\frac{(f-1)^2(g-a)(g-b)}{(g-1)^2(f-a)(f-b)}=K \tag{12}$$

如果 $K\neq 1$,根据式(12) 知,-1 与 ∞ 为 f 与 g 的皮卡例外值.设 $f=-1+\mathrm{e}^{\alpha}$,$g=-1+\mathrm{e}^{\beta}$,代入式(1) 得

$$\mathrm{e}^{\alpha}+2\mathrm{e}^{\varphi_1}-\mathrm{e}^{\beta+\varphi_1}=2$$

再根据引理 1 得 $e^\beta = -2e^{\varphi_1}$，$e^\alpha = -2e^{\varphi_1}$，因此 $f = -1 - 2e^{\varphi_1}$，$g = -1 - 2e^{\varphi_1}$.
再代入式 (12)，化简即得

$$[(1+a)(1+b) - 4K]e^{2\varphi_1} + 2(2+a+b)(1-K)e^{\varphi_1}$$
$$= (1+a)(1+b)K - 4$$

根据引理 3，得 $K = -1$，$a = 1$ 或 -3，$b = -3$ 或 1，这是不可能的，因此 $K = 1$. 根据式 (12) 得

$$(2 - a - b)fg + (ab - 1)(f + g) + (a + b - 2ab) = 0 \tag{13}$$

把式 (4) 代入式 (13)，并注意到 $e^{\varphi_2} \not\equiv 1$，化简即得

$$(a + b - ab - 1)e^{\varphi_2 - 2\varphi_1} + (3 - a - b - ab)e^{\varphi_2 - \varphi_1} -$$
$$(3 - a - b - ab)e^{-\varphi_1} = a + b - ab - 1$$

根据引理 1 知，$e^{\varphi_2 - 2\varphi_1} = 1$，$3 - a - b - ab = 0$. 因此 $e^{\varphi_2} = e^{2\varphi_1}$，代入式 (4) 即得

$$f = -2e^{\varphi_1} - 1, \quad g = -2e^{-\varphi_1} - 1$$

由此即可得到定理 2 中的关系 ⑨.

情况 6 设 $e^{2\varphi_2 - \varphi_3} \equiv K(K \neq 0)$，与情况 5 类似，可以得到定理 2 中的关系 ⑩.

把式 (4) 代入式 (3) 化简后，得

$$(1 + a + b + ab)e^{2\varphi_1 - \varphi_3} + 4e^{2\varphi_1 + 2\varphi_2 - \varphi_3} + (1 - a - b + ab)e^{2\varphi_2 - \varphi_3} +$$
$$2(1 - ab)e^{\varphi_1 + \varphi_2 - \varphi_3} - 2(2 + a + b)e^{2\varphi_1 + \varphi_2 - \varphi_3} - 2(2 - a - b)e^{\varphi_1 + 2\varphi_2 - \varphi_3} -$$
$$(1 + a + b + ab)e^{2\varphi_2} - (1 - a - b + ab)e^{2\varphi_1} + 2(2 + a + b)e^{\varphi_2} +$$
$$2(2 - a - b)e^{\varphi_1} - 2(1 - ab)e^{\varphi_1 + \varphi_2} = 4 \tag{14}$$

根据引理 2 知，$e^{2\varphi_1 + 2\varphi_2 - \varphi_3}$，$e^{\varphi_1 + \varphi_2 - \varphi_3}$，$e^{2\varphi_1 + \varphi_2 - \varphi_3}$，$e^{\varphi_1 + 2\varphi_2 - \varphi_3}$，$e^{\varphi_1 + \varphi_2}$ 中至少有一个为常数. 对于这 5 种情况，根据式 (14)，引理 1，引理 2 及引理 3，通过对各种情况的分析，均可得出矛盾.

这样就完成了定理 2 的证明.

关于格罗斯的一个问题（Ⅰ）

第 7 章

设 f 为开平面上的非常数亚纯函数，S 为一个复数集合，令

$$E_f(S) = \bigcup_{a \in S} \{z \mid f(z) - a = 0\}$$

这里，m 重零点在 $E_f(S)$ 中重复 m 次.

定理 A[①]　存在 3 个有限集合 $S_j\,(j=1,2,3)$，使得对任意两个非常数整函数 f 与 g，只要满足 $E_f(S_j) = E_g(S_j)\,(j=1,2,3)$，必有 $f \equiv g$.

1976 年，格罗斯[②]提出了下述问题：

问题 A　定理 A 中的 3 个集合能否换为两个有限集合，使其结论仍成立？

问题 B　定理 A 中的 3 个集合能否换为一个有限集合，使其结论仍成立？

最近，我们对问题 A 给出了肯定的回答，证明了下述更一般的定理.

①　GROSS F. Factorization of meromorphic functions and some open problems[A]. Complex Analysis Lecture Notes in Math. ,599,Berlin:Springer-Velag,1977,51-69.

②　GROSS F. Factorization of meromorphic functions and some open problems[A]. Complex Analysis Lecture Notes in Math. ,599,Berlin:Springer-Velag,1977,51-69.

定理 B[①]　存在两个有限集合 S_1 和 S_2，使得对任意两个非常数亚纯函数 f 与 g，只要满足 $E_f(S_j) = E_g(S_j)(j=1,2)$，必有 $f \equiv g$.

若点集 S 使得对任意两个非常数整函数 f 与 g，只要满足 $E_f(S) = E_g(S)$，必有 $f \equiv g$，则称点集 S 为唯一性象集(unique range set)，并以 URS 记之. 1982 年，格罗斯和杨[②]证明了下述结果.

定理 C　$T = \{w \mid e^w + w = 0\}$ 是 URS.

注意到定理 C 中的集合 T 含有无穷多个元素，因此定理 C 不能回答问题 B. 仪洪勋教授于 1994 年完全解决了格罗斯在文章 *On preimage and range sets of meromorphic functions*[③] 中提出的关于整函数唯一性的著名问题.

§1　主要结果

在本节中，n 与 m 为正整数，a 与 b 为非零常数，且满足 $n \geqslant 15$，$n > m \geqslant 5$，n 与 m 没有公因子，代数方程 $w^n + aw^m + b = 0$ 没有重根；$w_1, w_2, \cdots, w_n$ 表示代数方程 $w^n + aw^m + b = 0$ 的 n 个不同的根.

本节主要证明了下述结果：

定理 1　设 $S = \{c + dw_1, c + dw_2, \cdots, c + dw_n\}$，这里 c 与 d 为常数，且 $d \neq 0$，则 S 是 URS.

由定理 1，马上可得下述推论：

推论　$S = \{w \mid w^n + aw^m + b = 0\}$ 是 URS.

例题　集合 $S = \{w \mid w^{15} + w^7 + 1 = 0\}$ 是一个具有 15 个元素的 URS.

定理 1 对问题 B 给出了肯定的回答. 事实上，定理 1 中的集合 S 就是问题 B 中所要找的一个有限集合.

---

①　仪洪勋. 亚纯函数的唯一性和 Gross 的一个问题[M]. 中国科学，1994，24A(5)：457-466.

②　GROSS F, YANG C C. On preimage and range sets of meromorphic functions[J]. Proc. Japan Acad. ，1982，58(1)：17-20.

③　GROSS F, YANG C C. On preimage and range sets of meromorphic functions[J]. Proc. Japan Acad. ，1982，58(1)：17-20.

§2 几个引理

引理 A[1] 设 f 与 g 是非常数亚纯函数，c_1, c_2, c_3 是非零常数. 如果 $c_1 f + c_2 g \equiv c_3$，则

$$T(r, f) < \overline{N}\left(r, \frac{1}{f}\right) + \overline{N}\left(r, \frac{1}{g}\right) + \overline{N}(r, f) + S(r, f)$$

引理 B 设 $f_j (j = 1, 2, \cdots, k)$ 是 k 个线性无关的亚纯函数，且满足 $\sum\limits_{j=1}^{k} f_j \equiv 1$. 再设 $g_j = -\dfrac{f_j}{f_k} (j = 1, 2, \cdots, k-1), g_k = \dfrac{1}{f_k}$，则 $g_j (j = 1, 2, \cdots, k)$ 也是 k 个线性无关的亚纯函数，且满足 $\sum\limits_{j=1}^{k} g_j \equiv 1$.

注 证明方法类似于文章 *Meromorphic functions that share two or three value*[2] 中的引理 3.

引理 C[3] 设 f 为非常数亚纯函数，则

$$R(f) = \frac{\sum\limits_{K=0}^{p} a_K f^K}{\sum\limits_{j=0}^{q} b_j f^j}$$

为 f 的既约有理函数，系数 $\{a_K\}$ 和 $\{b_j\}$ 均为常数，且 $q_p \neq 0, b_q \neq 0$，则

$$T(r, R(f)) = dT(r, f) + S(r, f)$$

其中 $d = \max\{p, q\}$.

§3 定理 1 的证明

设 f 与 g 为非常数整函数，且满足

———————————

[1] 仅洪勋. 具有三个公共值的亚纯函数[J]. 数学年刊, 1988, 9A(4): 434-439.

[2] YI H X. Meromorphic functions that share two or three value[J]. Kodai Math. J., 1990, 13(3): 363-372.

[3] MOKHON'KO A Z. Theory of functions[J]. Functional Analysis and Appl., 1971, 14: 83-87.

$$E_f(S) = E_g(S) \tag{1}$$

不失一般性，不妨设 $c = 0, d = 1$. 否则只需设 $F = \dfrac{f-c}{d}, G = \dfrac{g-c}{d}$ 即可.

由式(1)得

$$\frac{f^n + af^m + b}{g^n + ag^m + b} = e^h \tag{2}$$

其中 h 为整函数. 设 $f_1 = -\dfrac{1}{b}f^n, f_2 = -\dfrac{a}{b}f^m, f_3 = \dfrac{1}{b}e^h g^n, f_4 = \dfrac{a}{b}e^h g^m, f_5 = e^h$, 及 $T(r) = \max\limits_{1 \leqslant j \leqslant 5}\{T(r, f_j)\}$. 由式(2)得

$$\sum_{j=1}^{5} f_j \equiv 1 \tag{3}$$

根据式(1)，从奈望林纳第二基本定理得

$$(n-1)T(r,g) < \sum_{j=1}^{n} \overline{N}(r, \frac{1}{g - w_j}) + S(r, g)$$

$$= \sum_{j=1}^{n} \overline{N}(r, \frac{1}{f - w_j}) + S(r, g)$$

$$< nT(r, f) + S(r, g)$$

注意到 $n \geqslant 15$，于是

$$T(r, g) < \frac{15}{14}T(r, f) + S(r, f) \tag{4}$$

同理可证

$$T(r, f) < \frac{15}{14}T(r, g) + S(r, g) \tag{5}$$

由式(2)和(4)，可得

$$T(r, e^h) = O(T(r, f)) \quad (r \notin E) \tag{6}$$

其中 E 是一个有穷线性测度的集合. 于是

$$T(r) = O(T(r, f)) \quad (r \notin E) \tag{7}$$

下面先证 3 个引理.

引理 1 f_3, f_4, f_5 中至少有一个为常数.

证明 假设 f_3, f_4, f_5 均不为常数，下面证 $f_j (j = 1, 2, 3, 4, 5)$ 满足下述 3 个性质.

性质 1 $c_1 f_{j_1} + c_2 f_{j_2} \not\equiv 1$，其中 c_1, c_2 为任意非零常数，$1 \leqslant j_1 < j_2 \leqslant 5$.

这需要证明 $C_5^2 = 10$ 种情况. 由引理 A 容易证明，细节略去.

性质 2 $c_1 f_{j_1} + c_2 f_{j_2} + c_3 f_{j_3} \not\equiv 1$，其中 c_1, c_2, c_3 为任意非零常数，$1 \leqslant j_1 < j_2 < j_3 \leqslant 5$.

这需要证明 $C_5^3 = 10$ 种情况. 这里只证 $c_1 f_2 + c_2 f_4 + c_3 f_5 \not\equiv 1$, 其余 9 种情况可类似证明, 故略去.

假设存在 3 个非零常数 c_1, c_2, c_3, 使得

$$c_1 f_2 + c_2 f_4 + c_3 f_5 \equiv 1 \tag{8}$$

如果 f_2, f_4, f_5 线性无关, 根据奈望林纳关于亚纯函数组的一个定理[①], 从式 (7)(8), 可得

$$T(r, f_2) < N\left(r, \frac{1}{f_2}\right) + N\left(r, \frac{1}{f_4}\right) - N\left(r, \frac{1}{D_1}\right) + S(r, f) \tag{9}$$

其中 D_1 为 f_2, f_4, f_5 的朗斯基行列式. 显然

$$N\left(r, \frac{1}{D_1}\right) \geqslant m N\left(r, \frac{1}{f}\right) + m N\left(r, \frac{1}{g}\right) - 2\overline{N}\left(r, \frac{1}{f}\right) - 2\overline{N}\left(r, \frac{1}{g}\right) \tag{10}$$

再由式 (10) 即得

$$
\begin{aligned}
m T(r, f) &< 2\overline{N}\left(r, \frac{1}{f}\right) + 2\overline{N}\left(r, \frac{1}{g}\right) + S(r, f) \\
&< 2 T(r, f) + 2 T(r, g) + S(r, f) \\
&< \frac{29}{7} T(r, f) + S(r, f)
\end{aligned}
\tag{11}
$$

因为 $m \geqslant 5$, 所以式 (11) 不成立. 于是, f_2, f_4, f_5 线性相关, 即存在不全为零的常数 d_1, d_2, d_3 使得

$$d_1 f_2 + d_2 f_4 + d_3 f_5 = 0 \tag{12}$$

不失一般性, 设 $d_1 \neq 0$. 由式 (8) 和 (12) 得

$$e_1 f_4 + e_2 f_5 \equiv 1$$

其中 e_1, e_2 为常数. 因 f_4, f_5 均不为常数, 故 e_1, e_2 均不为零, 这与性质 1 矛盾.

性质 3　$c_1 f_{j_1} + c_2 f_{j_2} + c_3 f_{j_3} + c_4 f_{j_4} \not\equiv 1$, 其中 $c_j (j = 1, 2, 3, 4)$ 为任意非零常数, $1 \leqslant j_1 < j_2 < j_3 < j_4 \leqslant 5$.

这需要证明 $C_5^4 = 5$ 种情况. 这里只证 $c_1 f_2 + c_2 f_3 + c_3 f_4 + c_4 f_5 \not\equiv 1$, 其余 4 种情况可类似证明, 故略去.

假设存在 4 个非零常数 $c_j (j = 1, 2, 3, 4)$, 使得

$$c_1 f_2 + c_2 f_3 + c_3 f_4 + c_4 f_5 \equiv 1 \tag{13}$$

如果 f_2, f_3, f_4, f_5 线性无关. 设

---

① NEVANLINNA R. Le théorems de Picard-Borel et théorie des functions méromorphes[M]. Paris: Gauthier-Villars, 1929.

$$g_1 = -\frac{c_1 f_2}{c_4 f_5} = \frac{c_1 a}{c_4 b} e^{-h} f^m, \quad g_2 = -\frac{c_2 f_3}{c_4 f_5} = -\frac{c_2}{c_4 b} g^n$$

$$g_3 = -\frac{c_3 f_4}{c_4 f_5} = -\frac{c_3 a}{c_4 b} g^m, \quad g_4 = \frac{1}{c_4 f_5} = \frac{1}{c_4} e^{-h}$$

根据引理 B 知,g_1, g_2, g_3, g_4 也线性无关,且 $\sum_{j=1}^{4} g_j \equiv 1$. 再根据奈望林纳关于亚纯函数组的一个定理①,由式(5)(6)可得

$$T(r, g_2) < \sum_{j=1}^{4} N\left(r, \frac{1}{g_j}\right) - N\left(r, \frac{1}{D_2}\right) + S(r, g) \tag{14}$$

其中 D_2 为 g_1, g_2, g_3, g_4 的朗斯基行列式. 显然

$$N\left(r, \frac{1}{D_2}\right) \geqslant m N\left(r, \frac{1}{f}\right) - 3\overline{N}\left(r, \frac{1}{f}\right) + (n+m) N\left(r, \frac{1}{g}\right) - 5\overline{N}\left(r, \frac{1}{g}\right) \tag{15}$$

再由式(5)(14)(15)即得

$$nT(r, g) < 3\overline{N}\left(r, \frac{1}{f}\right) + 5\overline{N}\left(r, \frac{1}{g}\right) + S(r, g)$$

$$< 3T(r, f) + 5T(r, g) + S(r, g)$$

$$< \frac{115}{14} T(r, g) + S(r, g) \tag{16}$$

因为 $n \geqslant 15$,所以式(16)不成立,于是 f_2, f_3, f_4, f_5 线性相关,即存在不全为零的常数 $d_j (j=1,2,3,4)$ 使得

$$d_1 f_2 + d_2 f_3 + d_3 f_4 + d_4 f_5 = 0 \tag{17}$$

不失一般性,设 $d_1 \neq 0$. 由式(13)和(17)得

$$e_1 f_3 + e_2 f_4 + e_3 f_5 \equiv 1$$

其中 e_1, e_2, e_3 为常数. 因 f_3, f_4, f_5 均不为常数,故 e_1, e_2, e_3 中至少有两个不为零,这与性质 1 或性质 2 矛盾.

下面继续证明引理 1.

如果 $f_j (j=1,2,3,4,5)$ 线性无关,根据奈望林纳关于亚纯函数组的一个定理②,由式(3)和(7)可得

---

① NEVANLINNA R. Le théorems de Picard-Borel et théorie des functions méromorphes[M]. Paris: Gauthier-Villars, 1929.

② NEVANLINNA R. Le théorems de Picard-Borel et théorie des functions méromorphes[M]. Paris: Gauthier-Villars, 1929.

$$T(r,f_1) < \sum_{j=1}^{5} N\left(r,\frac{1}{f_j}\right) - N\left(r,\frac{1}{D}\right) + S(r,f) \tag{18}$$

其中 D 为 f_1,f_2,f_3,f_4,f_5 的朗斯基行列式. 显然

$$N\left(r,\frac{1}{D}\right) \geqslant (n+m)N\left(r,\frac{1}{f}\right) - 7\overline{N}\left(r,\frac{1}{f}\right) +$$

$$(n+m)N\left(r,\frac{1}{g}\right) - 7\overline{N}\left(r,\frac{1}{g}\right) \tag{19}$$

再由式(4)(18)(19) 得

$$nT(r,f) < 7\overline{N}\left(r,\frac{1}{f}\right) + 7\overline{N}\left(r,\frac{1}{g}\right) + S(r,f)$$

$$< 7T(r,f) + 7T(r,g) + S(r,f)$$

$$< \frac{29}{2}T(r,f) + S(r,f) \tag{20}$$

因为 $n \geqslant 15$,所以式(20) 不成立,于是 $f_j(j=1,2,3,4,5)$ 线性相关,即存在不全为零的常数 $d_j(j=1,2,3,4,5)$ 使得

$$\sum_{j=1}^{5} d_j f_j = 0 \tag{21}$$

不失一般性,设 $d_1 \neq 0$,由式(3) 和(21) 可得

$$e_1 f_2 + e_2 f_3 + e_3 f_4 + e_4 f_5 \equiv 1$$

其中 e_1,e_2,e_3,e_4 均为常数. 因 f_2,f_3,f_4,f_5 均不为常数,故 e_1,e_2,e_3,e_4 中至少有两个不为零,这与性质 1,或性质 2,或性质 3 矛盾,这样就证明了引理 1.

引理 2　f_4 不为常数.

证明　假设 f_4 为常数,即可设 $e^h = pg^{-m}$,其中 p 为非零常数. 于是 g 没有零点. 由式(2) 得

$$f^n + af^m - pg^{n-m} - bpg^{-m} = ap - b \tag{22}$$

显然 f^n,f^m,g^{n-m},g^{-m} 均不为常数. 如果 $ap - b \neq 0$,使用与引理 1 类似的证明方法,从式(22) 即可得出矛盾. 于是 $ap - b = 0$. 再由式(22) 可得

$$f^n + af^m = \frac{bg^n + b^2}{ag^m} \tag{23}$$

将引理 C 应用到式(23) 得

$$T(r,f) = T(r,g) + S(r,f) \tag{24}$$

再由式(23) 可得

$$\frac{a}{b^2}g^m f^n + \frac{a^2}{b^2}g^m f^m - \frac{1}{b}g^n = 1 \tag{25}$$

显然

$$T(r, g^m f^n) \geqslant T(r, f^n) - T(r, g^{-m})$$
$$= (n-m)T(r,f) + S(r,f)$$

于是 $g^m f^n$ 不为常数. 如果 $g^m f^m$ 不为常数, 注意到 g 没有零点, 使用与引理 1 类似的证明方法, 从式(25)即可得出矛盾. 于是 $g^m f^m$ 为常数, 即可设 $g^m f^m = q$, 其中 q 为非零常数. 再由式(25)可得

$$aqf^{n-m} = bg^n + b^2 - a^2 q$$

根据引理 C 知

$$(n-m)T(r,f) = nT(r,g) + O(1)$$

这与式(24)矛盾. 这样就证明了引理 2.

引理 3 f_3 不为常数.

证明 假设 f_3 为常数, 即可设 $e^h = pg^{-n}$, 其中 p 为非零常数. 于是 g 没有零点. 由式(2)可得

$$f^n + af^m - apg^{-(n-m)} - bpg^{-n} = p - b \qquad (26)$$

显然, $f^n, f^m, g^{-(n-m)}, g^{-n}$ 均不为常数. 如果 $p - b \neq 0$, 使用与引理 1 类似的证明方法, 从式(26)即可得出矛盾. 于是 $p - b = 0$. 再由式(26)可得

$$f^n + af^m = \frac{abg^m + b^2}{g^n} \qquad (27)$$

将引理 C 应用到式(27)得

$$T(r,f) = T(r,g) + S(r,f) \qquad (28)$$

再由式(27)可得

$$\frac{1}{b^2}g^n f^n + \frac{a}{b^2}g^n f^m = \frac{a}{b}g^m = 1 \qquad (29)$$

显然 $g^n f^m, g^m$ 均不为常数. 如果 $g^n f^n$ 不为常数, 注意到 g 没有零点, 使用与引理 1 类似的证明方法, 从式(29)即可得出矛盾. 于是 $g^n f^n$ 为常数, 即可设 $g^n f^n = q$, 其中 q 为非零常数, 再由式(29)可得

$$aqf^{-(n-m)} = abg^m + b^2 - q$$

根据引理 C 和式(28)可得

$$(n-m)T(r,f) = mT(r,g) + S(r,f)$$
$$= mT(r,f) + S(r,f)$$

于是 $n - m = m, n = 2m$, 这与 n 和 m 没有公因子矛盾. 这样就证明了引理 3.

下面继续证明定理 1.

根据引理 1, 引理 2 和引理 3 知, f_5 必为常数, 即可设 $e^h = p$, 其中 p 为非零常数. 由式(2)可得

$$f^n + af^m - pg^n - apg^m = b(p-1) \tag{30}$$

如果 $p \neq 1$，使用与引理 1 类似的证明方法，从式（30）即可得出矛盾. 于是 $p = 1$. 再由式（30）可得

$$f^n - g^n = -a(f^m - g^m) \tag{31}$$

如果 $f^n \not\equiv g^n$，由式（31）可得

$$g^{n-m} = -\frac{a(H-v)(H-v^2)\cdots(H-v^{m-1})}{(H-u)(H-u^2)\cdots(H-u^{n-1})} \tag{32}$$

其中 $H = \dfrac{f}{g}$，$u = \exp\left(\dfrac{2\pi\mathrm{i}}{n}\right)$，$v = \exp\left(\dfrac{2\pi\mathrm{i}}{m}\right)$. 由式（32）知，$H$ 为非常数亚纯函数. 由于 n 与 m 没有公因子，故式（32）右端的分子与分母也没有公因子. 注意到 g 为整函数，故 $u^j(j=1,2,\cdots,n-1)$ 均为 H 的皮卡例外值，这是一个矛盾. 于是 $f^n \equiv g^n$. 由此即得 $f \equiv t_1 g$，其中 $t_1^n = 1$. 再由式（31）可得 $f^m \equiv g^m$. 由此即得 $f \equiv t_2 g$，其中 $t_2^m = 1$. 因此 $t_1 = t_2$. 因为 n 与 m 没有公因子，故 $t_1 = t_2 = 1$. 这样就导出了 $f \equiv g$.

由此就完成了定理 1 的证明.

§4　几点注记

注记 1　容易证明，当

$$\frac{b^{n-m}}{a^n} \neq \frac{(-1)^n m^m (n-m)^{n-m}}{n^n} \tag{1}$$

时，代数方程 $w^n + aw^n + b = 0$ 没有重根.

注记 2　由定理 1 的证明容易看出，下述结论成立.

定理 2　设 f 与 g 为非常数整函数，$S = \{w \mid w^{2m} + aw^n + b = 0\}$，其中 m 为正整数，a 与 n 为非零常数，且满足 $m \geq 8$，$a^2 \neq 4b$. 如果 $E_f(S) = E_g(S)$，则 $f \equiv tg$，其中 $t^m = 1$，或 $fg \equiv s$，其中 $s^m = b$.

定理 3　设 f 与 g 为非常数整函数，$S = \{w \mid w^n + aw^m + b = 0\}$，其中 n 与 m 为正整数，a 与 b 为非零常数，且满足 $n \geq 15$，$n > m \geq 5$，$n \neq 2m$ 及式（1）. 如果 $E_f(S) = E_g(S)$，则 $f \equiv tg$，其中 $t^m = 1$，$t^n = 1$.

显然，定理 1 的推论是定理 3 的特殊情况. 由定理 2 和定理 3 可知，定理 1 中的条件"n 与 m 没有公因子"是必要的.

下面给出 3 个待解的问题：

问题 1　定理 1 中的条件 $n \geqslant 15$ 是否必要？使定理 1 的结论成立的 n 的最小值是多少？

问题 2　能否找到元素个数少于 15 的其他类型的 URS？

问题 3　URS 的最小基数是多少？

亚纯函数的唯一性和格罗斯的一个问题（Ⅱ）

第 8 章

设 f 是开平面上的非常数亚纯函数，S 是一个复数集合，令 $E_f(S)=\bigcup_{a\in S}\{z\mid f(z)-a=0\}$，这里 m 重零点在 $E_f(S)$ 中重复 m 次.

奈望林纳证明了下述定理：

定理 A[①]　设 f 与 g 是非常数亚纯函数，$S_j=\{a_j\}(j=1,2,3,4)$，这里 a_1,a_2,a_3,a_4 是 4 个判别的复数（其中之一可以是 ∞）. 如果 $E_f(S_j)=E_g(S_j)(j=1,2,3,4)$，则 $f\equiv g$，或者 f 是 g 的一个分式线性变换，其中两个值记作 a_1,a_2，必是 f 与 g 的皮卡例外值，交比 $(a_1,a_2,a_3,a_4)=-1$.

仪洪勋教授于 1994 年纠正了格罗斯的一个关于整函数唯一性的结果，附带地证明了下述结论：

定理 B[②]　假设定理 A 的条件成立，并且

$$\frac{(2a_3-a_1-a_2)a_4+2a_1a_2-a_1a_3-a_2a_3}{(a_2-a_1)(a_4-a_3)}\neq-3,0,3$$

则 $f\equiv g$.

---

①　NEVANLINNA R.Le théorèms de Picard-Borel et la théorie des functions méromorphes[M]. Paris：Gauthier-Villars,1929.

②　仪洪勋.关于格罗斯的一个结果.纪念闵嗣鹤教授学术报告会论文选集[C].济南：山东大学出版社,1990：24-30.

73

定理 C[①]　设 f 与 g 是非常数整函数,$S_j = \{a_j\}(j=1,2,3)$,这里 $a_1,a_2,$ a_3 是 3 个判别的有穷复数. 如果 $E_f(S_j) = E_g(S_j)(j=1,2,3)$,且

$$\frac{2a_3 - a_1 - a_2}{a_2 - a_1} \neq -3,0,3$$

则 $f \equiv g$.

格罗斯也证明了[②]:存在 3 个有限集合 $S_j(j=1,2,3)$,使得对任意两个非常数整函数 f 与 g,只要满足 $E_f(S_j) = E_g(S_j)(j=1,2,3)$,必有 $f \equiv g$. 格罗斯提出了下述问题(*Factorization of meromorphic functions and some open problems*[③] 中的问题 6):

问题 A　能否找到两个有限集合 S_1 和 S_2,使得对任意两个非常数整函数 f 与 g,只要满足 $E_f(S_j) = E_g(S_j)(j=1,2)$,必有 $f \equiv g$?

在 *Factorization of meromorphic functions and some open problems*[④] 中,格罗斯写道:"我和 S. Koont 研究了一对集合,每个集合至多有两个元素,在这种情况下,我们能够证明问题 6 的答案是否定的." 格罗斯继续写道:"如果问题 6 的答案是肯定的,我非常感兴趣于知道这两个集合有多么大."

现在自然要问下述问题:

问题 B　能否找到 3 个有限集合 $S_j(j=1,2,3)$,使得对任意两个非常数亚纯函数 f 与 g,只要满足 $E_f(S_j) = E_g(S_j)(j=1,2,3)$,必有 $f \equiv g$?

问题 C　能否找到两个有限集合 $S_j(j=1,2)$,使得对任意两个非常数亚纯函数 f 与 g,只要满足 $E_f(S_j) = E_g(S_j)(j=1,2)$,必有 $f \equiv g$?

在本章中,$w = \cos\dfrac{2\pi}{n} + i\sin\dfrac{2\pi}{n}$,$u = \cos\dfrac{2\pi}{m} + i\sin\dfrac{2\pi}{m}$,这里 n,m 是正整数,$a,b,c,a_1,\cdots$ 都是有穷复数,以后不再说明.

仪洪勋教授解决了上述问题,并证明了下述定理:

---

① 仪洪勋.关于格罗斯的一个结果.纪念闵嗣鹤教授学术报告会论文选集[C].济南:山东大学出版社,1990:24-30.

② GROSS F. Factorization of meromorphic functions and some open problems[A]. Complex Analysis Lecture Notes in Math. ,599,Berlin:Springer-Velag,1977,51-69.

③ GROSS F. Factorization of meromorphic functions and some open problems[A]. Complex Analysis Lecture Notes in Math. ,599,Berlin:Springer-Velag,1977,51-69.

④ GROSS F. Factorization of meromorphic functions and some open problems[A]. Complex Analysis Lecture Notes in Math. ,599,Berlin:Springer-Velag,1977,51-69.

定理 D[①]　设 f 与 g 是非常数整函数，$S_1 = \{a+b, a+bw, \cdots, a+bw^{n-1}\}$，$S_2 = \{c\}$，这里 $n > 4, b \neq 0, c \neq a$ 且 $(c-a)^{2n} \neq b^{2n}$. 如果 $E_f(S_j) = E_g(S_j)(j=1,2)$，则 $f \equiv g$.

定理 E[②]　设 f 与 g 是非常数亚纯函数，$S_1 = \{a+b, a+bw, \cdots, a+bw^{n-1}\}$，$S_2 = \{c_1, c_2\}$，$S_3 = \{a\}$ 或 $S_3 = \{\infty\}$，这里 $n > 6, b \neq 0, c_1 \neq a, c_2 \neq a$，$(c_1-a)^n \neq (c_2-a)^n$，$(c_k-a)^n(c_j-a)^n \neq b^{2n}(k,j=1,2)$. 如果 $E_f(S_j) = E_g(S_j)(j=1,2,3)$，则 $f \equiv g$.

定理 F[③]　设 f 与 g 是非常数亚纯函数，$S_1 = \{a+b, a+bw, \cdots, a+bw^{n-1}\}$，$S_2 = \{c_1, c_2\}$，这里 $n > 8, b \neq 0, c_1 \neq a, c_2 \neq a, (c_1-a)^n \neq (c_2-a)^n$，$(c_k-a)^n(c_j-a)^n \neq b^{2n}(k,j=1,2)$. 如果 $E_f(S_j) = E_g(S_j)(j=1,2)$，则 $f \equiv g$.

本章证明了几个亚纯函数唯一性定理，这些定理分别对问题 A，问题 B，问题 C 给出了肯定的回答，圆满地解决了这 3 个问题，这些定理分别是定理 D，定理 E，定理 F 的补充和推广.

§1　主要结果

定理 1　设 f 与 g 是非常数亚纯函数，$S_1 = \{a+b, a+bw, \cdots, a+bw^{n-1}\}$，$S_2 = \{c_1, c_2, \cdots, c_p\}$，这里 $n > 8, p > 1, b \neq 0, c_1 \neq a, c_2 \neq a, (c_k-a)^n \neq (c_j-a)^n(k \neq j; k,j=1,2,\cdots,p), (c_k-a)^n(c_j-a)^n \neq b^{2n}(k,j=1,2,\cdots,p)$. 如果 $E_f(S_j) = E_g(S_j)(j=1,2)$，则 $f \equiv g$.

定理 2　设 f 与 g 是非常数亚纯函数，$S_1 = \{a_1+b_1, a_1+b_1w, \cdots, a_1+b_1w^{n-1}\}$，$S_2 = \{a_2+b_2, a_2+b_2u, \cdots, a_2+b_2u^{m-1}\}$，这里 $n > 8, m > 8, a_1 \neq a_2, b_1 \neq 0, b_2 \neq 0$. 如果 $E_f(S_j) = E_g(S_j)(j=1,2)$，则 $f \equiv g$.

定理 3　设 f 与 g 是非常数亚纯函数，$S_1 = \{a+b_1, a+b_1w, \cdots, a+b_1w^{n-1}\}$，$S_2 = \{a+b_2, a+b_2u, \cdots, a+b_2u^{m-1}\}$，这里 $n > 8, m > 8$，且 n 与 m 没

①　仪洪勋. 亚纯函数的唯一性和格罗斯的一个问题[J]. 中国科学,1994,24(5)：457-466.

②　仪洪勋. 亚纯函数的唯一性和格罗斯的一个问题[J]. 中国科学,1994,24(5)：457-466.

③　仪洪勋. 亚纯函数的唯一性和格罗斯的一个问题[J]. 中国科学,1994,24(5)：457-466.

有公因子,$b_1 \neq 0, b_2 \neq 0$,且 $b_1^{2mn} \neq b_2^{2mn}$. 如果 $E_f(S_j) = E_g(S_j) (j=1,2)$,则 $f \equiv g$.

定理 1,2,3 都给问题 C 以肯定的回答,定理 1,2,3 也给问题 A 与问题 B 以肯定的回答,但对问题 A 与问题 B,本章得到了条件更弱的结果,这些结果将在 §4 节与 §5 中给出.

§2 两个引理

引理 1[1] 设 f 是非常数亚纯函数,$P(f) = a_0 f^p + a_1 f^{p-1} + \cdots + a_p$ 是 f 的 p 次多项式,这里 $a_0(a_0 \neq 0), a_1, \cdots, a_p$ 是有穷复数,则
$$T(r, P(f)) = pT(r, f) + S(r, f)$$
本章主要结果的证明需要下述引理,这个引理本身也是具有意义的,它是格罗斯和奥斯古德[2],Tohge[3] 和仪洪勋教授[4][5]有关结果的改进.

引理 2[6] 设 f 与 g 是非常数亚纯函数,$S = \{a+b, a+bw, \cdots, a+bw^{n-1}\}$,这里 $n > 8, b \neq 0$. 如果 $E_f(S) = E_g(S)$,则 $f-a = t(g-a)$,这里 $t^n = 1$,或 $(f-a)(g-a) = s$,这里 $s^n = b^{2n}$.

§3 主要结果的证明

一、定理 1 的证明

根据假设,$E_f(S_1) = E_g(S_1)$,由引理 2 得
$$f - a = t(g-a) \tag{1}$$

---

① YANG C C. On deficiencies of differential polynomials Ⅱ[J]. Math. Z. ,1972,125: 107-112.

② GROSS F, OSGOOD C F. Entire functions with common preimages, factorization theory of meromorphic functions[J]. Marcel Dekker Inc. ,1982,19-24.

③ TOHGE K. Meromorphic functions covering certain finite sets at the same points[J]. Kodai Math. J. ,1988,11:249-279.

④ 仪洪勋. 具有公共原象的亚纯函数[J]. 数学杂志,1987,7(2):219-224.

⑤ 仪洪勋. 关于亚纯函数的唯一性[J]. 数学学报,1988,31(4):570-576.

⑥ 仪洪勋. 亚纯函数的唯一性和格罗斯的一个问题[J]. 中国科学,1994,24(5): 457-466.

这里 $t^n = 1$ 或

$$(f-a)(g-a) = s \tag{2}$$

这里 $s^n = b^{2n}$.

如果 $p = 2$，根据定理 F 知 $f \equiv g$，下面假设 $p > 2$，我们分 2 种情况进行讨论.

情况 1　假设 $S_2 = \{c_1, c_2, a\}$.

如果式(1)成立，由式(1)知，$E_f(\{a\}) = E_g(\{a\})$. 再由 $E_f(S_2) = E_g(S_2)$ 知，$E_f(\{c_1, c_2\}) = E_g(\{c_1, c_2\})$. 如果式(2)成立，式(2)知，$a$ 是 f 与 g 的公共皮卡值. 再由 $E_f(S_2) = E_g(S_2)$ 知，$E_f(\{c_1, c_2\}) = E_g(\{c_1, c_2\})$. 根据定理 F 知 $f \equiv g$.

情况 2　假设 $S_2 \neq \{c_1, c_2, a\}$，则在 S_2 中至少含有 3 个异于 a 的元素. 不失一般性，假设 $c_3 \neq a$. 因为亚纯函数至多有两个皮卡例外值. 于是 c_1, c_2, c_3 中至少有一个不为 f 的皮卡例外值，不失一般性，假设 c_1 不为 f 的皮卡例外值，则存在 z_0，使 $f(z_0) = c_1$. 根据 $E_f(S_2) = E_g(S_2)$ 知，$g(z_0) = c_1$，或 $g(z_0) = c_2$，……，或 $g(z_0) = c_p$. 不失一般性，假设 $g(z_0) = c_1$，或假设 $g(z_0) = c_2$.

假设式(1)成立，如果 $g(z_0) = c_1$，由式(1)得 $c_1 - a = t(c_1 - a)$，于是 $t = 1$，$f \equiv g$；如果 $g(z_0) = c_2$，由式(1)得 $c_1 - a = t(c_2 - a)$，于是 $(c_1 - a)^n = (c_2 - a)^n$，这与假设矛盾.

假设式(2)成立，由式(2)得 $(c_1 - a)^2 = s$ 或 $(c_1 - a)(c_2 - a) = s$，于是 $(c_1 - a)^{2n} = b^{2n}$ 或 $(c_1 - a)^n (c_2 - a)^n = b^{2n}$，这些都与假设矛盾.

这样就完成了定理 1 的证明.

二、定理 2 的证明

根据假设，$E_f(S_1) = E_g(S_1)$，由引理 2 得

$$f - a_1 = t_1(g - a_1) \tag{3}$$

这里 $t_1^n = 1$，或者

$$(f - a_1)(g - a_1) = s_1 \tag{4}$$

这里 $s_1^n = b_1^{2n}$，同理，根据 $E_f(S_2) = E_g(S_2)$ 得

$$f - a_2 = t_2(g - a_2) \tag{5}$$

这里 $t_2^m = 1$，或者

$$(f - a_2)(g - a_2) = s_2 \tag{6}$$

这里 $s_2^m = b_2^m$. 我们分 4 种情况进行讨论.

情况 1　假设 f, g 满足式(3)与(5)，则

$$a_2 - a_1 = (t_1 - t_2)g + t_2 a_2 - t_1 a_1 \qquad (7)$$

因为 g 不是常数，故 $t_1 = t_2$. 再由式(7)得 $t_1 = t_2 = 1$. 于是 $f \equiv g$.

情况 2　假设 f, g 满足式(3)与(6)，则

$$t_1 g - t_1 a_1 + a_1 - a_2(g - a_2) = s_2 \qquad (8)$$

应用引理 1，引理 2，式(1)～(8)，即可得到矛盾.

情况 3　假设 f, g 满足式(4)与(5)，与情况(2)类似，也可得到矛盾.

情况 4　假设 f, g 满足式(4)与(6)，则

$$(s_1 + (a_1 - a_2)(g - a_1))(g - a_2) = s_2(g - a_1)$$

应用引理 1 也可得出矛盾.

这样就证明了定理 2.

三、定理 3 的证明

根据假设，$E_f(S_1) = E_g(S_1)$，由引理 2 得

$$f - a = t_1(g - a) \qquad (9)$$

这里 $t_1^n = 1$，或者

$$(f - a)(g - a) = s_1 \qquad (10)$$

这里 $s_1^n = b_1^{2n}$. 同理，根据 $E_f(S_2) = E_g(S_2)$ 得

$$f - a = t_2(g - a) \qquad (11)$$

这里 $t_2^m = 1$，或者

$$(f - a)(g - a) = s_2 \qquad (12)$$

这里 $s_2^m = b_2^{2m}$，我们分 4 种情况进行讨论.

情况 1　假设 f, g 满足式(9)与(11)，则 $t_1 = t_2$. 注意到 $t_1^n = 1, t_2^m = 1$，且 n 与 m 没有公因子，于是 $t_1 = t_2 = 1, f \equiv g$.

情况 2　假设 f, g 满足式(9)与(12)，则 $t_1(g - a)^2 = s_2$，这是不可能的.

情况 3　假设 f, g 满足式(10)与(11)，与情况 2 类似，也可得到矛盾.

情况 4　假设 f, g 满足式(10)与(12)，则 $s_1 = s_2$，于是 $b_1^{2mn} = s_1^{mn} = s_2^{mn} = b_2^{2mn}$，这与假设矛盾. 这样就完成了定理 3 的证明.

§4　关于问题 A 的有关结果

下述结论在本节定理的证明中起重要作用.

引理 3[①]　设 f 与 g 是非常数整函数，$S=\{a+b,a+bw,\cdots,a+bw^{n-1}\}$，这里 $n>4,b\neq 0$. 如果 $E_f(S)=E_g(S)$，则 $f-a=t(g-a)$，这里 $t^n=1$，或 $(f-a)(g-a)=s$，这里 $s^n=b^{2n}$.

根据引理 3 和定理 D，使用证明定理 1 的方法，可以证明下述定理：

定理 4　设 f 与 g 是非常数整函数，$S_1=\{a+b,a+bw,\cdots,a+bw^{n-1}\}$，$S_2=\{c_1,c_2,\cdots,c_p\}$，这里 $n>4,p>0,b\neq 0,c_1\neq a,(c_k-a)^n\neq(c_j-a)^n(k\neq j;k,j=1,2,\cdots,p),(c_k-a)^n(c_j-a)^n\neq b^{2n}(k,j=1,2,\cdots,p)$. 如果 $E_f(S_j)=E_g(S_j)(j=1,2)$，则 $f\equiv g$.

根据引理 3，使用证明定理 2 和定理 3 的方法，可以证明下述定理：

定理 5　设 f 与 g 是非常数整函数，$S_1=\{a_1+b_1,a_1+b_1w,\cdots,a_1+b_1w^{n-1}\}$，$S_2=\{a_2+b_2,a_2+b_2u,\cdots,a_2+b_2u^{m-1}\}$，这里 $n>4,m>4,a_1\neq a_2$，$b_1\neq 0,b_2\neq 0$. 如果 $E_f(S_j)=E_g(S_j)(j=1,2)$，则 $f\equiv g$.

定理 6　设 f 与 g 是非常数整函数，$S_1=\{a+b_1,a+b_1w,\cdots,a+b_1w^{n-1}\}$，$S_2=\{a+b_2,a+b_2u,\cdots,a+b_2u^{m-1}\}$，这里 $n>4,m>4$，且 n 与 m 没有公因子，$b_1\neq 0,b_2\neq 0$，且 $b_1^{2mn}\neq b_2^{2mn}$. 如果 $E_f(S_j)=E_g(S_j)(j=1,2)$，则 $f\equiv g$.

定理 4,5,6 都给问题 A 以肯定的回答.

§5　关于问题 B 的有关结果

下述结论在本节定理的证明中起重要作用.

引理 4[②]　设 f 与 g 是非常数亚纯函数，$S_1=\{a+b,a+bw,\cdots,a+bw^{n-1}\}$，$S_2=\{a\}$ 或 $S_2=\{\infty\}$，这里 $n>6,b\neq 0$. 如果 $E_f(S_j)=E_g(S_j)(j=1,2)$，则 $f-a=t(g-a)$，这里 $t^n=1$ 或 $(f-a)(g-a)=s$，这里 $s^n=b^{2n}$.

根据引理 4 和定理 E，使用证明定理 1 的方法，可以证明下述定理：

定理 7　设 f 与 g 是非常数亚纯函数，$S_1=\{a+b,a+bw,\cdots,a+bw^{n-1}\}$，$S_2=\{c_1,c_2,\cdots,c_p\}$，$S_3=\{a\}$ 或 $S_3=\{\infty\}$，这里 $n>6,p>1,b\neq 0,c_1\neq a$，

$c_2 \neq a, (c_k - a)^n \neq (c_j - a)^n (k \neq j; j = 1, 2, \cdots, p), (c_k - a)^n (c_j - a)^n \neq b^{2n} (k, j = 1, 2, \cdots, p)$. 如果 $E_f(S_j) = E_g(S_j) (j = 1, 2, 3)$, 则 $f \equiv g$.

根据引理 4, 使用证明定理 2 和定理 3 的方法, 可以证明下述定理:

定理 8　设 f 与 g 是非常数亚纯函数, $S_1 = \{a_1 + b_1, a_1 + b_1 w, \cdots, a_1 + b_1 w^{n-1}\}$, $S_2 = \{a_2 + b_2, a_2 + b_2 u, \cdots, a_2 + b_2 u^{m-1}\}$, $S_3 = \{\infty\}$, 这里 $n > 6, m > 6$, $a_1 \neq a_2, b_1 \neq 0, b_2 \neq 0$. 如果 $E_f(S_j) = E_g(S_j) (j = 1, 2, 3)$, 则 $f \equiv g$.

定理 9　设 f 与 g 是非常数亚纯函数, $S_1 = \{a + b_1, a + b_1 w, \cdots, a + b_1 w^{n-1}\}$, $S_2 = \{a + b_2, a + b_2 u, \cdots, a + b_2 u^{m-1}\}$, $S_3 = \{a\}$ 或 $S_3 = \{\infty\}$, 这里 $n > 6, m > 6$ 且 n 与 m 没有公因子, $b_1 \neq 0, b_2 \neq 0$, 且 $b_1^{2mn} \neq b_2^{2mn}$. 如果 $E_f(S_j) = E_g(S_j) (j = 1, 2, 3)$, 则 $f \equiv g$.

定理 7, 8, 9 都给问题 B 以肯定的回答.

亚纯函数的唯一性定理

第 9 章

仪洪勋教授于 1994 年研究了亚纯函数的唯一性问题,证明了:存在一个有限集合 S,使得对任意两个非常数亚纯函数 f 与 g,只要满足 $\overline{E}_f(S) = \overline{E}_g(S)$,必有 $f \equiv g$.

设 f 为开平面上的非常数亚纯函数,S 为一个具有不同元素的复数集合,令①

$$E_f(S) = \bigcup_{a \in S} \{z \mid f(z) - a = 0\}$$

其中 m 重零点在 $E_f(S)$ 中重复 m 次,并称 $E_f(S)$ 为 f 下 S 的原象集合.令 $\overline{E}_f(S)$ 表示 $E_f(S)$ 中不同点的集合,并称 $\overline{E}_f(S)$ 为 f 下 S 的精简原象集合.

设 f 与 g 为非常数亚纯函数,S 为一个复数集合. 如果 $E_f(S) = E_g(S)$,则称 S 为 f 与 g 的 CM 公共值集;如果 $\overline{E}_f(S) = \overline{E}_g(S)$,则称 S 为 f 与 g 的 IM 公共值集.特别地,如果 $E_f(\{a\}) = E_g(\{a\})$,则称 a 为 f 与 g 的 CM 公共值;如果 $\overline{E}_f(\{a\}) = \overline{E}_g(\{a\})$,则称 a 为 f 与 g 的 IM 公共值②.

---

① GROSS F. On the distribution of values of meromorphic functions[J]. Trans. Amer. Math. Soc. ,1968,131:199-214.

② GUNDERSEN G G. Meromorphic functions that share three or four values[J]. J. London Math. Soc. , 1979,20:457-466.

1976 年,格罗斯[1]提出了下述问题:是否存在两个(甚至一个)有限集合 $S_j (j=1,2)$,使得对任意两个非常数整函数 f 与 g,只要满足 $E_f(S_j) = E_g(S_j)(j=1,2)$,必有 $f \equiv g$? 仪洪勋教授于 1994 年完全解决了这个问题[2][3].

现在自然要问:是否存在一个有限集合 S,使得对任意两个非常数亚纯函数 f 与 g,只要满足 $E_f(S) = E_g(S)$(甚至 $\overline{E}_f(S) = \overline{E}_g(S)$),必有 $f \equiv g$?

仪洪勋教授对上述问题给出了肯定的回答,推广并改进了自己[4][5][6][7]的有关结果.

§1　主要结果

在本节中,n 与 m 为两个没有公因子的正整数;a 与 b 为两个使代数方程 $\omega^n + a\omega^{n-m} + b = 0$ 没有重根的非零常数;$S = \{\omega_1, \omega_2, \cdots, \omega_n\}$,其中 $\omega_j (j = 1, 2, \cdots, n)$ 为代数方程 $\omega^n + a\omega^{n-m} + b = 0$ 的 n 个不同的根,以后不再说明.

定理 1　设 $m \geqslant 2, n > 2m + 14$. 如果 $\overline{E}_f(S) = \overline{E}_g(S)$,其中 f 与 g 为非常数亚纯函数,则 $f \equiv g$.

定理 2　设 $m \geqslant 2, n > 2m + 8$. 如果 $E_f(S) = E_g(S)$,其中 f 与 g 为非常数亚纯函数,则 $f \equiv g$.

设 $m = 1, n \geqslant 2, h$ 为非常数亚纯函数,则

$$f = -\frac{ah(h^{n-1} - 1)}{h^n - 1}, g = -\frac{a(h^{n-1} - 1)}{h^n - 1}$$

容易验证 $E_f(S) = E_g(S)$(当然也有 $\overline{E}_f(S) = \overline{E}_g(S)$),但 $f \not\equiv g$. 这个例子表明

---

①　GROSS F. Factorization of meromorphic functions and some open problems[A]. Complex Analysis Lecture Notes in Math. ,599,Berlin:Springer-Velag,1977,51-69.

②　仪洪勋. 亚纯函数的唯一性和格罗斯的一个问题[J]. 中国科学(A),1994,24:457-466.

③　仪洪勋. 关于格罗斯的一个问题[J]. 中国科学(A),1994,24(11):1137-1144.

④　仪洪勋. 亚纯函数的唯一性和格罗斯的一个问题[J]. 中国科学(A),1994,24:457-466.

⑤　仪洪勋. 关于格罗斯的一个问题[J]. 中国科学(A),1994,24(11):1137-1144.

⑥　YI H X. A question of Gross and the uniqueness of entire functions[J]. Nagoya Math. J. ,1995,138:169-177.

⑦　YI H X. Unicity theorems for meromorphic or entire functions II[J]. Bull. Austral. Math. Soc. ,1995,52:215-224.

定理 1 和定理 2 中假设 $m \geqslant 2$ 是必要的.

定理 3　设 $n > 2m + 7$. 如果 $\overline{E}_f(S) = \overline{E}_g(S)$, 其中 f 与 g 为非常数整函数, 则 $f \equiv g$.

定理 4　设 $n > 2m + 4$. 如果 $E_f(S) = E_g(S)$, 其中 f 与 g 为非常数整函数, 则 $f \equiv g$.

§2　几个引理

引理 1[①]　设 f 为非常数亚纯函数, 则

$$N(r, \frac{1}{f'}) < N(r, \frac{1}{f}) + \overline{N}(r, f) + S(r, f)$$

为了叙述引理 2, 引入下述记号.

设 F 为非常数亚纯函数, 我们用 $N_{(1)}(r, F)$ 表示 F 的单极点的密指量, 用 $\overline{N}_{(2)}(r, F)$ 表示 F 的重级大于或等于 2 的极点的密指量, 每个极点仅计一次[②]. 设[③] $N_2(r, F) = \overline{N}(r, F) + \overline{N}_{(2)}(r, F)$. 类似地, 可以定义 $N_{(1)}(r, \frac{1}{F})$, $\overline{N}_{(2)}(r, \frac{1}{F})$ 和 $N_2(r, \frac{1}{F})$.

设 F 与 G 为非常数亚纯函数, 1 为其 IM 公共值. 我们用 $\overline{N}_L(r, \frac{1}{F-1})$ 表示 F 的重级大于 G 的重级的 1 值点的密指量[④], 用 $N_{E_1}(r, \frac{1}{F-1})$ 表示 F 与 G 的公共单 1 值点的密指量, 每个 1 值点仅计一次. 类似地, 我们可以定义 $\overline{N}_L(r, \frac{1}{G-1})$ 和 $N_{E_1}(r, \frac{1}{G-1})$. 特别地, 如果 1 为 F 与 G 的 CM 公共值, 则 $\overline{N}_L(r, \frac{1}{F-1}) = \overline{N}_L(r, \frac{1}{G-1}) = 0$.

---

①　YI H X. Uniqueness of meromorphic functions and a question of C. C. Yang[J]. Complex Variables, 1990, 14: 169-176.

②　杨乐. 值分布论及其新研究[M]. 北京: 科学出版社, 1982.

③　YI H X. On characteristic functions of a meromonphic function and its derivative[J]. Indian J. Math., 1991, 33: 119-133.

④　WANG S P. On meromorphic functions that share four values[J]. J. Math. Anal. Appl., 1993, 173: 359-369.

引理 2 设 F 与 G 为非常数亚纯函数，1 为其 IM 公共值. 再设

$$H = \frac{F''}{F'} - \frac{2F'}{F-1} - \left(\frac{G''}{G'} - \frac{2G'}{G-1} \right) \tag{1}$$

如果 $H \not\equiv 0$，则

$$T(r,F) < N_2(r,F) + N_2(r,\frac{1}{F}) + N_2(r,G) + N_2(r,\frac{1}{G}) +$$

$$2\overline{N}_L(r,\frac{1}{F-1}) + \overline{N}_L(r,\frac{1}{G-1}) + S(r,F) + S(r,G)$$

证明 设 z_0 为 F 与 G 的公共单 1 值点，把 F 与 G 在 z_0 邻域内的泰勒 (Taylor) 展式代入式 (1)，经过简单的计算可知，z_0 必为 H 的零点. 于是

$$N_{E_1}(r,\frac{1}{G-1}) \leqslant N(r,\frac{1}{H}) \leqslant N(r,H) + S(r,F) + S(r,G) \tag{2}$$

由式 (1) 知，F 与 G 的重级相同的 1 值点不为 H 的极点. 容易验证，F 的单极点不为 $\frac{F''}{F'} - \frac{2F'}{F-1}$ 的极点，G 的单极点不为 $\frac{G''}{G'} - \frac{2G'}{G-1}$ 的极点，于是

$$N(r,H) \leqslant \overline{N}_L(r,\frac{1}{F-1}) + \overline{N}_L(r,\frac{1}{G-1}) + \overline{N}_{(2)}(r,F) + \overline{N}_{(2)}(r,G) +$$

$$\overline{N}_{(2)}(r,\frac{1}{F}) + \overline{N}_{(2)}(r,\frac{1}{G}) + N_0(r,\frac{1}{F'}) + N_0(r,\frac{1}{G'}) \tag{3}$$

其中 $N_0(r,\frac{1}{F'})$ 表示 F' 的零点但不是 F 与 $F-1$ 的零点的密指量，$N_0(r,\frac{1}{G'})$ 表示 G' 的零点但不是 G 与 $G-1$ 的零点的密指量.

由奈望林纳第二基本定理得

$$T(r,F) + T(r,G) < \overline{N}(r,F) + \overline{N}(r,\frac{1}{F}) + \overline{N}(r,\frac{1}{F-1}) -$$

$$N_0(r,\frac{1}{F'}) + S(r,F) + \overline{N}(r,G) + \overline{N}(r,\frac{1}{G}) +$$

$$\overline{N}(r,\frac{1}{G-1}) - N_0(r,\frac{1}{G'}) + S(r,G) \tag{4}$$

注意到

$$\overline{N}(r,\frac{1}{F-1}) + \overline{N}(r,\frac{1}{G-1}) = 2\overline{N}(r,\frac{1}{G-1})$$

$$\leqslant N_{E_1}(r,\frac{1}{G-1}) + \overline{N}_L(r,\frac{1}{F-1}) + N(r,\frac{1}{G-1})$$

$$\leqslant N_{E_1}(r,\frac{1}{G-1}) + \overline{N}_L(r,\frac{1}{F-1}) +$$

$$T(r,G) + O(1)$$

再由式(4) 得

$$T(r,F) < \overline{N}(r,F) + \overline{N}(r,\frac{1}{F}) + \overline{N}(r,G) + \overline{N}(r,\frac{1}{G}) + N_{E_1}(r,\frac{1}{G-1}) +$$

$$\overline{N}_L(r,\frac{1}{F-1}) - N_0(r,\frac{1}{F'}) - \overline{N}_0(r,\frac{1}{G'}) + S(r,F) + S(r,G) \quad (5)$$

结合式(2)(3) 和(5) 即得引理 2 的结论.

引理 3　设 F 与 G 为非常数亚纯函数,且满足

$$\overline{N}(r,F) + \overline{N}(r,\frac{1}{F}) + \overline{N}(r,G) + \overline{N}(r,\frac{1}{G}) \leqslant \lambda T(r,F) + S(r,F) \quad (6)$$

其中 $\lambda < 1$. 如果 $H \equiv 0$,其中 H 为式(1)所表示的函数,则 $F \equiv G$ 或 $F \cdot G \equiv 1$.

证明　由 $H \equiv 0$,积分得 $\frac{1}{G-1} = \frac{A}{F-1} + B$,其中 $A(A \neq 0), B$ 为积分常数. 于是

$$G = \frac{(B+1)F + A - B - 1}{BF + A - B} \quad (7)$$

由此即得 $T(r,G) = T(r,F) + O(1)$. 下面分 3 种情况进行讨论.

情况 1　假设 $B \neq 0, -1$.

如果 $A - B - 1 \neq 0$,由式(7) 得

$$\overline{N}(r,\frac{1}{F + \frac{A-B-1}{B+1}}) = \overline{N}(r,\frac{1}{G})$$

再由奈望林纳第二基本定理及式(6) 可得

$$T(r,F) < \overline{N}(r,F) + \overline{N}(r,\frac{1}{F}) + \overline{N}(r,\frac{1}{F + \frac{A-B-1}{B+1}}) + S(r,F)$$

$$= \overline{N}(r,F) + \overline{N}(r,\frac{1}{F}) + \overline{N}(r,\frac{1}{G}) + S(r,F)$$

$$\leqslant \lambda T(r,F) + S(r,F)$$

因为 $\lambda < 1$,所以上式不成立. 于是 $A - B - 1 = 0$. 再由式(7) 可得

$$\overline{N}(r,\frac{1}{F + \frac{1}{B}}) = \overline{N}(r,G)$$

与前面类似,也可得到矛盾.

情况 2　假设 $B = 0$.

如果 $A - 1 \neq 0$,由(7) 得

$$\overline{N}(r,\frac{1}{F+A-1})=\overline{N}(r,\frac{1}{G})$$

与情况 1 类似,也可得到矛盾.于是 $A-1=0$.再由式(7)可得 $F\equiv G$.

情况 3 假设 $B=-1$.

如果 $A+1\neq 0$,由式(7)得

$$\overline{N}(r,\frac{1}{F-A+1})=\overline{N}(r,G)$$

与情况 1 类似,也可得到矛盾.于是 $A+1=0$.再由式(7)可得 $F\cdot G\equiv 1$.

§3　主要结果的证明

一、定理 1 的证明

设

$$F=-\frac{1}{b}f^{n-m}(f^m+a),G=-\frac{1}{b}g^{n-m}(g^m+a) \tag{1}$$

由此即得

$$T(r,f)=\frac{1}{n}T(r,F)+S(r,F) \tag{2}$$

$$T(r,g)=\frac{1}{n}T(r,G)+S(r,G) \tag{3}$$

显然

$$F-1=-\frac{1}{b}(f-\omega_1)(f-\omega_2)\cdots(f-\omega_n)$$

$$G-1=-\frac{1}{b}(g-\omega_1)(g-\omega_2)\cdots(g-\omega_n)$$

由 $\overline{E}_f(S)=\overline{E}_g(S)$ 知,1 为 F 与 G 的 IM 公共值.设 H 为 §2 中式(1)所定义的函数.如果 $H\not\equiv 0$,由引理 2 得

$$T(r,F)<N_2(r,F)+N_2(r,\frac{1}{F})+N_2(r,G)+N_2(r,\frac{1}{G})+$$

$$2\overline{N}_L(r,\frac{1}{F-1})-\overline{N}_L(r,\frac{1}{G-1})+S(r,F)+S(r,G) \tag{4}$$

由式(1)(2)得

$$N_2(r,F)=2\overline{N}(r,f)\leqslant\frac{2}{n}T(r,F)+S(r,F)$$

$$N_2(r, \frac{1}{F}) \leqslant 2\overline{N}(r, \frac{1}{f}) + N(r, \frac{1}{f^m + a})$$

$$\leqslant \frac{m+2}{n} T(r, F) + S(r, F)$$

显然

$$\overline{N}_L(r, \frac{1}{F-1}) \leqslant N(r, \frac{1}{F-1}) - \overline{N}(r, \frac{1}{F-1})$$

$$= \sum_{j=1}^{n} \left(N(r, \frac{1}{f-\omega_j}) - \overline{N}(r, \frac{1}{f-\omega_j}) \right)$$

$$\leqslant N(r, \frac{1}{f'})$$

$$\leqslant N(r, \frac{1}{f}) + \overline{N}(r, f) + S(r, f)$$

$$\leqslant \frac{2}{n} T(r, F) + S(r, F)$$

同理,有

$$N_2(r, G) \leqslant \frac{2}{n} T(r, G) + S(r, G)$$

$$N_2(r, \frac{1}{G}) \leqslant \frac{m+2}{n} T(r, G) + S(r, G)$$

$$\overline{N}_L(r, \frac{1}{G-1}) \leqslant \frac{2}{n} T(r, G) + S(r, G)$$

把上述诸式代入式(4) 得

$$T(r, F) < \frac{m+8}{n} T(r, F) + \frac{m+6}{n} T(r, G) + S(r, F) + S(r, G)$$

同理,有

$$T(r, G) < \frac{m+6}{n} T(r, F) + \frac{m+8}{n} T(r, G) + S(r, F) + S(r, G)$$

由此即得

$$(1 - \frac{2m+14}{n})(T(r, F) + T(r, G)) < S(r, F) + S(r, G)$$

因为 $n > 2m + 14$,所以上式不成立. 于是 $H \equiv 0$,并且 $T(r, G) = T(r, F) + O(1)$.

由式(1)(2)(3) 得

$$\overline{N}(r, F) + \overline{N}(r, \frac{1}{F}) + \overline{N}(r, G) + \overline{N}(r, \frac{1}{G})$$

$$\leqslant \overline{N}(r, f) + \overline{N}(r, \frac{1}{f}) + N(r, \frac{1}{f^m + a}) +$$

$$\overline{N}(r,g)+\overline{N}(r,\frac{1}{g})+N(r,\frac{1}{g^m+a})$$

$$\leqslant\frac{2m+4}{n}T(r,F)+S(r,F)$$

注意到 $\frac{2m+4}{n}<1$,再由引理 3 可得 $F\equiv G$ 或 $F\cdot G\equiv 1$. 我们分 2 种情况进行讨论.

情况 1 假设 $F\cdot G\equiv 1$. 由式(1)得

$$f^{n-m}(f-a_1)(f-a_2)\cdots(f-a_m)g^{n-m}(g^m+a)\equiv b^2 \tag{5}$$

其中 $a_1,a_2,\cdots,a_m$ 为 $\omega^m+a=0$ 的 m 个判别的根. 式(5)知, f 与 $f-a_j(j=1,2,\cdots,m)$ 的零点必为 g 的极点. 注意到, n 与 m 没有公因子, 由式(5)知, f 与 $f-a_j(j=1,2,\cdots,m)$ 的每个零点的重级至少为 n, 应用奈望林纳第二基本定理得

$$(m-1)T(r,f)<\overline{N}(r,\frac{1}{f})+\sum_{j=1}^{m}\overline{N}(r,\frac{1}{f-a_j})+S(r,f)$$

$$\leqslant\frac{1}{n}N(r,\frac{1}{f})+\frac{1}{n}\sum_{j=1}^{m}N(r,\frac{1}{f-a_j})+S(r,f)$$

$$\leqslant\frac{m+1}{n}T(r,f)+S(r,f)$$

再由定理 1 中的假设 $n>2m+14$ 即可得到矛盾.

情况 2 假设 $F\equiv G$, 由式(1)得

$$f^n-g^n=-a(f^{n-m}-g^{n-m}) \tag{6}$$

如果 $f^n\not\equiv g^n$, 由式(6)得

$$g^m=-\frac{a(h-v)(h-v^2)\cdots(h-v^{n-m-1})}{(h-u)(h-u^2)\cdots(h-u^{n-1})} \tag{7}$$

其中, $h=\dfrac{f}{g}$, $u=\exp\left(\dfrac{2\pi i}{n}\right)$, $v=\exp\left(\dfrac{2\pi i}{n-m}\right)$. 由式(7)知, h 为非常数亚纯函数. 因为 n 与 m 没有公因子, 由式(7)知, $h-u^j(j=1,2,\cdots,n-1)$ 的每个零点的重级至少为 m. 应用奈望林纳第二基本定理得

$$(n-3)T(r,h)<\sum_{j=1}^{n-1}\overline{N}(r,\frac{1}{h-u^j})+S(r,h)$$

$$\leqslant\frac{1}{m}\sum_{j=1}^{n-1}N(r,\frac{1}{h-u^j})+S(r,h)$$

$$\leqslant\frac{n-1}{2}T(r,h)+S(r,h)$$

这是一个矛盾. 于是 $f^n\equiv g^n$, 再由式(6)可得 $f^{n-m}\equiv g^{n-m}$. 注意到 n 与 m 没有

88

公因子,故必有 $f \equiv g$.

二、定理 2 的证明

设 F 与 G 为式(1)所表示的函数.由 $E_f(S)=E_g(S)$ 知,1 为 F 与 G 的 CM 公共值,故

$$\overline{N}_L(r,\frac{1}{F-1})=\overline{N}_L(r,\frac{1}{G-1})=0$$

使用定理 1 的证明方法即可证明定理 2.

三、定理 3 的证明

设 F 与 G 为式(1)所表示的函数.注意到,当 f 与 g 为整函数时,$N(r,F)=N(r,G)=0$.使用定理 1 的证明方法也可得到式(5)或式(6).

假设 f 与 g 满足式(5).注意到 f 与 g 为整函数,由式(5)知,$0,a_j(j=1,2,\cdots,m)$ 均为 f 的皮卡例外值,这是一个矛盾.

假设 f 与 g 满足式(6).如果 $f^n \not\equiv g^n$,由式(6)也可得到式(7).注意到 g 为整函数,由式(7)知,$u^j(j=1,2,\cdots,n-1)$ 均为 h 的皮卡例外值,这也是一个矛盾.于是 $f^n \equiv g^n$,$f^{n-m} \equiv g^{n-m}$.由此即得 $f \equiv g$.

四、定理 4 的证明

将定理 2 与定理 3 的证明方法相结合,即可证明定理 4.

§4　附　　注

设 $S_1=\{\omega \mid \omega^{19}+\omega^{17}+1=0\}$,$S_2=\{\omega \mid \omega^{13}+\omega^{11}+1=0\}$.由定理 1 或定理 2 知,对任意两个非常数亚纯函数 f 与 g,只要满足 $\overline{E}_f(S_1)=\overline{E}_g(S_1)$ 或 $E_f(S_2)=E_g(S_2)$,必有 $f \equiv g$.

设 $S_3=\{\omega \mid \omega^{10}+\omega^9+1=0\}$,$S_4=\{\omega \mid \omega^7+\omega^6+1=0\}$.由定理 3 或定理 4 知,对任意两个非常数整函数 f 与 g,只要满足 $\overline{E}_f(S_3)=\overline{E}_g(S_3)$ 或 $E_f(S_4)=E_g(S_4)$,必有 $f \equiv g$.

涉及截断重数的亚纯映射的唯一性问题

中国石油大学的吕锋教授2012年研究了一个涉及截断重数的亚纯映射的唯一性问题,改进了陈志华和颜启明在2010年给出的一个结果.

§1 引 言

若两个亚纯函数 IM 分担 5 个值,则这两个函数恒等,此即为著名的奈望林纳五值定理[①].

杨[②]注意到上述定理中分担值的条件可以减弱为部分分担.所谓的亚纯函数 f 和 g 部分分担值 a 指的是 $\overline{E}(a,f) \subseteq \overline{E}(a,g)$,这里 $\overline{E}(a,h) = \{z \mid h(z) = a\}$,$h$ 是一个亚纯函数.

实际上,他得到了如下结果:

定理 1 设 f 和 g 是两个非常数亚纯函数,$a_j (1 \leqslant j \leqslant 5)$ 为 5 个不同的函数,若 $\overline{E}(a_j,f) \subseteq \overline{E}(a_j,g)(1 \leqslant j \leqslant 5)$,

$$\liminf_{r \to \infty} \frac{\sum_{j=1}^{5} N_{f-a_j}^1(r)}{\sum_{j=1}^{5} N_{g-a_j}^1(r)} > \frac{1}{2},\text{ 则 } f = g.$$

第 10 章

① NEVANLINNA R. Einige eideutigkeitssätze in der theorie der meromorphen funktionen[J]. Acta Math. ,1926,48:367-391.

② YI H X, YANG C C. Uniqueness theory of meromorphic functions[M]. Beijing: Science Press,1995.

2006 年,颜启明和陈志华[1]将上述定理推广到亚纯映射,并证明了下面的定理.

定理 2　设 f,g 为从 $\mathbf{C}^m$ 到 $\mathbf{P}^n(\mathbf{C})$ 的线性非退化的亚纯映射,$H_j(1\leqslant j\leqslant q)$ 是 q 个位于一般位置的超平面,并且当 $i\neq j$ 时,$\dim f^{-1}(H_i\bigcap H_j)\leqslant m-2$.假定

$$\overline{E}(H_j,f)\subseteq\overline{E}(H_j,g)(1\leqslant j\leqslant q)$$

且在 $\bigcup\limits_{j=1}^{q}f^{-1}(H_j)$ 上 $f(z)=g(z)$.若 $q=3n+2$ 且

$$\liminf_{r\to\infty}\frac{\sum\limits_{j=1}^{3n+2}N^1_{(f,H_j)}(r)}{\sum\limits_{j=1}^{3n+2}N^1_{(g,H_j)}(r)}>\frac{n}{n+1}$$

则 $f=g$.

最近,陈志华和颜启明[2]进一步将定理 2 加以推广,把超平面的个数从 $q=3n+2$ 减小到 $q=2n+3$.

定理 3　设 f,g 为从 $\mathbf{C}^m$ 到 $\mathbf{P}^n(\mathbf{C})$ 的线性非退化的亚纯映射,$H_j(1\leqslant j\leqslant q)$ 是 q 个位于一般位置的超平面,并且当 $i\neq j$ 时,$\dim f^{-1}(H_i\bigcap H_j)\leqslant m-2$.假定

$$\overline{E}(H_j,f)\subseteq\overline{E}(H_j,g)(1\leqslant j\leqslant q)$$

且在 $\bigcup\limits_{j=1}^{q}f^{-1}(H_j)$ 上 $f(z)=g(z)$.若 $q\geqslant 2n+3$ 且

$$\liminf_{r\to\infty}\frac{\sum\limits_{j=1}^{2n+3}N^1_{(f,H_j)}(r)}{\sum\limits_{j=1}^{2n+3}N^1_{(g,H_j)}(r)}>\frac{n}{n+1}$$

则 $f=g$.

定理 3 的证明思路借鉴于文章 *Uniquencess theorem of meromorphic mapping into $P^N(C)$ sharing $2N+3$ hyperplanes regardless of*

---

①　YAN Q M, CHEN Z H. A note on the uniqueness theorem of meromorphic mappings[J]. Sci China Ser A,2006,49:360-365.

②　CHEN Z H, YAN Q M. A note on uniqueness problem for meromorphic mappings with $2N+3$ hyperplanes[J]. Sci China Ser A,2010,53:2657-2663.

$multiplicties$①的主要定理,稍微有点复杂.本章的目的是运用截断重数思想将上述定理进行推广.实际上,吕锋教授证明了下述定理:

定理 4 设 f,g 为从 $\mathbf{C}^m$ 到 $\mathbf{P}^n(\mathbf{C})$ 的线性非退化的亚纯映射,$H_j(1 \leqslant j \leqslant q)$ 是 q 个位于一般位置的超平面,并且当 $i \neq j$ 时,$\dim f^{-1}(H_i \cap H_j) \leqslant m-2$,并设 $m_1,m_2,\cdots,m_q \geqslant n$ 为 q 个正整数或 ∞. 假定

$$\overline{E}_{m_j}(H_j,f) \subseteq \overline{E}(H_j,g)(1 \leqslant j \leqslant q)$$

且在 $\bigcup\limits_{j=1}^{q} \overline{E}_{m_j}(H_j,f)$ 上 $f(z)=g(z)$,这里 $\overline{E}_{m_j}(H_j,f) = \{z \in \mathbf{C}^m : 0 < v_{(f,H_j)}(z) \leqslant m_j\}$.

如果 $q > 2(n+1) + \sum\limits_{i=1}^{q} \dfrac{2n}{m_i+1}$ 且

$$\liminf_{r \to \infty} \frac{\sum\limits_{j=1}^{q} N^1_{(f,H_j),\leqslant m_j}(r)}{\sum\limits_{j=1}^{q} N^1_{(g,H_j),\leqslant m_j}(r)} > \frac{n}{q-n-2-\sum\limits_{i=1}^{q} \dfrac{m}{m_i+1}}$$

则 $f=g$.

注 在上述定理中,假设 $q=2n+3,m_j=\infty(1 \leqslant j \leqslant q)$,则定理 4 变成定理 3.

§2 基本概念和引理

对于 $z=(z_1,\cdots,z_m)$,令 $\|z\| = (|z_1|^2 + \cdots + |z_m|^2)^{\frac{1}{2}}$. 在 $\mathbf{C}^m \backslash \{0\}$ 上,定义

$$B(r) = \{z \in \mathbf{C}^m : \|z\| < r\}$$
$$S(r) = \{z \in \mathbf{C}^m : \|z\| = r\}(0 < r < \infty)$$
$$v_{m-1}(z) = (dd^c \|z\|^2)^{m-1}$$
$$\sigma_m(z) = d^c \log \|z\|^2 \wedge (dd^c \log \|z\|^2)^{m-1}$$

设 f 为从 $\mathbf{C}^m$ 到 $\mathbf{P}^n(\mathbf{C})$ 的非常数亚纯映射. 可以选取 $\mathbf{C}^m$ 上的全纯函数 $f_0,\cdots,f_n$,使得 $I_f = \{z \in \mathbf{C}^m : f_0(z)=\cdots=f_n(z)=0\}$ 的维数最多为 $m-2$,并称 $f=\{f_0,\cdots,f_n\}$ 为 f 的既约表示. f 的特征函数定义为

---

① CHEN Z H, YAN Q M. Uniquencess theorem of meromorphic mapping into $P^N(C)$ sharing $2N+3$ hyperplanes regardless of multiplicties[J]. Int. J. Math. ,2009,20: 717-726.

$$T_f(r) = \int_{S(r)} \log \| f \| \sigma_m - \int_{S(1)} \log \| f \| \sigma_m$$

对于 $\mathbf{C}^m$ 上的因子和正整数 k, p(或 ∞),令

$$\nu^p(z) = \min\{p, \nu(z)\}$$

$$\nu^p_{\leqslant k}(z) = \begin{cases} 0, 若 \nu(z) > k \\ \nu^p(z), 若 \nu(z) \leqslant k \end{cases}$$

$$\nu^p_{> k}(z) = \begin{cases} \nu^p(z), 若 \nu(z) > k \\ 0, 若 \nu(z) \leqslant k \end{cases}$$

定义 $n(t)$ 如下

$$n(t) = \begin{cases} \iint_{|\nu| \cap B(t)} \nu(z) \upsilon_{m-1}, 若 m \geqslant 2 \\ \sum_{|z| \leqslant t} \nu(z), 若 m = 1 \end{cases}$$

类似地,分别定义 $n^p(t), n^p_{\leqslant k}(t), n^p_{> k}(t)$. 定义 $N(r, \nu) = \int_1^r \frac{n(t)}{t^{2n-1}} \mathrm{d}t, 1 < r < \infty$.

类似地,定义 $N(r, \nu^p), N(r, \nu^p_{\leqslant k}), N(r, \nu^p_{> k})$,并分别用 $N^p(r, \nu), N^p_{\leqslant k}(r, \nu)$,$N^p_{> k}(r, \nu)$ 表示.

设 $\phi: \mathbf{C}^m \to \mathbf{C}$ 为一个亚纯函数. 定义

$$N_\phi(r) = N(r, \nu_\phi), N^p_\phi(r) = N^p(r, \nu_\phi)$$

$$N^p_{\phi \leqslant k}(r) = N^p_{\leqslant k}(r, \nu_\phi), N^p_{\phi > k}(r) = N^p_{> k}(r, \nu_\phi)$$

为了主要定理的证明,需要亚纯映射的第二基本定理.

引理 1[①]　设 f 为从 $\mathbf{C}^m$ 到 $\mathbf{P}^m(\mathbf{C})$ 的线性非退化的亚纯映射,$H_j (1 \leqslant j \leqslant q)$ 是 q 个位于一般位置的超平面,则

$$\| (q - n - 1) T_f(r) \leqslant \sum_{j=1}^q N^n_{(f, H_j)}(r) + o(T_f(r))$$

其中,"$\|$"表示除了一个有限测度的集合外上述不等式对所有的 r 都成立.

现在,选取两个不同的超平面 $H_j (j = 1, 2)$,并考虑亚纯函数 $F_f^{H_1, H_2} = \dfrac{(f, H_1)}{(f, H_2)}$,则有:

引理 2[②]　$T(r, F_f^{H_1, H_2}) \leqslant T(r, f) + O(1)$.

---

①　THAI D D, QUANG S D. Uniqueness problem with truncated multiplicities of mermorphic mappings in several complex variables[J]. Int. J. Math., 2006, 17: 1223-1257.

②　RU M. Nevanlinna theory and its relation to diophantine approximation[M]. Singapore: World Scientific Publ, 2001.

关于格罗斯的一个问题（Ⅱ）

第 11 章

§1 引言及主要结果

设 f 为开平面上的非常数亚纯函数，S 为一复数集合，令

$$E(S,f)=\bigcup_{a\in S}\{z\mid f(z)-a=0\}$$

这里 m 重零点在 $E(S,f)$ 中重复 m 次. 此外

$$E_1(S,f)=\bigcup_{a\in S}\{z\mid f(z)-a=0,f'(z)\neq0\}$$

1976 年，格罗斯[1]提出下述问题：

问题 1　是否存在一个有限集合 S，使得对任意两个非常数的整函数 f 与 g，只要满足 $E(S,f)=E(S,g)$，必有 $f\equiv g$?

仪洪勋[2]教授彻底解决了这个问题，证明了：

定理 1　存在一个元素个数为 15 的集合 S，使得对任意两个非常数的整函数 f 与 g，只要满足 $E(S,f)=E(S,g)$，必有 $f\equiv g$.

因为由 $E(S,f)\equiv E(S,g)$ 可得 $E_1(S,f)=E_1(S,g)$，于是我们自然提出：

问题 2　是否存在一个有限集 S，使得对任意两个非常数的整函数 f 与 g，只要满足 $E_1(S,f)=E_1(S,g)$，必有 $f\equiv g$?

---

[1]　GROSS F. Factorization of meromorphic functions and some open problems[A]. Complex Analysis Lecture Notes in Math. ,599,Berlin:Springer-Velag,1977,51-69.

[2]　仪洪勋. 关于格罗斯的一个问题[J]. 中国科学(A),1994,24(11):1137-1144.

浙江师范大学的卜月华,南京师范大学的方明亮,南京航空航天大学的徐万松三位教授于 1997 年给出了问题 2 以肯定的回答,证明了:

定理 2　存在一个元素个数为 11 的集合 S,使得对任意两个非常数的整函数 f 与 g,只要满足 $E_1(S,f)=E_1(S,g)$,必有 $f\equiv g$.

注　定理 2 回答了文章《关于格罗斯的一个问题》[①] 中的问题 2.

§2　一个引理

引理　设 $f(z)$ 和 $g(z)$ 是两个非常数的整函数,若 $E_1(1,f)=E_1(1,g)$,且

$$\varlimsup_{\substack{r\to\infty \\ r\notin E}} \frac{4\overline{N}(r,\frac{1}{f})+2\overline{N}_{(2}(r,\frac{1}{f})}{T(r,f)}<1$$

$$\varlimsup_{\substack{r\to\infty \\ r\notin E}} \frac{4\overline{N}(r,\frac{1}{g})+2\overline{N}_{(2}(r,\frac{1}{g})}{T(r,g)}<1 \tag{1}$$

其中 E 表示线性测度有穷的 r 值集,则 $f(z)\equiv g(z)$ 或 $f(z)\cdot g(z)\equiv 1$.

证明　令

$$\Phi=\frac{f''}{f'}-2\frac{f'}{f-1}-\frac{g''}{g'}+2\frac{g'}{g-1} \tag{2}$$

设 z_0 是 $f(z)-1$ 与 $g(z)-1$ 的公共单重零点,经过简单的计算可得

$$\Phi(z_0)=0 \tag{3}$$

若 $\Phi(z)\not\equiv 0$,则有

$$N_{1)}(r,\frac{1}{f-1})=N_{1)}(r,\frac{1}{g-1})\leqslant N(r,\frac{1}{\Phi})\leqslant T(r,\Phi)+O(1)$$
$$\leqslant N(r,\Phi)+S(r,f)+S(r,g) \tag{4}$$

由式(2)可知,$\Phi(z)$ 的极点只可能在 f' 及 g' 的零点或者在 $f-1$ 与 $g-1$ 的至少二重零点处出现.现将 $f'(g')$ 的零点分为 3 类:

(i)$f=0,f'=0(g=0,g'=0)$.

(ii)$f=1,f'=0(g=1,g'=0)$.

(iii)$f\neq 0,f\neq 1,f'=0(g\neq 0,g\neq 1,g'=0)$.

由式(3)(4)及 $E_1(1,f)=E_1(1,g)$ 得

---

①　仪洪勋.关于格罗斯的一个问题[J].中国科学(A),1994,24(11):1137-1144.

95

$$N_{1)}(r,\frac{1}{f-1}) \leqslant \overline{N}_{(2}(r,\frac{1}{f-1}) + \overline{N}_{(2}(r,\frac{1}{g-1}) + \overline{N}_{(2}(r,\frac{1}{f}) + \overline{N}_{(2}(r,\frac{1}{g}) +$$

$$N_0(r,\frac{1}{f'}) + N_0(r,\frac{1}{g'}) + S(r,f) + S(r,g)$$

$$\leqslant \overline{N}_{(2}(r,\frac{1}{f}) + \overline{N}_{(2}(r,\frac{1}{g}) + \frac{1}{2}N(r,\frac{1}{f-1}) + \frac{1}{2}N(r,\frac{1}{g-1}) -$$

$$N_{1)}(r,\frac{1}{f-1}) + N_0(r,\frac{1}{f'}) + N_0(r,\frac{1}{g'}) + S(r,f) + S(r,g)$$

其中 $N_0(r,\frac{1}{f'})$ 表示 $f \neq 0, f \neq 1, f' = 0$ 的密指量，$N_0(r,\frac{1}{g'})$ 类似，即

$$2N_{1)}(r,\frac{1}{f-1}) \leqslant \overline{N}_{(2}(r,\frac{1}{f}) + \overline{N}_{(2}(r,\frac{1}{g}) + \frac{1}{2}N(r,\frac{1}{f-1}) + \frac{1}{2}N(r,\frac{1}{g-1}) +$$

$$N_0(r,\frac{1}{f'}) + N_0(r,\frac{1}{g'}) + S(r,f) + S(r,g) \tag{5}$$

由奈望林纳第二基本定理得

$$T(r,f) \leqslant \overline{N}(r,\frac{1}{f}) + \overline{N}(r,\frac{1}{f-1}) - N_0(r,\frac{1}{f'}) + S(r,f) \tag{6}$$

$$T(r,g) \leqslant \overline{N}(r,\frac{1}{g}) + \overline{N}(r,\frac{1}{g-1}) - N_0(r,\frac{1}{g'}) + S(r,g) \tag{7}$$

所以由式(5) ~ (7) 得

$$T(r,f) + T(r,g) \leqslant \overline{N}(r,\frac{1}{f}) + \overline{N}(r,\frac{1}{g}) + \frac{1}{2}N(r,\frac{1}{f-1}) + \frac{1}{2}N(r,\frac{1}{g-1}) +$$

$$\overline{N}_{(2}(r,\frac{1}{f}) + \overline{N}_{(2}(r,\frac{1}{f-1}) + \overline{N}_{(2}(r,\frac{1}{g}) +$$

$$\overline{N}_{(2}(r,\frac{1}{g-1}) + S(r,f) + S(r,g) \tag{8}$$

又因为

$$\overline{N}_{(2}(r,\frac{1}{f}) + \overline{N}_{(2}(r,\frac{1}{f-1}) \leqslant \overline{N}(r,\frac{1}{f'})$$

$$= N(r,\frac{1}{f'}) - [N(r,\frac{1}{f'}) - \overline{N}(r,\frac{1}{f'})]$$

$$\leqslant T(r,f') - m(r,\frac{1}{f'}) -$$

$$[N(r,\frac{1}{f'}) - \overline{N}(r,\frac{1}{f'})] + O(1)$$

$$\leqslant T(r,f) - m(r,\frac{1}{f}) - [N(r,\frac{1}{f'}) -$$

$$\overline{N}(r,\frac{1}{f'})] + S(r,f)$$

96

$$= N(r, \frac{1}{f}) - [N(r, \frac{1}{f'}) - \overline{N}(r, \frac{1}{f'})] + S(r, f)$$

$$\leqslant \overline{N}(r, \frac{1}{f}) + \overline{N}_{(2}(r, \frac{1}{f}) + S(r, f) \qquad (9)$$

$$\overline{N}_{(2}(r, \frac{1}{g}) + \overline{N}_{(2}(r, \frac{1}{g-1}) \leqslant \overline{N}(r, \frac{1}{g}) + \overline{N}_{(2}(r, \frac{1}{g}) + S(r, g) \qquad (10)$$

故由式（8）～（10）得

$$T(r, f) + T(r, g) \leqslant 2\overline{N}(r, \frac{1}{f}) + \overline{N}_{(2}(r, \frac{1}{f}) +$$

$$2\overline{N}(r, \frac{1}{g}) + \overline{N}_{(2}(r, \frac{1}{g}) + \frac{1}{2} N(r, \frac{1}{f-1}) +$$

$$\frac{1}{2} N(r, \frac{1}{g-1}) + S(r, f) + S(r, g)$$

即

$$T(r, f) + T(r, g) \leqslant 4\overline{N}(r, \frac{1}{f}) + 2\overline{N}_{(2}(r, \frac{1}{f}) + 4\overline{N}(r, \frac{1}{g}) +$$

$$2\overline{N}_{(2}(r, \frac{1}{g}) + S(r, f) + S(r, g)$$

由式（1）及上式即得存在 $0 < \alpha < 1$，有

$$T(r, f) + T(r, g) \leqslant \alpha\{T(r, f) + T(r, g)\} (r \notin E)$$

其中 E 为线性测度有穷的 r 值集，矛盾. 因此 $\Phi(z) \equiv 0$，即

$$\frac{f''}{f'} - 2 \frac{f'}{f-1} \equiv \frac{g''}{g'} - 2 \frac{g'}{g-1} \qquad (11)$$

令

$$\psi = \frac{f'(g-1)^2}{g'(f-1)^2} \qquad (12)$$

则由式（11）（12）得 $\dfrac{\psi'}{\psi} = 0$，即

$$\frac{f'(g-1)^2}{g'(f-1)^2} \equiv a \qquad (13)$$

其中 a 为非零有穷复数. 于是有

$$f = \frac{Ag + B}{Cg + D} \qquad (14)$$

其中 A, B, C, D 为常数，且 $AD - BC \neq 0$.

以下分 7 种情况进行讨论.

情况 1 $A \neq 0, B = 0, C = 0$，则 $f \equiv \dfrac{A}{D} g$，由引理条件知，存在 z_0 使

$f(z_0) = g(z_0) = 1$，且 $f'(z_0) \neq 0, g'(z_0) \neq 0$. 否则 $N_{1)}(r, \frac{1}{f-1}) = 0$，于是由式 (1) 得

$$T(r, f) \leqslant \overline{N}(r, \frac{1}{f}) + \overline{N}(r, \frac{1}{f-1}) + S(r, f)$$

$$\leqslant \overline{N}(r, \frac{1}{f}) + \overline{N}_{(2}(r, \frac{1}{f-1}) + S(r, f)$$

$$\leqslant \left(\frac{2}{5} + \frac{1}{2} + \frac{1}{20}\right) T(r, f)$$

$$= \frac{19}{20} T(r, f) \quad (r \notin E)$$

矛盾. 故有 $f(z) \equiv g(z)$.

情况 2 $A \neq 0, B = 0, C \neq 0, D \neq 0$，则 $f = \frac{Ag}{Cg + D}$. 因为 f 为整函数，所以 $g \neq -\frac{D}{C}$，于是由式 (1) 得

$$T(r, g) \leqslant \overline{N}(r, \frac{1}{g}) + \overline{N}(r, \frac{1}{g + \frac{D}{C}}) + S(r, g) \leqslant \frac{2}{5} T(r, g) \quad (r \notin E)$$

矛盾.

情况 3 $A \neq 0, B = 0, C \neq 0, D = 0$，则 $f = \frac{A}{C}$，矛盾.

情况 4 $A \neq 0, B \neq 0$，同情况 2，得到矛盾.

情况 5 $A = 0, C \neq 0, D = 0$，则 $f \equiv \frac{B}{Cg}$，同情况 1，可证得 $f(z) \cdot g(z) \equiv 1$.

情况 6 $A = 0, C \neq 0, D \neq 0$，则 $f \equiv \frac{B}{Cg + D}$，同情况 2，得到矛盾.

情况 7 $A = 0, C = 0, D \neq 0$，则 $f \equiv \frac{B}{D}$，矛盾.

综上，可得 $f(z) \equiv g(z)$ 或者 $f(z) \cdot g(z) \equiv 1$.

§3 定理 2 的证明

令 $S = \{z \mid z^{11} - z^{10} - 1 = 0\}$，设对于任意两个非常数整函数 f 与 g 满足 $E_1(S, f) = E_1(S, g)$，则经过计算可得 $E_1(1, f^{11} - f^{10}) = E_1(1, g^{11} - g^{10})$.

因为

$$4\overline{N}(r,\frac{1}{f^{11}-f^{10}})+2\overline{N}_{(2}(r,\frac{1}{f^{11}-f^{10}})$$

$$\leqslant 4\overline{N}(r,\frac{1}{f})+4\overline{N}(r,\frac{1}{f-1})+2\overline{N}(r,\frac{1}{f})+2\overline{N}_{(2}(r,\frac{1}{f-1})$$

$$\leqslant 6\overline{N}(r,\frac{1}{f})+2\overline{N}(r,\frac{1}{f-1})+2N(r,\frac{1}{f-1})\leqslant 10T(r,f)+O(1)$$

$$T(r,f^{11}-f^{10})=11T(r,f)+O\{T(r,f)\}$$

所以

$$\varlimsup_{\substack{r\to\infty\\r\notin E}}\frac{4\overline{N}(r,\frac{1}{f^{11}-f^{10}})+2\overline{N}_{(2}(r,\frac{1}{f^{11}-f^{10}})}{T(r,f^{11}-f^{10})}<1$$

同理

$$\varlimsup_{\substack{r\to\infty\\r\notin E}}\frac{4\overline{N}(r,\frac{1}{g^{11}-g^{10}})+2\overline{N}_{(2}(r,\frac{1}{g^{11}-g^{10}})}{T(r,g^{11}-g^{10})}<1$$

于是,由引理知,$(f^{11}-f^{10})(g^{11}-g^{10})\equiv 1$ 或者 $f^{11}-f^{10}\equiv g^{11}-g^{10}$.

若$(f^{11}-f^{10})(g^{11}-g^{10})\equiv 1$,即 $f^{10}(f-1)g^{10}(g-1)\equiv 1$.因为 g 为整函数,则 $f\neq 0$,$f\neq 1$ 与 f 为非常数整函数矛盾.因此有 $f^{11}-f^{10}\equiv g^{11}-g^{10}$,即

$$f^{11}-g^{11}=f^{10}-g^{10} \tag{1}$$

由式(1)得

$$g\left[\left(\frac{f}{g}\right)^{11}-1\right]=\left(\frac{f}{g}\right)^{10}-1$$

若 $f\not\equiv g$,则

$$g=\frac{(H-v)(H-v^2)\cdots(H-v^9)}{(H-u)(H-u^2)\cdots(H-u^{10})} \tag{2}$$

其中 $H=\frac{f}{g}$,$u=\exp\left(\frac{2\pi\mathrm{i}}{11}\right)$,$v=\exp\left(\frac{2\pi\mathrm{i}}{5}\right)$.

因为 g 为整函数,故 $H\neq u,u^2,\cdots,u^{10}$.由奈望林纳第二基本定理即知,$H$ 为常数,从而 g 为常数,矛盾.

关于格罗斯问题的一个注记

南京师范大学的方明亮,南京航空航天大学的徐万松两位教授于 1997 年研究了亚纯函数的唯一性,得到了如下结果:设 $S=\{z:z^3-z^2-1=0\}$,$f(z)$ 与 $g(z)$ 是满足 $\Theta(\infty,f)>\dfrac{1}{2}$,$\Theta(\infty,g)>\dfrac{1}{2}$ 的两个非常数亚纯函数. 若 $E(0,f)=E(0,g)$,$E(S,f)=E(S,g)$,以及 $E(\infty,f)=E(\infty,g)$,则 $f(z)\equiv g(z)$. 这个结果彻底解决了格罗斯[1]于 1976 年提出的一个问题.

§1 引言及主要结果

在本节中,亚纯函数均指整个复平面上的亚纯函数. 设 $f(z)$ 是非常数亚纯函数,以下将使用值分布论的标准记号[2]

$$T(r,f),m(r,f),N(r,f),\overline{N}(r,f),\cdots$$

我们用 $S(r,f)$ 表示任一满足如下条件的函数

$$S(r,f)=o\{T(r,f)\}(r\to+\infty,r\notin E)$$

其中 E 是测度有穷的 r 值集. 设 S 是一个复数集合,令

$$E(S,f)=\bigcup_{a\in S}\{z\mid f(z)-a=0\}$$

其中 $f(z)-a$ 的 m 重零点在 $E(S,f)$ 中记 m 次. 若不计重数,则记为 $\overline{E}(S,f)$.

---

① GROSS F. Factorization of meromorphic functions and some open problems[A]. Complex Analysis Lecture Notes in Math. ,599,Berlin:Springer-Velag,1977,51-69.

② HAYMAN W K. Meromorphic functions[M]. Oxford:Clarendon Press,1964.

定理 A[1]　设 $a_j(j=1,2,3,4)$ 是 4 个互相判别的有穷复数，$f(z)$ 和 $g(z)$ 是两个非常数整函数，若 $\overline{E}(a_j,f)=\overline{E}(a_j,g)(j=1,2,3,4)$，则 $f(z)\equiv g(z)$.

定理 B[2]　设 $S_1=\{1\}$，$S_2=\{-1\}$，$S_3=\{a,b\}$，其中 a,b 满足 $a,b\neq 1$，$b\neq\dfrac{1}{a}$，$b\neq 1+\dfrac{4}{a-1}$. $f(z)$ 和 $g(z)$ 是两个非常数整函数，若 $E(S_j,f)=E(S_j,g)(j=1,2,3)$，则 $f(z)\equiv g(z)$.

问题 A[3]　是否存在两个有限集合 $S_j(j=1,2)$，使得对于任意两个非常数整函数 f 与 g，只要满足 $E(S_j,f)=E(S_j,g)(j=1,2)$，就有 $f(z)\equiv g(z)$？

仪洪勋[4]教授解决了上述问题，他证明了：

定理 C[5]　设 $S_1=\{c\}$，$S_2=\{a+b,a+bt,\cdots,a+bt^{n-1}\}$，其中 $n>4$，$t^n=1$，$c\neq a$，$(c-a)^{2n}\neq b^{2n}$，$f(z)$ 和 $g(z)$ 是两个非常数整函数，若 $E(S_j,f)=E(S_j,g)(j=1,2)$，则 $f(z)\equiv g(z)$.

格罗斯[6]指出，他和 S. Koot 已经研究过上述情形，在这种情形下，人们可以证明问题 A 的答案是否定的，他还进一步指出如果问题 A 的答案是肯定的，那么他想知道这两个集合究竟有多大.

本节较好地解决了这个问题，我们证明了：

定理 1　记 $S=\{z:z^3-z^2-1=0\}$，设 $f(z)$ 和 $g(z)$ 是满足 $\Theta(\infty,f)>\dfrac{1}{2}$，$\Theta(\infty,g)>\dfrac{1}{2}$ 的两个非常数亚纯函数，若 $E(0,f)=E(0,g)$，$E(S,f)=E(S,g)$，$E(\infty,f)=E(\infty,g)$，则 $f(z)\equiv g(z)$.

推论　记 $S=\{z:z^3-z^2-1=0\}$，设 $f(z)$ 和 $g(z)$ 是两个非常数的整函数，若 $E(0,f)=E(0,g)$，$E(S,f)=E(S,g)$，则 $f(z)\equiv g(z)$.

①　GROSS F. On the distribution of values of meromorphic functions[J]. Trans. Amer. Math. Soc. ,1968,131:199-214.

②　GROSS F. On the distribution of values of meromorphic functions[J]. Trans. Amer. Math. Soc. ,1968,131:199-214.

③　GROSS F. Factorization of meromorphic functions and some open problems[A]. Complex Analysis Lecture Notes in Math. ,599,Berlin:Springer-Velag,1977,51-69.

④　YI H X. Uniqueness of meromorphic functions and a question of Gross[J]. Science in China(Series A),1994,24(5):457-466.

⑤　YI H X. Uniqueness of meromorphic functions and a question of Gross[J]. Science in China(Series A),1994,24(5):457-466.

⑥　GROSS F. Factorization of meromorphic functions and some open problems[A]. Complex Analysis Lecture Notes in Math. ,599,Berlin:Springer-Velag,1977,51-69.

注 1 从以下三例可知,定理 1 中两个集合元素的个数是最佳的.

例 1 设 $S_1=\{0\},S_2=\{a,b\}$,其中 a,b 是两个不同的非零常数,取 $f(z)=\sqrt{a}\sqrt{b}\,\mathrm{e}^z,g(z)=\sqrt{a}\sqrt{b}\,\mathrm{e}^{-z}$,则显然有 $E(S_j,f)=E(S_j,g)(j=1,2)$,但是 $f(z)\not\equiv g(z)$.

例 2 设 $S_1=\{a_1,b_1\},S_2=\{a_2,b_2\}$,其中 a_1,b_1,a_2,b_2 是满足 $a_1+b_1\neq a_2+b_2$ 的 4 个判别的有穷复数,取 $f(z)=k\mathrm{e}^z+l,g(z)=k\mathrm{e}^{-z}+l$,其中 $l=\dfrac{a_2b_2-a_1b_1}{a_2+b_2-a_1-b_1},k=\sqrt{(a_1-l)(b_1-l)}$.不难证明 $E(S_j,f)=E(S_j,g)(j=1,2)$,但是 $f(z)\not\equiv g(z)$.

例 3 设 $S_1=\{a_1,b_1\},S_2=\{a_2,b_2\}$,其中 a_1,b_1,a_2,b_2 是满足 $a_1+b_1=a_2+b_2$ 的 4 个判别的有穷复数,取 $f(z)=\mathrm{e}^z+\dfrac{a_1+b_1}{2},g(z)=-\mathrm{e}^z+\dfrac{a_1+b_1}{2}$.显然,有 $E(S_j,f)=E(S_j,g)(j=1,2)$,但是 $f(z)\not\equiv g(z)$.

注 2 定理 1 中用 $\overline{E}(0,f)=\overline{E}(0,g)$ 替换 $E(0,f)=E(0,g)$,结论仍成立.

§2　几个引理

引理 1 设 $f(z)$ 和 $g(z)$ 是两个非常数的亚纯函数,满足 $E(1,f)=E(1,g),E(\infty,f)=E(\infty,g)$ 以及

$$\varlimsup_{\substack{r\to\infty\\r\in I}}\frac{\overline{N}(r,f)+\overline{N}(r,\tfrac{1}{f})+\overline{N}_{(2}(r,\tfrac{1}{f})}{T(r,f)}<\frac{1}{2} \tag{1}$$

$$\varlimsup_{\substack{r\to\infty\\r\in I}}\frac{\overline{N}(r,g)+\overline{N}(r,\tfrac{1}{g})+\overline{N}_{(2}(r,\tfrac{1}{g})}{T(r,g)}<\frac{1}{2} \tag{2}$$

其中 $\overline{N}_{(2}(r,\tfrac{1}{f})=\overline{N}(r,\tfrac{1}{f})-N_{1)}(r,\tfrac{1}{f})$,$N_{1)}(r,\tfrac{1}{f})$ 是 $f(z)$ 在 $\{z:|z|\leqslant r\}$ 内单重零点的密指量,I 是一个无穷测度的 r 值集,则或者 $f\equiv g$ 或者 $f\cdot g\equiv 1$.

证明 令

$$\psi=\frac{f''}{f'}-2\frac{f'}{f-1}-\frac{g''}{g'}+2\frac{g'}{g-1} \tag{3}$$

设 z_0 是 $f(z)-1$ 和 $g(z)-1$ 的公共单重零点,则由 $E(1,f)=E(1,g)$ 且经过简单的计算可得 $\psi(z_0)=0$.

我们先证明 $\psi(z)\equiv 0$.假如 $\psi(z)\not\equiv 0$,则有

$$N_{1)}\left(r,\frac{1}{f-1}\right)=N_{1)}\left(r,\frac{1}{g-1}\right)\leqslant N\left(r,\frac{1}{\psi}\right)$$

$$\leqslant T(r,\psi)+O(1)$$

$$\leqslant N(r,\psi)+S(r,f)+S(r,g) \tag{4}$$

其中 $N_{1)}\left(r,\dfrac{1}{f-1}\right)$ 为 $f(z)-1$ 在 $\{z:|z|\leqslant r\}$ 内单重零点的密指量.

设 $z_0\in E(1,f)$, 由 $E(1,f)=E(1,g)$ 及式 (3), 经过简单的计算可得 $\psi(z_0)\neq\infty$.

同样, 若 $z_0\in E(\infty,f)$, 则 $\psi(z_0)\neq\infty$. 因此, 由式 (3) 知, ψ 的极点只能在 f' 及 g' 的零点取到.

由式 (3)(4) 得

$$N_{1)}\left(r,\frac{1}{f-1}\right)\leqslant N_0\left(r,\frac{1}{f'}\right)+N_0\left(r,\frac{1}{g'}\right)+\overline{N}_{(2}\left(r,\frac{1}{f}\right)+$$

$$\overline{N}_{(2}\left(r,\frac{1}{g}\right)+S(r,f)+S(r,g) \tag{5}$$

其中 $N_0\left(r,\dfrac{1}{f'}\right)$ 为 f' 的零点但不是 $f(f-1)$ 的零点的密指量.

由奈望林纳第二基本定理得

$$T(r,f)\leqslant\overline{N}(r,f)+\overline{N}\left(r,\frac{1}{f}\right)+\overline{N}\left(r,\frac{1}{f-1}\right)-N_0\left(r,\frac{1}{f'}\right)+S(r,f) \tag{6}$$

$$T(r,g)\leqslant\overline{N}(r,g)+\overline{N}\left(r,\frac{1}{g}\right)+\overline{N}\left(r,\frac{1}{g-1}\right)-N_0\left(r,\frac{1}{g'}\right)+S(r,g) \tag{7}$$

由 $E(1,f)=E(1,g)$ 得

$$\overline{N}\left(r,\frac{1}{f-1}\right)+\overline{N}\left(r,\frac{1}{g-1}\right)=2\overline{N}\left(r,\frac{1}{f-1}\right)\leqslant N_{1)}\left(r,\frac{1}{f-1}\right)+N\left(r,\frac{1}{f-1}\right) \tag{8}$$

由式 (5) ~ (8) 得

$$T(r,f)+T(r,g)\leqslant\overline{N}\left(r,\frac{1}{f}\right)+\overline{N}_{(2}\left(r,\frac{1}{f}\right)+\overline{N}(r,f)+\overline{N}\left(r,\frac{1}{g}\right)+$$

$$\overline{N}_{(2}\left(r,\frac{1}{g}\right)+\overline{N}(r,g)+N\left(r,\frac{1}{f-1}\right)+$$

$$S(r,f)+S(r,g) \tag{9}$$

显然由 $E(1,f)=E(1,g)$ 可得

$$N\left(r,\frac{1}{f-1}\right)=\frac{1}{2}\left[N\left(r,\frac{1}{f-1}\right)+N\left(r,\frac{1}{g-1}\right)\right]\leqslant\frac{1}{2}\left[T(r,f)+T(r,g)\right]+O(1) \tag{10}$$

由式(9)和(10)可得

$$T(r,f) + T(r,g) \leqslant 2\overline{N}(r,\frac{1}{f}) + 2\overline{N}_{(2}(r,\frac{1}{f}) + 2\overline{N}(r,f) + 2\overline{N}(r,\frac{1}{g}) +$$

$$2\overline{N}_{(2}(r,\frac{1}{g}) + 2\overline{N}(r,g) +$$

$$o\{T(r,f) + T(r,g)\}(r \notin E) \tag{11}$$

其中 E 是一个有穷测度的 r 值集. 本节中不同地方出现的 E 可以不同.

由式(1)(2)知,存在 $\delta > 0$,使得对于充分大的 $r \in I \backslash E$,有

$$2\overline{N}(r,f) + 2\overline{N}(r,\frac{1}{f}) + 2\overline{N}_{(2}(r,\frac{1}{f}) \leqslant (1-\delta)T(r,f) \tag{12}$$

$$2\overline{N}(r,g) + 2\overline{N}(r,\frac{1}{g}) + 2\overline{N}_{(2}(r,\frac{1}{g}) \leqslant (1-\delta)T(r,g) \tag{13}$$

故由式(11) ~ (13) 可得

$$T(r,f) + T(r,g) \leqslant o\{T(r,f) + T(r,g)\}(r \in I, r \notin E) \tag{14}$$

矛盾. 于是得到 $\psi(z) \equiv 0$.

由式(3) 不难得到

$$f \equiv \frac{Ag + B}{Cg + D} \tag{15}$$

其中 A,B,C,D 是满足 $AD - BC \neq 0$ 的有穷复数.

下面分 3 种情形进行讨论.

情形 1 $AC \neq 0$. 由式(15) 得 $\overline{N}(r,\dfrac{1}{f - \frac{A}{C}}) = \overline{N}(r,g)$.

由奈望林纳第二基本定理及 $E(\infty,f) = E(\infty,g)$,得

$$T(r,f) \leqslant \overline{N}(r,f) + \overline{N}(r,\frac{1}{f - \frac{A}{C}}) + \overline{N}(r,\frac{1}{f}) + S(r,f)$$

$$\leqslant \overline{N}(r,\frac{1}{f}) + 2\overline{N}(r,f) + S(r,f) \tag{16}$$

此式与式(1) 矛盾.

情形 2 $A \neq 0, C = 0$,则 $f = \dfrac{Ag + B}{D}$.

下面再分 2 种情形进行讨论.

①$B \neq 0$.由奈望林纳第二基本定理得

$$T(r,f) \leqslant \overline{N}(r,f) + \overline{N}(r,\frac{1}{f}) + \overline{N}(r,\frac{1}{f - \frac{B}{D}}) + S(r,f)$$

$$= \overline{N}(r, \frac{1}{f}) + \overline{N}(r, \frac{1}{g}) + \overline{N}(r, f) + S(r, f)(r \notin E) \qquad (17)$$

从引理 1 的条件可得,存在 $\delta > 0$,使得对于充分大的 $r \in I, r \notin E$,有

$$2\overline{N}(r, f) + 2\overline{N}(r, \frac{1}{f}) \leqslant (1-\delta)T(r, f)$$

$$2\overline{N}(r, g) + 2\overline{N}(r, \frac{1}{g}) \leqslant (1-\delta)T(r, g)$$

因而将上述两式结合 $T(r, f) = T(r, g) + O(1)$ 得

$$\overline{N}(r, f) + \overline{N}(r, \frac{1}{f}) + \overline{N}(r, \frac{1}{g}) \leqslant (1-\delta)T(r, f) + O(1)(r \in I, r \notin E)$$

此式与式(17)矛盾.

②$B = 0$. 则 $f \equiv \frac{A}{D}g$,由 $E(1, f) = E(1, g)$ 及式(1) 得,存在 z_0 使得

$f(z_0) = g(z_0) = 1$,于是有 $\frac{A}{D} = 1$,即 $f(z) \equiv g(z)$.

情形 3　$A = 0, C \neq 0$. 则 $f \equiv \dfrac{B}{Cg + D}$.

同情形 2 一样可以证得 $D = 0, \dfrac{B}{C} = 1$,即 $f(z) \cdot g(z) \equiv 1$.

综上所述,或者 $f \equiv g$,或者 $f \cdot g \equiv 1$. 引理 1 得证.

引理 2[①]　设 $a_1, a_2, \cdots, a_n$ 是有穷复数,$a_n \neq 0, f(z)$ 是非常数亚纯函数,则

$$T(r, a_n f^n + \cdots + a_2 f^2 + a_1 f) = nT(r, f) + S(r, f)$$

§3　定理 1 的证明

我们先来证明 $f^3 - f^2 \equiv g^3 - g^2$.

下面分 2 种情形进行讨论.

情形 1　$E(0, f) = E(0, g) \neq \phi$. 令

$$\psi = \frac{(f^3 - f^2 - 1)'}{f^3 - f^2 - 1} - \frac{(g^3 - g^2 - 1)'}{g^3 - g^2 - 1} \qquad (1)$$

以下我们再分 2 种情形.

---

①　GROSS F. On the distribution of values of meromorphic functions[J]. Trans. Amer. Math. Soc. ,1968,131:199-214.

①$\psi(z) \equiv 0$. 解 $\psi(z) \equiv 0$,得 $f^3 - f^2 - 1 \equiv c(g^3 - g^2 - 1)$,其中 c 为非零常数. 由 $E(0,f) = E(0,g) \neq \phi$ 易得 $c = 1$. 于是,$f^3 - f^2 \equiv g^3 - g^2$.

②$\psi(z) \not\equiv 0$. 由式(1),$E(0,f) = E(0,g) \neq \phi$,$E(S,f) = E(S,g)$ 以及 $E(\infty,f) = E(\infty,g)$,得

$$N(r, \frac{1}{f}) = N(r, \frac{1}{g}) \leqslant N(r, \frac{1}{\psi}) \leqslant T(r,\psi) + O(1)$$
$$\leqslant N(r,\psi) + S(r,f) \leqslant S(r,f)$$

于是

$$\overline{N}(r, \frac{1}{f^3 - f^2}) = \overline{N}(r, \frac{1}{f}) + \overline{N}(r, \frac{1}{f-1}) \leqslant \overline{N}(r, \frac{1}{f-1}) + S(r,f) \quad (2)$$

$$\overline{N}_{(2}(r, \frac{1}{f^3 - f^2}) \leqslant \overline{N}(r, \frac{1}{f}) + \overline{N}_{(2}(r, \frac{1}{f-1}) \leqslant \overline{N}_{(2}(r, \frac{1}{f-1}) + S(r,f)$$
$$(3)$$

故由式(2)和(3)可得

$$\overline{N}(r, f^3 - f^2) + \overline{N}(r, \frac{1}{f^3 - f^2}) + \overline{N}_{(2}(r, \frac{1}{f^3 - f^2})$$
$$\leqslant \overline{N}(r,f) + N(r, \frac{1}{f-1}) + S(r,f)$$
$$\leqslant \overline{N}(r,f) + T(r,f) + S(r,f) \quad (4)$$

由引理 2 得

$$T(r, f^3 - f^2) = 3T(r,f) + S(r,f) \quad (5)$$

因而由 $\Theta(\infty,f) > \frac{1}{2}$ 及式(4)(5)可得

$$\varlimsup_{\substack{r \to \infty \\ r \in I}} \frac{\overline{N}(r, f^3 - f^2) + \overline{N}(r, \frac{1}{f^3 - f^2}) + \overline{N}_{(2}(r, \frac{1}{f^3 - f^2})}{T(r, f^3 - f^2)} < \frac{1}{2} \quad (6)$$

同理可得

$$\varlimsup_{\substack{r \to \infty \\ r \in I}} \frac{\overline{N}(r, g^3 - g^2) + \overline{N}(r, \frac{1}{g^3 - g^2}) + \overline{N}_{(2}(r, \frac{1}{g^3 - g^2})}{T(r, g^3 - g^2)} < \frac{1}{2} \quad (7)$$

令 $S = \{z: z^3 - z^2 = 1\}$,$F = f^3 - f^2$,$G = g^3 - g^2$,由于 $E(S,f) = E(S,g)$,经过简单的计算可得 $E(1,F) = E(1,G)$. 因此,由引理 1 得,或者 $F \equiv G$,或者 $F \cdot G \equiv 1$.

若 $F \cdot G = (f^3 - f^2)(g^3 - g^2) \equiv 1$,则 $\overline{N}(r, \frac{1}{f}) + \overline{N}(r, \frac{1}{f-1}) \leqslant \overline{N}(r,g)$.

由奈望林纳第二基本定理及 $E(\infty,f) = E(\infty,g)$,得

$$T(r,f) \leqslant \overline{N}(r,\frac{1}{f}) + \overline{N}(r,\frac{1}{f-1}) + \overline{N}(r,f) + S(r,f) \leqslant 2\overline{N}(r,f) + S(r,f)$$

此式与 $\Theta(\infty, f) > \dfrac{1}{2}$ 矛盾. 所以有 $F(z) \equiv G(z)$, 即 $f^3 - f^2 \equiv g^3 - g^2$.

情形 2　$E(0, f) = E(0, g) = \phi$. 则

$$\overline{N}(r, f^3 - f^2) + \overline{N}(r, \frac{1}{f^3 - f^2}) + \overline{N}_{(2}(r, \frac{1}{f^3 - f^2})$$

$$\leqslant \overline{N}(r, f) + \overline{N}(r, \frac{1}{f-1}) + \overline{N}_{(2}(r, \frac{1}{f-1}) + S(r, f)$$

$$\leqslant \overline{N}(r, f) + N(r, \frac{1}{f-1}) + S(r, f)$$

$$\leqslant \overline{N}(r, f) + T(r, f) + S(r, f)$$

于是可得式(6)及(7). 同情形(ii)类似讨论可以得到 $f^3 - f^2 \equiv g^3 - g^2$. 现在我们来证明 $f(z) \equiv g(x)$. 假如 $f(z) \not\equiv g(z)$, 则由 $f^3 - f^2 \equiv g^3 - g^2$, 可得

$$f^2 + fg + g^2 \equiv f + g$$

因此由 $E(0, f) = E(0, g)$ 及 $f^2 + fg + g^2 \equiv f + g$, 可得

$$E(1, f) = E(1, g) = \phi$$

不难看出 $1 - f$ 与 $1 - g$ 满足引理 1 的条件, 于是

$$(1 - f)(1 - g) \equiv 1$$

将此式与 $f^3 - f^2 \equiv g^3 - g^2$ 相结合, 可得 $f(z)$ 是常数函数, 矛盾. 故 $f(z) \equiv g(z)$. 定理 1 得证.

涉及重值的亚纯函数的唯一性象集的注记

成都理工大学信息管理学院的李进东,西华师范大学数学与信息学院的谢莉两位教授于 2005 年应用值分布理论,在涉及重值的情况下研究了亚纯函数唯一性理论中格罗斯提出的一个问题,改进并推广了已知结果.

第 13 章

§1 引 言

用 $H(C)(M(C))$ 表示开平面 **C** 上的非常数全纯(亚纯)函数族. S 是一个复数集,令 $E(S,f)=\bigcup\limits_{a\in S}\{z\mid f(z)-a=0\}$,其中 $f(z)-a$ 的 m 重零点在 $E(S,f)$ 中计 m 次,若不计重数,则记为 $\overline{E}(S,f)$. 设 k 为正整数,以 $E_{k)}(a,f)$ 表示 $f(z)-a$ 的重级不超过 k 的零点的集合且 $m(m\leqslant k)$ 重零点在 $E_{k)}(a,f)$ 中计 m 次. 令 $E_{k)}(S,f)=\bigcup\limits_{a\in S}E_{k)}(a,f)$. 若集合 S 使得对任意两个非常数的整函数 f 与 g 只要满足 $E(S,f)=E(S,g)$,必有 $f\equiv g$,则称集合 S 为整函数的唯一性象集. 类似地可以定义亚纯函数的唯一性象集. 设 h 是一个非常数的亚纯函数,用 $N_{1)}(r,h)$ 表示 h 的单极点的计数函数,用 $N_{(2}(r,h)$ 表示 h 的重级大于或等于 2 的极点的计数函数,每个极点仅计一次. 定义 $N_2(r,h)=\overline{N}(r,h)+\overline{N}_{(2}(r,h)$. 1976 年,格罗斯[①]提出问题 A:能否找到两

---

① GROSS F. Factorization of meromorphic functions and some open problems[A]. Complex Analysis Lecture Notes in Math. ,599,Berlin:Springer-Velag,1977,51-69.

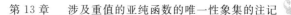

个(甚至一个)有限集合 $S_j(j=1,2)$,使得对任意两个非常数的整函数 f 与 g,只要满足 $E(S_j,f)=E(S_j,g)(j=1,2)$,必有 $f\equiv g$? 1994 年,仪洪勋教授[①②]中完全解决了问题 A,得到了:

定理 1[③④]　存在一个包含 7 个互不相同的元素的集合,对于任意的函数 $f,g\in H(C)$,只要 $E(S,f)=E(S,g)$,则 $f\equiv g$.

后来,仪洪勋教授进一步得到:设
$$S=\{\omega\in\mathbf{C}\mid P(\omega)=a\omega^n-n(n-1)\omega^2+2n(n-2)b\omega-(n-1)(n-2)b^2=0\}$$
其中 a,b 为两个非零复数,满足 $ab^{n-2}\neq 2$,则:

定理 2[⑤]　对于任意的函数 $f,g\in H(C)$,$n\geqslant 9$,只要 $E_{1)}(S,f)=E_{1)}(S,g)$,则 $f\equiv g$.

定理 3[⑥]　对于任意的函数 $f,g\in M(C)$,$n\geqslant 15$,只要 $E_{1)}(S,f)=E_{1)}(S,g)$,则 $f\equiv g$.

2003 年,李进东和谢莉两位教授推广并改进了问题 A,得到了:

定理 4[⑦]　设 $S=\{\omega\in\mathbf{C}\mid P(\omega)=a\omega^7-42\omega^2+70b\omega-30b^2=0\}$,其中 a,b 为不等于零的常数,$ab^5\neq 2$,$f,g\in M(C)$,$E_{k)}(S,f)=E_{k)}(S,g)$,则当以下情形之一满足时,必有 $f\equiv g$.

(i)$k\geqslant 3$,$\Theta(\infty,f)>\dfrac{3}{4}$,$\Theta(\infty,g)>\dfrac{3}{4}$.

(ii)$k=2$,$\Theta(\infty,f)>\dfrac{8}{9}$,$\Theta(\infty,g)>\dfrac{8}{9}$.

①　仪洪勋. 亚纯函数的唯一性和格罗斯的一个问题[J]. 中国科学,1994,24(5):457-466.

②　仪洪勋. 关于格罗斯的一个问题[J]. 中国科学,1994,24(11):1137-1146.

③　仪洪勋. 亚纯函数的唯一性和格罗斯的一个问题[J]. 中国科学,1994,24(5):457-466.

④　仪洪勋. 关于格罗斯的一个问题[J]. 中国科学,1994,24(11):1137-1146.

⑤　仪洪勋. 亚纯函数的唯一性定理(Ⅱ)[J]. 山东大学学报,1999,34(3):241-248.

⑥　仪洪勋. 亚纯函数的唯一性定理(Ⅱ)[J]. 山东大学学报,1999,34(3):241-248.

⑦　李进东. 涉及重值的亚纯函数的唯一性象集[J]. 重庆大学学报,2003,26(4):73-76.

§2 主要引理

引理 1 设 $F,G \in M(C)$，$E_{k)}(1,F) = E_{k)}(1,G)$，并记 $H = \dfrac{E''}{F'} - \dfrac{2F'}{F-1} - \left(\dfrac{G''}{G'} - \dfrac{2G'}{G-1}\right)$．若 H 不恒等于零，则

$$N_{1)}\left(r, \frac{1}{F-1}\right) = N_{1)}\left(r, \frac{1}{G-1}\right) \leqslant N(r,H) + S(r,F) + S(r,G)$$

证明 设 z_0 为 $F-1$ 的单重零点，由 $E_{k)}(1,F) = E_{k)}(1,G)$，我们有 $E_{1)}(1, F) = E_{1)}(1,G)$．经计算得 $H(z_0) = 0$，故

$$N_{1)}\left(r, \frac{1}{F-1}\right) \leqslant N\left(r, \frac{1}{H}\right) \leqslant T(r,H) + O(1) \leqslant N(r,H) + S(r,F) + S(r,G)$$

证毕．

引理 2[①] 设 $f \in M(C)$，若 z_0 是亚纯函数 f 的单极点，则 $\dfrac{f''}{f'} - 2\dfrac{f'}{f-1}$ 在 z_0 正则．

引理 3[②] 设 $f \in M(C)$，n 为正整数．则

$$N\left(r, \frac{1}{f^{(n)}}\right) \leqslant N\left(r, \frac{1}{f}\right) + n\overline{N}(r,f) + S(r,f)$$

引理 4[③] 设 $F,G \in M(C)$，H 如引理 1 所表示，且 $H = 0$，则 $T(r,G) = T(r,F) + O(1)$．如果再设

$$\lim_{\substack{r \to \infty \\ r \in I}} \sup \frac{\overline{N}(r,F) + \overline{N}(r,1/G) + \overline{N}(r,G) + \overline{N}(r,1/F)}{T(r,F)} < 1$$

则 $F \equiv G$ 或 $F \cdot G \equiv 1$．

§3 主要定理及其证明

在本章中，作为定理 2 和定理 3 的推广，相应于定理 4 中 $k=1$ 的情形，我们

---

① 仪洪勋．亚纯函数的唯一性定理（Ⅱ）[J]．山东大学学报，1999,34(3):241-248.

② 仪洪勋,杨重骏．亚纯函数唯一性理论[M]．北京:科学出版社,1995.

③ YI H X. Meromorphic function that share one or two values[J]. Compiex Variables,1995,28:1-11.

证明了：

定理 5　对于任意的函数 $f,g \in M(C), n \geqslant 9$，只要 $E_{1)}(S,f) = E_{1)}(S,g)$，

$\Theta(\infty,f) > \dfrac{5}{6}, \Theta(\infty,g) > \dfrac{5}{6}$，则 $f \equiv g$.

证明　令 $R(\omega) = \dfrac{a\omega^n}{n(n-1)(\omega-\alpha_1)(\omega-\alpha_2)}$，其中 α_1, α_2 是方程 $n(n-1)\omega^2 -$

$2n(n-2)b\omega + (n-1)(n-2)b^2 = 0$ 的两个互相判别的根. 又令 $F = R(f), G =$

$R(g)$，则 $T(r,F) = nT(r,f) + S(r,f), T(r,G) = nT(r,g) + S(r,g)$，且

$$F - 1 = \frac{P(f)}{n(n-1)(f-\alpha_1)(f-\alpha_2)}$$

$$G - 1 = \frac{P(g)}{n(n-1)(g-\alpha_1)(g-\alpha_2)}$$

$$F' = \frac{(n-2)af^{n-1}(f-b)^2 f'}{n(n-1)(f-\alpha_1)^2(f-\alpha_2)^2}$$

$$G' = \frac{(n-2)ag^{n-1}(g-b)^2 g'}{n(n-1)(g-\alpha_1)^2(g-\alpha_2)^2}$$

$P(f)$ 如定理 2 所示. 因为 $E_{1)}(S,f) = E_{1)}(S,g)$，所以 $E_{1)}(1,F) = E_{1)}(1,G)$.

若 H 不恒等于零，则

$$N_{1)}\left(r,\frac{1}{F-1}\right) = N_{1)}\left(r,\frac{1}{G-1}\right) \leqslant N(r,H) + S(r,F) + S(r,G) \tag{1}$$

注意到 $E_{1)}(1,F) = E_{1)}(1,G), f-\alpha_1, f-\alpha_2$ 的单零点是 F 的单极点，$f-\alpha_1$，

$f-\alpha_2$ 的重零点是 f' 的零点，$g-\alpha_1, g-\alpha_2$ 的单零点是 G 的单极点，$g-\alpha_1$，

$g-\alpha_2$ 的重零点是 g' 的零点及引理 2 和以上诸式，我们有

$$N(r,H) \leqslant \overline{N}_{(2}\left(r,\frac{1}{F-1}\right) + \overline{N}_{(2}\left(r,\frac{1}{G-1}\right) + \overline{N}\left(r,\frac{1}{f}\right) +$$

$$\overline{N}\left(r,\frac{1}{f-b}\right) + \overline{N}(r,f) + N_0\left(r,\frac{1}{f'}\right) +$$

$$\overline{N}\left(r,\frac{1}{g}\right) + \overline{N}\left(r,\frac{1}{g-b}\right) + N_0\left(r,\frac{1}{g'}\right) + \overline{N}(r,g) \tag{2}$$

这里 $N_0\left(r,\dfrac{1}{f'}\right)$ 表示 f' 的零点，但不是 $f(f-b)$ 与 $F-1$ 的零点的密指量，

$N_0\left(r,\dfrac{1}{g}\right)$ 类似定义. 根据奈望林纳第二基本定理，我们有

$$(n+1)T(r,f) + (n+1)T(r,g)$$

$$\leqslant \overline{N}\left(r,\frac{1}{F-1}\right) + \overline{N}\left(r,\frac{1}{f}\right) + \overline{N}\left(r,\frac{1}{f-b}\right) + \overline{N}(r,f) -$$

$$N_0(r,\frac{1}{f'})+\overline{N}(r,\frac{1}{G-1})+\overline{N}(r,\frac{1}{g})+\overline{N}(r,\frac{1}{g-b})+$$

$$\overline{N}(r,g)-N_0(r,\frac{1}{g})+S(r,f)+S(r,g) \tag{3}$$

设 $\omega_1,\omega_2,\cdots,\omega_n$ 是 $P(\omega)=0$ 的 n 个判别根,注意到

$$F-1=\frac{P(f)}{n(n-1)(f-\alpha_1)(f-\alpha_2)}$$

由引理 3,我们有

$$\overline{N}_{(2}(r,\frac{1}{F-1})=\overline{N}_{(2)}(r,P(f))=\sum_{j=1}^{n}\overline{N}_{(2}(r,\frac{1}{f-\omega_j})\leqslant N(r,\frac{1}{f'})$$

$$\leqslant N(r,\frac{1}{f})+\overline{N}(r,f)+S(r,f) \tag{4}$$

同理,有

$$\overline{N}_{(2}(r,\frac{1}{G-1})\leqslant N(r,\frac{1}{g})+\overline{N}(r,g)+S(r,g) \tag{5}$$

另外,我们有

$$\overline{N}(r,\frac{1}{F-1})-\frac{1}{2}N_{1)}(r,\frac{1}{F-1})\leqslant\frac{1}{2}N(r,\frac{1}{F-1}) \tag{6}$$

$$\overline{N}(r,\frac{1}{G-1})-\frac{1}{2}N_{1)}(r,\frac{1}{G-1})\leqslant\frac{1}{2}N(r,\frac{1}{G-1}) \tag{7}$$

由式(1)～(7)得

$$(\frac{n}{2}-4)T(r,f)+(\frac{n}{2}-4)T(r,g)$$

$$\leqslant 3\overline{N}(r,f)+3\overline{N}(r,g)+S(r,f)+S(r,g) \tag{8}$$

又 $\Theta(\infty,f)>\frac{5}{6},\Theta(\infty,g)>\frac{5}{6}$,所以存在 $\delta>0$,使得当 r 充分大时

$$\overline{N}(r,f)\leqslant(\frac{1}{6}-\delta)T(r,f),\overline{N}(r,g)\leqslant(\frac{1}{6}-\delta)T(r,g) \tag{9}$$

注意到 $n\geqslant 9$,由式(8)(9)可得 $T(r,f)+T(r,g)\leqslant S(r,f)+S(r,g)$,矛盾,故 $H\equiv 0$.从而 $T(r,G)=T(r,F)+O(1)$,以及

$$\overline{N}(r,F)+\overline{N}(r,\frac{1}{F})=\overline{N}(r,f)+\overline{N}(r,\frac{1}{f-\alpha_1})+\overline{N}(r,\frac{1}{f-\alpha_2})+N(r,\frac{1}{f})$$

$$\leqslant\frac{19}{6n}T(r,F)$$

同理 $\overline{N}(r,G)+\overline{N}(r,\frac{1}{G})\leqslant\frac{19}{6n}T(r,G)$.由以上两式,结合引理 4 可得 $F\equiv G$ 或者 $F\cdot G\equiv 1$.下面我们分 2 种情形进行讨论.

情形 1 $F \cdot G \equiv 1$, 则 $\dfrac{f^n}{(f-\alpha_1)(f-\alpha_2)} \cdot \dfrac{g^n}{(g-\alpha_1)(g-\alpha_2)} = \dfrac{n^2(n-1)^2}{a^2}$.

由此可知, f 的极点重数至少为 2, $f-\alpha_j(j=1,2)$ 的零点重级至少为 n, 由奈望林纳第二基本定理, 有

$$T(r,f) \leqslant \overline{N}(r,f) + \overline{N}(r, \frac{1}{f-\alpha_1}) + \overline{N}(r, \frac{1}{f-\alpha_2}) + S(r,f)$$

$$\leqslant \frac{1}{2}T(r,f) + \frac{2}{n}T(r,f) + S(r,f)$$

这与 $n \geqslant 9$ 矛盾.

情形 2 $F \equiv G$, 则

$$n(n-1)f^2 g^2 (f^{n-2} - g^{n-2}) - 2n(n-2)bfg(f^{n-1} - g^{n-1}) +$$
$$(n-1)(n-2)b^2(f^n - g^n) = 0$$

令 $h = \dfrac{f}{g}$, 把 $f = hg$ 代入上式, 得到

$$n(n-1)h^2(h^{n-2} - 1)g^2 - 2n(n-2)bh(h^{n-1} - 1)g +$$
$$(n-1)(n-2)b^2(h^n - 1) = 0 \tag{10}$$

假设 h 不是常数, 由式(10) 可得

$$[n(n-1)h(h^{n-2} - 1)g - n(n-2)b(h^{n-1} - 1)]^2 = -n(n-2)b^2 Q(h) \tag{11}$$

其中 $Q(h) = (n-1)^2(h^n - 1)(h^{n-2} - 1) - n(n-2)(h^{n-1} - 1)^2$. 根据文章 *A unique range set for meromorphic functions with 11 element*[①] 中的引理, 我们知道

$$Q(h) = (h-1)^4 \prod_{j=1}^{2n-6} (h - \beta_j) \tag{12}$$

这里 $\beta_j \in \mathbf{C} \backslash \{0,1\}(j=1,2,\cdots,2n-6)$, 并且互为判别. 由式(11)(12) 知, $h-\beta_j$ 的零点重级至少为 2. 根据奈望林纳第二基本定理, 有

$$(2n-8)T(r,h) \leqslant \sum_{j=1}^{2n-6} \overline{N}(r, \frac{1}{h-\beta_j}) + S(r,h)$$

$$\leqslant \frac{1}{2} \sum_{j=1}^{2n-6} N(r, \frac{1}{h-\beta_j}) + S(r,h)$$

$$\leqslant (n-3)T(r,h) + S(r,h)$$

---

① FRANK G, REINDERS M. A unique range set for meromorphic functions with 11 element[J]. Compiex Variables, 1998, 37: 185-193.

这与 $n \geqslant 9$ 矛盾. 所以 h 是常数. 由式(10)得 $h^n - 1 = 0, h^{n-1} - 1 = 0$. 所以 $h = 1$, 故 $f \equiv g$. 证毕.

二阶线性差分方程亚纯解的唯一性

广东第二师范学院数学学院的张然然,华南师范大学数学科学学院的黄志波,仲恺农业工程学院数学与数据科学学院的陈创鑫三位教授于2023年考虑了二阶线性差分方程 $p_2(z) \cdot y(z+2) + p_1(z)y(z+1) + p_0(z)y(z) = 0$ 的亚纯解 $f(z)$ 的唯一性,其中 $p_2(z), p_1(z), p_0(z)$ 是非零多项式,且满足 $p_2(z) + p_1(z) + p_0(z) \not\equiv 0$. 在 $f(z)$ 与任一亚纯函数 $g(z)$CM 分担 0, 1, ∞ 的假设下,给出了 $f(z)$ 的具体形式. 如果 $g(z)$ 也是方程的解,那么就得到了该方程的精确形式. 作为推论,如果亚纯函数 $g(z)$ 与 gamma 函数 $\Gamma(z)$CM 分担 $0, 1, \infty$,则 $g(z) \equiv \Gamma(z)$.

§1 引 言

复常微分方程的解是复的解析函数,故人们用复变函数的一般理论直接从方程本身出发研究解的性质. 亚纯函数的唯一性理论主要研究只存在一个函数的条件. 1989 年,Brosch 从唯一性的角度研究了复微分方程的解,并在他的博士论文中证明了以下定理.

定理 1① 假设 $f(z)$ 和 $g(z)$ 为非常数亚纯函数,CM 分担 3 个不同的值 $c_j (j = 1, 2, 3)$,且 f 满足微分方程

---

① BROSCH G. Eindeutigkeitssätze für meromorphe Funktionen[M]. Thesis, Technical University of Aachen, 1989.

$$(f')^n = \sum_{j=0}^{2n} \alpha_j f^j = P(z, f)$$

其中 n 是一个正整数，$\alpha_j (j = 0, 1, \cdots, 2n)$ 是亚纯函数且满足

$$\sum_{j=0}^{2n} T(r, \alpha_j) = S(r, f)(a_{2n} \not\equiv 0)$$

如果 $P(z, c_j) \not\equiv 0 (j = 1, 2, 3)$，那么 $f(z) \equiv g(z)$.

奈望林纳五值定理是：如果亚纯函数 $f(z)$ 和 $g(z)$ 在 **C** 中 IM 分担 5 个不同的值，则 $f(z) \equiv g(z)$. 类似地，奈望林纳四值定理是说：如果 $f(z)$ 和 $g(z)$ 在 **C** 中 CM 分担 4 个不同的值，那么 $f(z) \equiv g(z)$ 或 $f(z)$ 是 $g(z)$ 的 Möbius 变换. Gundersen[1]，Mues[2] 和 Wang[3] 分别独立地将"4CM"推广到"2CM + 2IM". 但"1CM + 3IM = 4CM"是否成立仍然悬而未决. 对于特殊的超越亚纯函数，可以从定理 1 得出以下结果（文章 *Le thérème de Picard-Borel et la théorie des fonctions méromorphes*[4]，第 307 页），这部分说明了研究微分方程解的唯一性的意义.

定理 2[5]   假设 $f(z)$ 为非常数亚纯函数，$c_j (j = 1, 2, 3)$ 为 3 个不同的复常数且满足 $c_j \neq \pm i (j = 1, 2, 3)$. 如果 $f(z)$ 和 $\tan z$ CM 分担 $c_j (j = 1, 2, 3)$，那么 $f(z) \equiv \tan z$.

最近，复差分和差分方程受到了很多关注. 线性差分方程是一类重要的方程. 一些特殊函数，如 gamma 函数，满足线性差分方程，并且一些重要的差分方程，如 Riccati 差分方程，可以转化为线性差分方程. 许多作者研究了线性差

① GUNDERSEN G. Meromorphic functions that share four values[J]. Trans. Amer. Math. Soc. ，1983，277(2)：545-567.

② MUES E. Meromorphic functions sharing four values[J]. Complex Variables，1989，12(1-4)：167-179.

③ WANG S P. On meromorphic functions that share four values[J]. J. Math. Anal. Appl. ，1993，173(2)：359-369.

④ NEVANLINNA R. Le thérème de Picard-Borel et la théorie des fonctions méromorphes[M]. Paris，Gauthier-Villars，1929.

⑤ YANG C C，YI H X. Uniqueness theory of meromorphic functions[M]. Kluwer Academic Publishers Group，Dordrecht，2003.

分方程,如 Chen[1],Chiang 和 Feng[2],Ishizaki 和 Yanagihara[3]. 他们主要讨论了线性差分方程的解的增长性、极点和值分布. Halburd 和 Korhonen[4] 研究了二阶差分方程

$$w(z+1)+w(z-1)=R(z,w(z))$$

的可积性,其中 $R(z,w(z))$ 是关于 $w(z)$ 的有理函数,系数为亚纯函数. 他们得到了这个方程的退化形式,其中包括二阶线性差分方程.

本章从唯一性的角度研究二阶线性差分方程

$$p_2(z)y(z+2)+p_1(z)y(z+1)+p_0(z)y(z)=0 \tag{1}$$

的解. §2 研究式(1)的一个解与任一亚纯函数 CM 分担 3 个值的情形,给出了解的具体形式. §3 讨论式(1)的两个解 CM 分担 3 个值的情形,给出了方程(1)的精确形式.

§2　方程的一个解与任一亚纯函数 CM 分担 3 个值

定理 3　令 $p_2(z),p_1(z),p_0(z)$ 为非零多项式且满足 $p_2(z)+p_1(z)+p_0(z)\not\equiv 0$. 假设 $f(z)$ 是 §1 中差分方程(1)的有限级超越亚纯解. 如果亚纯函数 $g(z)$ 与 $f(z)$ CM 分担 $0,1,\infty$,则以下情形之一必成立:

(i) $f(z)\equiv g(z)$.

(ii) $f(z)=\dfrac{1}{A}\mathrm{e}^{-b_1 z}$ 且 $g(z)=A\mathrm{e}^{b_1 z}$,其中 b_1,A 是非零常数.

(iii) $f(z)=\pm\dfrac{1}{A}\mathrm{e}^{-\frac{1}{2}b_1 z}-\dfrac{1}{A^2}\mathrm{e}^{-b_1 z}$ 且 $g(z)=\pm A\mathrm{e}^{\frac{1}{2}b_1 z}-A^2\mathrm{e}^{b_1 z}$,其中 b_1,A 是非零常数.

注　对于 §1 中的差分方程(1)的解 $f(z)$,要么 $f(z)$ 由其极点和两个不同的值唯一确定,要么 $f(z)$ 满足(ii)或(iii). 可见,满足 §1 中的线性差分方程

① CHEN Z X. Complex differences and difference equations[M]. Beijing: Science Press, 2014.

② CHIANG Y M, FENG S J. On the Nevanlinna characteristic of $f(z+D)$ and difference equations in the complex plane[J]. Ramanujan J., 2008, 16(1): 105-129.

③ ISHIZAKI K, YANAGIHARA N. Wiman-Valiron method for difference equations[J]. Nagoya Math. J., 2004, 175: 75-102.

④ HALBURD R G, KORHONEN R. Finite-order meromorphic solutions and the discrete Painlevé equations[J]. Proc. London Math. Soc., 2007, 94(2): 443-474.

(1)的一些特殊函数由 3 个不同的值唯一确定,由此可以得到类似于定理 2 的结果.例如,gamma 函数 $\Gamma(z)$ 满足差分方程

$$y(z+2) - y(z+1) - z^2 y(z) = 0$$

我们从定理 3 易得以下推论.

推论 令 $g(z)$ 为非常数亚纯函数.如果 $g(z)$ 和 $\Gamma(z)$CM 分担 $0,1,\infty$,则 $g(z) \equiv \Gamma(z)$.

我们假设读者熟悉奈望林纳值分布理论中的基本结果和标准符号,见文章 *Meromorphic functions*[①] 和 *Value distribution theory and new research(in Chinese)*[②].此外,使用符号 $\sigma(f)$ 表示亚纯函数 $f(z)$ 的增长级.为了证明定理 3,我们需要以下引理.

引理 1[③] 令 f 和 g 为非常数亚纯函数.如果 f 和 g IM 分担 3 个不同的值 a_1, a_2 和 a_3,则 f 和 g 的级相同.

引理 2[④⑤] 令 $n \geqslant 2$,$f_1(z), \cdots, f_n(z)$ 为亚纯函数,$g_1(z), \cdots, g_n(z)$ 为整函数且满足:

(i) $\sum_{j=1}^{n} f_j(z) \exp\{g_j(z)\} = 0$.

(ii) 对于 $1 \leqslant j < k \leqslant n, g_j(z) - g_k(z)$ 不是常数.

(iii) 对于 $1 \leqslant j \leqslant n, 1 \leqslant h < k \leqslant n$,有

$$T(r, f_j) = o\{T(r, \exp\{g_h - g_k\})\}(r \to \infty, r \notin E)$$

这里 $E \subset (1, \infty)$ 为有限线测度或有限对数测度,则 $f_j(z) \equiv 0, j = 1, \cdots, n$.

定理 3 的证明 已知 $g(z)$ 和 $f(z)$CM 分担 $0, 1, \infty$,故

$$\frac{g(z)}{f(z)} = \mathrm{e}^{\alpha(z)} \tag{1}$$

$$\frac{g(z) - 1}{f(z) - 1} = \mathrm{e}^{\beta(z)} \tag{2}$$

---

① HAYMAN W K. Meromorphic functions[M]. Oxford:Clarendon Press,1964.

② YANG L. Value distribution theory and new research(in Chinese)[M]. Beijing: Science Press,1982.

③ YANG C C,YI H X. Uniqueness theory of meromorphic functions[M]. Kluwer Academic Publishers Group,Dordrecht,2003.

④ YANG C C,YI H X. Uniqueness theory of meromorphic functions[M]. Kluwer Academic Publishers Group,Dordrecht,2003.

⑤ GROSS F. Factorization of meromorphic functions[M]. Washington:U. S. Government Printing Office,1972.

其中 $\alpha(z)$ 和 $\beta(z)$ 是多项式. 由引理 1 可知 $\sigma(f)=\sigma(g)<\infty$.

假设 $f(z)\not\equiv g(z)$,我们来证明(ii) 或(iii) 成立.

为了简便,将 $\alpha(z+2),\alpha(z+1),\alpha(z)$ 分别记为 $\overline{\overline{\alpha}},\overline{\alpha},\alpha$;$\beta(z+2),\beta(z+1)$, $\beta(z)$ 分别记为 $\overline{\overline{\beta}},\overline{\beta},\beta$. 由 $f(z)\not\equiv g(z)$,可知 $e^{\alpha}\not\equiv 1,e^{\beta}\not\equiv 1$ 以及 $e^{\beta-\alpha}\not\equiv 1$.因此由式(1) 和(2) 可以得到

$$f(z)=\frac{1-e^{\beta}}{e^{\alpha}-e^{\beta}}\qquad\qquad(3)$$

将式(3) 代入 §1 中的方程(1),可得

$$p_2(z)\,\frac{1-e^{\overline{\overline{\beta}}}}{e^{\overline{\overline{\alpha}}}-e^{\overline{\overline{\beta}}}}+p_1(z)\,\frac{1-e^{\overline{\beta}}}{e^{\overline{\alpha}}-e^{\overline{\beta}}}+p_0(z)\,\frac{1-e^{\beta}}{e^{\alpha}-e^{\beta}}=0$$

由此得出

$$p_2(z)(e^{\alpha+\overline{\alpha}}-e^{\overline{\alpha}+\beta}-e^{\alpha+\overline{\beta}}+e^{\beta+\overline{\beta}}-e^{\alpha+\overline{\alpha}+\overline{\overline{\beta}}}+e^{\overline{\alpha}+\beta+\overline{\overline{\beta}}}+e^{\alpha+\overline{\overline{\beta}}+\overline{\beta}}-e^{\overline{\beta}+\beta+\overline{\overline{\beta}}})+$$
$$p_1(z)(e^{\alpha+\overline{\overline{\alpha}}}-e^{\overline{\overline{\alpha}}+\beta}-e^{\alpha+\overline{\overline{\beta}}}+e^{\beta+\overline{\overline{\beta}}}-e^{\overline{\overline{\alpha}}+\overline{\alpha}+\beta}+e^{\overline{\overline{\alpha}}+\beta+\overline{\beta}}+e^{\alpha+\overline{\alpha}+\overline{\overline{\beta}}}-e^{\overline{\alpha}+\beta+\overline{\overline{\beta}}})+$$
$$p_0(z)(e^{\overline{\alpha}+\overline{\overline{\alpha}}}-e^{\overline{\overline{\alpha}}+\overline{\beta}}-e^{\overline{\alpha}+\overline{\overline{\beta}}}+e^{\overline{\beta}+\overline{\overline{\beta}}}-e^{\overline{\alpha}+\overline{\overline{\alpha}}+\beta}+e^{\overline{\overline{\alpha}}+\beta+\overline{\beta}}+e^{\overline{\alpha}+\beta+\overline{\overline{\beta}}}-e^{\beta+\overline{\beta}+\overline{\overline{\beta}}})=0\quad(4)$$

我们断言 $\deg\alpha=\deg\beta$. 否则,假设 $\deg\alpha<\deg\beta$,将式(4) 写成

$$-(p_2(z)+p_1(z)+p_0(z))e^{\overline{\beta}+\overline{\overline{\beta}}-2\beta}e^{3\beta}+w_{11}e^{2\beta}+w_{12}e^{\beta}+w_{13}=0$$

其中系数 $(p_2(z)+p_1(z)+p_0(z))e^{\overline{\beta}+\overline{\overline{\beta}}-2\beta}$ 和 $w_{1j}(j=1,2,3)$ 都是 e^{β} 的小函数. 由假设 $p_2(z)+p_1(z)+p_0(z)\not\equiv 0$ 以及引理 2 可以得到矛盾.

假设 $\deg\alpha>\deg\beta$,将式(4) 写成

$$w_{21}e^{2\alpha}+w_{22}e^{\alpha}+w_{23}=0$$

其中

$$w_{23}=p_2(z)(e^{\beta+\overline{\beta}}-e^{\beta+\overline{\beta}+\overline{\overline{\beta}}})+p_1(z)(e^{\beta+\overline{\overline{\beta}}}-e^{\overline{\alpha}+\beta+\overline{\overline{\beta}}})+p_0(z)(e^{\overline{\beta}+\overline{\overline{\beta}}}-e^{\beta+\overline{\beta}+\overline{\overline{\beta}}})\,(5)$$

且所有系数 $w_{2j}(j=1,2,3)$ 都是 e^{α} 的小函数. 由引理 2,得

$$w_{21}\equiv w_{22}\equiv w_{23}\equiv 0$$

如果 β 是常数,则由式(5) 可知

$$e^{2\beta}(1-e^{\beta})(p_2(z)+p_1(z)+p_0(z))\equiv 0$$

由此得到 $p_2(z)+p_1(z)+p_0(z)\equiv 0$,与假设矛盾.

如果 β 不是常数,则将式(5) 写成

$$-(p_2(z)+p_1(z)+p_0(z))e^{\overline{\beta}+\overline{\overline{\beta}}-2\beta}e^{3\beta}+w_{31}e^{2\beta}\equiv 0$$

其中所有的系数都是 e^{β} 的小函数. 由引理 2 仍然可以得到矛盾. 由此便证明了 $\deg\alpha=\deg\beta$.

由于 $f(z)$ 是超越的,由式(3) 可知 α 和 β 不能同时为常数. 因此 $\deg\alpha=\deg\beta\geqslant 1$. 令

$$\alpha = a_n z^n + a_{n-1} z^{n-1} + \cdots + a_0$$
$$\beta = b_n z^n + b_{n-1} z^{n-1} + \cdots + b_0 \tag{6}$$

其中 $a_n b_n \neq 0$, $n = \deg \alpha = \deg \beta$ 是正整数.

将式(4)写成

$$w_{41} e^{2\alpha} + w_{42} e^{\alpha+\beta} + w_{43} e^{2\beta} + w_{44} e^{2\alpha+\beta} + w_{45} e^{\alpha+2\beta} + w_{46} e^{3\beta} = 0 \tag{7}$$

其中

$$w_{41} = p_2(z) e^{\bar{\alpha}-\alpha} + p_1(z) e^{\bar{\bar{\alpha}}-\alpha} + p_0(z) e^{\bar{\bar{\alpha}}+\bar{\alpha}-2\alpha}$$

$$w_{42} = -p_2(z)(e^{\bar{\alpha}+\alpha} + e^{\bar{\beta}-\beta}) - p_1(z)(e^{\bar{\bar{\alpha}}-\alpha} + e^{\bar{\bar{\beta}}-\beta}) - p_0(z)(e^{\bar{\alpha}+\bar{\beta}-(\alpha+\beta)} + e^{\bar{\bar{\alpha}}+\bar{\bar{\beta}}-(\alpha+\beta)})$$

$$w_{43} = p_2(z) e^{\bar{\beta}-\beta} + p_1(z) e^{\bar{\bar{\beta}}-\beta} + p_0(z) e^{\bar{\bar{\beta}}+\bar{\beta}-2\beta}$$

$$w_{44} = -p_2(z) e^{\bar{\alpha}+\bar{\beta}-(\alpha+\beta)} - p_1(z) e^{\bar{\bar{\alpha}}+\bar{\bar{\beta}}-(\alpha+\beta)} - p_0(z) e^{\bar{\bar{\alpha}}+\bar{\alpha}-2\alpha}$$

$$w_{45} = p_2(z)(e^{\bar{\alpha}+\bar{\beta}-(\alpha+\beta)} + e^{\bar{\beta}+\bar{\bar{\beta}}-2\beta}) + p_1(z)(e^{\bar{\bar{\alpha}}+\bar{\bar{\beta}}-(\alpha+\beta)} + e^{\bar{\beta}+\bar{\bar{\beta}}-2\beta}) +$$
$$p_0(z)(e^{\bar{\bar{\alpha}}+\bar{\bar{\beta}}-(\alpha+\beta)} + e^{\bar{\alpha}+\bar{\beta}-(\alpha+\beta)})$$

$$w_{46} = -(p_2(z) + p_1(z) + p_0(z)) e^{\bar{\beta}+\bar{\bar{\beta}}-2\beta} \tag{8}$$

为了将引理 2 应用于式(7),我们需要讨论 $\alpha+\beta$, $2\alpha+\beta$, $\alpha+2\beta$, $\alpha-\beta$, $\alpha-2\beta$, $2\alpha-3\beta$ 和 $\beta-2\alpha$ 的次数. 因此将讨论分成 8 种情形.

情形 1 $\deg(\alpha+\beta) = \deg(2\alpha+\beta) = \deg(\alpha+2\beta) = \deg(\alpha-\beta) = \deg(\alpha-2\beta) = \deg(2\alpha-3\beta) = \deg(\beta-2\alpha) = n$.

令 $q_{41} = 2\alpha$, $q_{42} = \alpha+\beta$, $q_{43} = 2\beta$, $q_{44} = 2\alpha+\beta$, $q_{45} = \alpha+2\beta$ 及 $q_{46} = 3\beta$, 由式(7)可得

$$w_{41} e^{q_{41}} + w_{42} e^{q_{42}} + w_{43} e^{q_{43}} + w_{44} e^{q_{44}} + w_{45} e^{q_{45}} + w_{46} e^{q_{46}} = 0 \tag{9}$$

不难验证, 对于 $1 \leqslant j \leqslant 6, 1 \leqslant h < k \leqslant 6$, 有

$$T(r, w_{4j}) = o\{T(r, \exp\{q_{4h} - q_{4k}\})\} \quad (r \to \infty)$$

由式(9)以及引理 2, 可知 $w_{46} \equiv 0$. 因此, 由式(8), 得到 $p_2(z) + p_1(z) + p_0(z) \equiv 0$, 矛盾.

情形 2 $\deg(\beta - 2\alpha) < n$.

由式(6)知 $b_n = 2a_n$, 将式(7)写成

$$w_{41} e^{2a_n z^n + 2a_{n-1} z^{n-1} + \cdots} + w_{42} e^{3a_n z^n + (a_{n-1}+b_{n-1}) z^{n-1} + \cdots} +$$

$$w_{43} e^{4a_n z^n + 2b_{n-1} z^{n-1} + \cdots} + w_{44} e^{4a_n z^n + (2a_{n-1}+b_{n-1}) z^{n-1} + \cdots} + w_{45} e^{5a_n z^n + (a_{n-1}+2b_{n-1}) z^{n-1} + \cdots} +$$

$$w_{46} e^{6a_n z^n + 3b_{n-1} z^{n-1} + \cdots} = 0 \tag{10}$$

令 $w_{51} = w_{41} e^{2a_{n-1} z^{n-1} + \cdots}$, $w_{52} = w_{42} e^{(a_{n-1}+b_{n-1}) z^{n-1} + \cdots}$, $w_{53} = w_{43} e^{2b_{n-1} z^{n-1} + \cdots}$, $w_{54} = w_{44} e^{(2a_{n-1}+b_{n-1}) z^{n-1} + \cdots}$, $w_{55} = w_{45} e^{(a_{n-1}+2b_{n-1}) z^{n-1} + \cdots}$, 并注意到式(8), 可以进一步将式

120

（10）写成

$$w_{51}\mathrm{e}^{2a_nz^n} + w_{52}\mathrm{e}^{3a_nz^n} + (w_{52}+w_{54})\mathrm{e}^{4a_nz^n} + w_{55}\mathrm{e}^{5a_nz^n} -$$

$$(p_2(z)+p_1(z)+p_0(z))\mathrm{e}^{\bar{\beta}+\bar{\bar{\beta}}-2\beta}\mathrm{e}^{3b_{n-1}z^{n-1}+\cdots}\mathrm{e}^{6a_nz^n} = 0 \qquad (11)$$

不难看出式（11）满足引理 2 的条件. 因此 $p_2(z)+p_1(z)+p_0(z)=0$,矛盾.

情形 3　$\deg(\alpha+\beta) < n$.

情形 4　$\deg(2\alpha+\beta) < n$.

情形 5　$\deg(\alpha+2\beta) < n$.

对于以上 3 种情形,使用与情形 2 类似的证明,分别将式（7）写成

$$w_{61}\mathrm{e}^{2a_nz^n} + w_{62} + w_{63}\mathrm{e}^{-2a_nz^n} + w_{64}\mathrm{e}^{a_nz^n} + w_{65}\mathrm{e}^{-a_nz^n} -$$

$$(p_2(z)+p_1(z)+p_0(z))\mathrm{e}^{\bar{\beta}+\bar{\bar{\beta}}-2\beta}\mathrm{e}^{3b_{n-1}z^{n-1}+\cdots}\mathrm{e}^{-3a_nz^n} = 0$$

$$w_{71}\mathrm{e}^{2a_nz^n} + w_{72}\mathrm{e}^{-a_nz^n} + w_{73}\mathrm{e}^{-4a_nz^n} + w_{74} + w_{75}\mathrm{e}^{-3a_nz^n} -$$

$$(p_2(z)+p_1(z)+p_0(z))\mathrm{e}^{\bar{\beta}+\bar{\bar{\beta}}-2\beta}\mathrm{e}^{3b_{n-1}z^{n-1}+\cdots}\mathrm{e}^{-6a_nz^n} = 0$$

和

$$w_{81}\mathrm{e}^{-4b_nz^n} + w_{82}\mathrm{e}^{-b_nz^n} + w_{83}\mathrm{e}^{2b_nz^n} + w_{84}\mathrm{e}^{-3b_nz^n} + w_{85} -$$

$$(p_2(z)+p_1(z)+p_0(z))\mathrm{e}^{\bar{\beta}+\bar{\bar{\beta}}-2\beta}\mathrm{e}^{3b_{n-1}z^{n-1}+\cdots}\mathrm{e}^{3b_nz^n} = 0$$

由引理 2 可以得到 $p_2(z)+p_1(z)+p_0(z) \equiv 0$,矛盾.

情形 6　$\deg(\alpha-\beta) < n$.

此时 $a_n = b_n$. 如果 $n = 1$,则

$$\alpha = a_1z + a_0, \beta = a_1z + b_0$$

其中 $a_1 \neq 0$. 因为 $\mathrm{e}^{\alpha} \not\equiv \mathrm{e}^{\beta}$,所以 $\mathrm{e}^{b_0} \neq \mathrm{e}^{a_0}$. 由式（3）,得

$$f(z) = \frac{1}{\mathrm{e}^{a_0}-\mathrm{e}^{b_0}}(\mathrm{e}^{-a_1z}-b^{b_0})$$

将这个表达式代入 §1 中的式（1）,得到

$$(p_2(z)\mathrm{e}^{-2a_1}+p_1(z)\mathrm{e}^{-a_1}+p_0(z))\mathrm{e}^{-a_1z} - (p_2(z)+p_1(z)+p_0(z))\mathrm{e}^{b_0} = 0$$

所以 $p_2(z)+p_1(z)+p_0(z) \equiv 0$,矛盾.

接下来,讨论 $n \geqslant 2$ 的情形. 令

$$s_1 = p_2(z)(\mathrm{e}^{\bar{\alpha}-\alpha} - \mathrm{e}^{\bar{\alpha}+\beta-2\alpha} - \mathrm{e}^{\bar{\beta}-\alpha} + \mathrm{e}^{\beta+\bar{\beta}-2\alpha})$$

$$s_2 = p_1(z)(\mathrm{e}^{\bar{\bar{\alpha}}-\alpha} - \mathrm{e}^{\bar{\bar{\alpha}}+\beta-2\alpha} - \mathrm{e}^{\bar{\bar{\beta}}-\alpha} + \mathrm{e}^{\beta+\bar{\bar{\beta}}-2\alpha})$$

$$s_3 = p_0(z)(\mathrm{e}^{\bar{\alpha}+\bar{\bar{\alpha}}-2\alpha} - \mathrm{e}^{\bar{\alpha}+\bar{\beta}-2\alpha} - \mathrm{e}^{\bar{\alpha}+\bar{\bar{\beta}}-2\alpha} + \mathrm{e}^{\bar{\beta}+\bar{\bar{\beta}}-2\alpha}) \qquad (12)$$

将式（4）写成

$$(s_1+s_2+s_3)\mathrm{e}^{2\alpha} - (s_1\mathrm{e}^{\bar{\bar{\beta}}-\alpha} + s_2\mathrm{e}^{\bar{\beta}-\alpha} + s_3\mathrm{e}^{\beta-\alpha})\mathrm{e}^{3\alpha} = 0$$

故

$$s_1 + s_2 + s_3 \equiv 0 \tag{13}$$

将式(6)和(12)代入式(13),并注意到 $a_n = b_n$,得到

$$u_{11} + u_{12}\mathrm{e}^{(b_{n-1}-a_{n-1})z^{n-1}} + u_{13}\mathrm{e}^{2(b_{n-1}-a_{n-1})z^{n-1}} + u_{14}\mathrm{e}^{na_n z^{n-1}} +$$

$$u_{15}\mathrm{e}^{(na_n+b_{n-1}-a_{n-1})z^{n-1}} + u_{16}\mathrm{e}^{(na_n+2(b_{n-1}-a_{n-1}))z^{n-1}} +$$

$$u_{17}\mathrm{e}^{2na_n z^{n-1}} + u_{18}\mathrm{e}^{(2na_n+b_{n-1}-a_{n-1})z^{n-1}} +$$

$$u_{19}\mathrm{e}^{(2na_n+2(b_{n-1}-a_{n-1}))z^{n-1}} \equiv 0 \tag{14}$$

其中

$$u_{11} = p_2(z)\mathrm{e}^{O(z^{n-2})}, u_{12} = -p_2(z)(\mathrm{e}^{O(z^{n-2})} + \mathrm{e}^{O(z^{n-2})}), u_{13} = p_2(z)\mathrm{e}^{O(z^{n-2})}$$

$$u_{14} = p_1(z)\mathrm{e}^{O(z^{n-2})}, u_{15} = -p_1(z)(\mathrm{e}^{O(z^{n-2})} + \mathrm{e}^{O(z^{n-2})}), u_{16} = p_1(z)\mathrm{e}^{O(z^{n-2})}$$

$$u_{17} = p_0(z)\mathrm{e}^{O(z^{n-2})}, u_{18} = -p_0(z)(\mathrm{e}^{O(z^{n-2})} + \mathrm{e}^{O(z^{n-2})}), u_{19} = p_0(z)\mathrm{e}^{O(z^{n-2})}$$

$$\tag{15}$$

为了将引理 2 应用于式(14),我们需要讨论常数 $b_{n-1}-a_{n-1}, na_n+b_{n-1}-a_{n-1}, na_n+2(b_{n-1}-a_{n-1}), 2na_n+b_{n-1}-a_{n-1}, na_n-(b_{n-1}-a_{n-1}), 2na_n-(b_{n-1}-a_{n-1})$ 和 $na_n-2(b_{n-1}-a_{n-1})$. 分成 8 种子情形.

子情形 6.1 上面所有的常数都不是零.

不难看出式(14)满足引理 2 的条件. 因此 $u_{19} = p_0(z)\mathrm{e}^{O(z^{n-2})} \equiv 0$,从而 $p_0(z) \equiv 0$,矛盾.

子情形 6.2 $na_n + b_{n-1} - a_{n-1} = 0$.

子情形 6.3 $na_n + 2(b_{n-1} - a_{n-1}) = 0$.

子情形 6.4 $2na_n + b_{n-1} - a_{n-1} = 0$.

对于这 3 种子情形,分别将式(14)写成

$$u_{11} + u_{15} + u_{19} + (u_{12}+u_{16})\mathrm{e}^{-na_n z^{n-1}} + u_{13}\mathrm{e}^{-2na_n z^{n-1}} +$$

$$(u_{14}+u_{18})\mathrm{e}^{na_n z^{n-1}} + u_{17}\mathrm{e}^{2na_n z^{n-1}} \equiv 0$$

$$u_{11} + u_{16} + u_{12}\mathrm{e}^{-\frac{n}{2}a_n z^{n-1}} + u_{13}\mathrm{e}^{-na_n z^{n-1}} + (u_{14}+u_{19})\mathrm{e}^{na_n z^{n-1}} +$$

$$u_{15}\mathrm{e}^{\frac{n}{2}a_n z^{n-1}} + u_{17}\mathrm{e}^{2na_n z^{n-1}} + u_{18}\mathrm{e}^{\frac{3}{2}na_n z^{n-1}} \equiv 0$$

和

$$u_{11} + u_{18} + (u_{12}+u_{19})\mathrm{e}^{-2na_n z^{n-1}} + u_{13}\mathrm{e}^{-4na_n z^{n-1}} + u_{14}\mathrm{e}^{na_n z^{n-1}} +$$

$$u_{15}\mathrm{e}^{-na_n z^{n-1}} + u_{16}\mathrm{e}^{-3na_n z^{n-1}} + u_{17}\mathrm{e}^{2na_n z^{n-1}} \equiv 0$$

由引理 2 可得 $u_{13} = p_2(z)\mathrm{e}^{O(z^{n-2})} \equiv 0$,矛盾.

子情形 6.5 $na_n - (b_{n-1} - a_{n-1}) = 0$.

子情形 6.6 $2na_n - (b_{n-1} - a_{n-1}) = 0$.

子情形 6.7 $na_n - 2(b_{n-1} - a_{n-1}) = 0$.

对于这 3 种子情形,分别将式(14)写成

$u_{11} + (u_{12} + u_{14}) e^{na_n z^{n-1}} + (u_{13} + u_{15} + u_{17}) e^{2na_n z^{n-1}} + (u_{16} + u_{18}) e^{3na_n z^{n-1}} +$

$u_{19} e^{4na_n z^{n-1}} \equiv 0$

$u_{11} + (u_{12} + u_{17}) e^{2na_n z^{n-1}} + (u_{13} + u_{18}) e^{4na_n z^{n-1}} + u_{14} e^{na_n z^{n-1}} + u_{15} e^{3na_n z^{n-1}} +$

$u_{16} e^{5na_n z^{n-1}} + u_{19} e^{6na_n z^{n-1}} \equiv 0$

和

$u_{11} + u_{12} e^{\frac{n}{2} a_n z^{n-1}} + (u_{13} + u_{14}) e^{na_n z^{n-1}} + u_{15} e^{\frac{3n}{2} a_n z^{n-1}} + (u_{16} + u_{17}) e^{2na_n z^{n-1}} +$

$u_{18} e^{\frac{5n}{2} a_n z^{n-1}} + u_{19} e^{3na_n z^{n-1}} \equiv 0$

由引理 2 可得 $u_{19} = p_0(z) e^{O(z^{n-2})} \equiv 0$,矛盾.

子情形 6.8 $b_{n-1} - a_{n-1} = 0$.

此时,将式(14)写成

$u_{11} + u_{12} + u_{13} + (u_{14} + u_{15} + u_{16}) e^{na_n z^{n-1}} + (u_{17} + u_{18} + u_{19}) e^{2na_n z^{n-1}} \equiv 0$

由这个式子和引理 2 可得 $u_{11} + u_{12} + u_{13} \equiv 0$. 由式(13)～(15)以及 $u_{11} + u_{12} + u_{13} \equiv 0$ 可知 $s_1 \equiv 0$,也就是

$$e^{\bar{\alpha} - \alpha} - e^{\bar{\alpha} + \beta - 2\alpha} - e^{\bar{\beta} - \alpha} + e^{\beta + \bar{\beta} - 2\alpha} \equiv 0$$

两边同时乘以 $e^{2\alpha}$,得到

$$e^{\bar{\alpha} + \alpha} - e^{\bar{\alpha} + \beta} - e^{\bar{\beta} + \alpha} + e^{\beta + \bar{\beta}} \equiv 0$$

即

$$(e^\alpha - e^\beta)(e^{\bar{\alpha}} - e^{\bar{\beta}}) \equiv 0$$

因此,$e^\alpha \equiv e^\beta$,矛盾.

情形 7 $\deg(\alpha - 2\beta) < n$.

此时,$a_n = 2b_n$.使用与情形 2 类似的方法,将式(7)写成

$$(w_{91} + w_{95}) e^{4b_n z^n} + (w_{92} + w_{96}) e^{3b_n z^n} + w_{93} e^{2b_n z^n} + w_{94} e^{5b_n z^n} = 0$$

其中 $w_{9j} = w_{4j} e^{O(z^{n-1})}$($j = 1, 2, \cdots, 6$).由引理 2 可得

$$w_{93} \equiv 0, w_{91} + w_{95} \equiv 0, w_{92} + w_{96} \equiv 0 \tag{16}$$

由 $w_{93} \equiv 0$ 和式(8),可得

$$p_2(z) e^{\bar{\beta} - \beta} + p_1(z) e^{\bar{\bar{\beta}} - \beta} + p_0(z) e^{\bar{\beta} + \bar{\bar{\beta}} - 2\beta} \equiv 0 \tag{17}$$

如果 $\deg \alpha = \deg \beta = n > 1$,则 $\bar{\beta} - \beta, \bar{\bar{\beta}} - \beta, \bar{\beta} + \bar{\bar{\beta}} - 2\beta$ 和 $\bar{\bar{\beta}} - \bar{\beta}$ 都是次数为 $n - 1$ 的多项式.由式(17)和引理 2 可知,$p_2(z) \equiv p_1(z) \equiv p_0(z) \equiv 0$,矛盾.

接下来讨论 $\deg \alpha = \deg \beta = 1$ 的情形.此时

$$\alpha = 2b_1 z + a_0, \beta = b_1 z + b_0 \tag{18}$$

其中 $b_1 \neq 0$ 是常数. 因此

$$w_{91} = w_{41} \mathrm{e}^{2a_0}, w_{92} = w_{42} \mathrm{e}^{a_0 + b_0}, w_{95} = w_{45} \mathrm{e}^{a_0 + 2b_0}, w_{96} = w_{46} \mathrm{e}^{3b_0} \tag{19}$$

由式(17)可得

$$p_2(z) + p_1(z) \mathrm{e}^{b_1} + p_0(z) \mathrm{e}^{2b_1} \equiv 0 \tag{20}$$

将式(8)(18)和(19)代入 $w_{91} + w_{95} \equiv 0$,得到

$$p_2(z)(\mathrm{e}^{a_0} + \mathrm{e}^{2b_1 + 2b_0} + \mathrm{e}^{b_1 + 2b_0}) + p_1(z)(\mathrm{e}^{2b_1 + a_0} + \mathrm{e}^{3b_1 + 2b_0} + \mathrm{e}^{b_1 + 2b_0}) +$$
$$p_0(z)(\mathrm{e}^{4b_1 + a_0} + \mathrm{e}^{3b_1 + 2b_0} + \mathrm{e}^{2b_1 + 2b_0}) \equiv 0 \tag{21}$$

由式(20),得到

$$p_1(z) \mathrm{e}^{b_1} = -(p_2(z) + p_0(z) \mathrm{e}^{2b_1})$$

因此

$$p_1(z)(\mathrm{e}^{2b_1 + a_0} + \mathrm{e}^{3b_1 + 2b_0} + \mathrm{e}^{b_1 + 2b_0}) = -p_2(z) +$$
$$p_0(z) \mathrm{e}^{2b_1}(\mathrm{e}^{b_1 + a_0} + \mathrm{e}^{2b_1 + 2b_0} + \mathrm{e}^{2b_0}) \tag{22}$$

将式(22)代入式(21),得到

$$(\mathrm{e}^{a_0} - \mathrm{e}^{2b_0})(\mathrm{e}^{b_1} - 1)(p_0(z) \mathrm{e}^{3b_1} - p_2(z)) \equiv 0 \tag{23}$$

如果 $\mathrm{e}^{b_1} = 1$,则由式(20)可得 $p_2(z) + p_1(z) + p_0(z) \equiv 0$,矛盾.

如果 $\mathrm{e}^{b_1} \neq 1$,则由式(23)可得

$$(\mathrm{e}^{a_0} - \mathrm{e}^{2b_0})(p_0(z) \mathrm{e}^{3b_1} - p_2(z)) \equiv 0 \tag{24}$$

将式(8)(18)和(19)代入 $w_{92} + w_{96} \equiv 0$ 并使用与上面类似的证明方法,可以得到

$$(\mathrm{e}^{a_0} - \mathrm{e}^{2b_0})(p_0(z) \mathrm{e}^{b_1} - p_2(z)) \equiv 0 \tag{25}$$

如果 $\mathrm{e}^{a_0} \neq \mathrm{e}^{2b_0}$,则由式(24)和(25)可以得到 $\mathrm{e}^{2b_1} = 1$,因此 $\mathrm{e}^{b_1} = 1$ 或 $\mathrm{e}^{b_1} = -1$. 由 $\mathrm{e}^{b_1} = 1$ 和式(20)可以得到 $p_2(z) + p_1(z) + p_0(z) \equiv 0$,矛盾. 由 $\mathrm{e}^{b_1} = -1$ 及式(20)和(25)可以得到 $p_1(z) \equiv p_2(z) + p_0(z) \equiv 0$,矛盾.

如果 $\mathrm{e}^{a_0} = \mathrm{e}^{2b_0}$,则由式(18)可以得到 $\mathrm{e}^{\alpha} = \mathrm{e}^{2\beta}$. 因此,由式(1)(3)和(18)可以得到

$$f(z) = \frac{1 - \mathrm{e}^{\beta}}{\mathrm{e}^{\alpha} - \mathrm{e}^{\beta}} = -\mathrm{e}^{-\beta} = -\mathrm{e}^{-b_1 z - b_0}$$

$$g(z) = f(z) \mathrm{e}^{\alpha} = -\mathrm{e}^{\beta} = -\mathrm{e}^{b_1 z + b_0}$$

令 $A = -\mathrm{e}^{b_0}$,可知定理3中的情形(ii)成立.

情形 8 $\deg(2\alpha - 3\beta) < n$.

由式(6),可得 $a_n = \frac{3}{2} b_n$. 使用与情形2类似的证明,将式(7)写成

$$(w_{101} + w_{106}) e^{3b_n z^n} + w_{102} e^{\frac{5}{2}b_n z^n} + w_{103} e^{2b_n z^n} + w_{104} e^{4b_n z^n} + w_{105} e^{\frac{7}{2}b_n z^n} = 0$$

其中 $w_{10j} = w_{4j} e^{O(z^{n-1})} (j = 1, 2, \cdots, 6)$. 由引理 2 可得

$$w_{103} \equiv 0, w_{104} \equiv 0, w_{101} + w_{106} \equiv 0 \tag{26}$$

由 $w_{103} \equiv 0$ 和式(8), 得到

$$p_2(z) e^{\bar{\beta} - \beta} + p_1(z) e^{\bar{\bar{\beta}} - \beta} + p_0(z) e^{\bar{\beta} + \bar{\bar{\beta}} - 2\beta} \equiv 0 \tag{27}$$

与情形 7 类似, 如果 $\deg \alpha = \deg \beta = n > 1$, 可以得到 $p_2(z) \equiv p_1(z) \equiv p_0(z) \equiv 0$, 矛盾. 接下来我们讨论 $\deg \alpha = \deg \beta = 1$ 的情形. 此时

$$\alpha = \frac{3}{2} b_1 z + a_0, \beta = b_1 z + b_0 \tag{28}$$

其中 $b_1 \neq 0$ 是常数. 因此

$$w_{103} = w_{43} e^{2b_0}, w_{104} = w_{44} e^{2a_0 + b_0}, w_{101} = w_{41} e^{2a_0}, w_{106} = w_{46} e^{3b_0} \tag{29}$$

由式(27)得到

$$p_2(z) + p_1(z) e^{b_1} + p_0(z) e^{2b_1} \equiv 0 \tag{30}$$

由 $w_{104} \equiv 0$ 知 $w_{44} \equiv 0$. 将式(28)代入 $w_{44} \equiv 0$, 得到

$$p_1(z) e^{\frac{1}{2}b_1} \equiv -(p_0(z) e^{b_1} + p_2(z)) \tag{31}$$

将式(31)代入式(30), 得到

$$(e^{\frac{1}{2}b_1} - 1)(p_0(z) e^{\frac{3}{2}b_1} - p_2(z)) \equiv 0 \tag{32}$$

如果 $e^{\frac{1}{2}b_1} = 1$, 则由式(30)得到 $p_2(z) + p_1(z) + p_0(z) \equiv 0$, 矛盾.

如果 $e^{\frac{1}{2}b_1} \neq 1$, 则由式(32)得到

$$p_0(z) e^{\frac{3}{2}b_1} \equiv p_2(z) \tag{33}$$

将式(33)代入式(30), 得到

$$p_1(z) e^{b_1} \equiv -p_2(z)(1 + e^{\frac{1}{2}b_1}) \tag{34}$$

将式(8)(28)和(29)代入 $w_{101} + w_{106} \equiv 0$, 得到

$$p_2(z)(e^{2a_0} - e^{\frac{3}{2}b_1 + 3b_0}) + p_1(z) e^{\frac{3}{2}b_1}(e^{2a_0} - e^{3b_0}) + p_0(z) e^{\frac{3}{2}b_1}(e^{\frac{3}{2}b_1 + 2a_0} - e^{3b_0}) \equiv 0 \tag{35}$$

由式(33) $\sim$ (35)并注意到 $e^{\frac{1}{2}b_1} \neq 1$, 可以得到

$$(e^{2a_0} - e^{3b_0})(e^{b_1} - 1) \equiv 0 \tag{36}$$

如果 $e^{b_1} = 1$, 则由式(30)可知 $p_2(z) + p_1(z) + p_0(z) \equiv 0$, 矛盾.

如果 $e^{2a_0} = e^{3b_0}$, 由式(28)可得 $e^{2\alpha} \equiv e^{3\beta}$, 故 $e^{\alpha} \equiv \pm e^{\frac{3}{2}\beta}$. 因此, 由式(2)(3)和(28)得到

$$f(z) = \frac{(1 - e^{\frac{1}{2}\beta})(1 + e^{\frac{1}{2}\beta})}{e^{\beta}(\pm e^{\frac{1}{2}\beta} - 1)} = -(e^{-\beta} \pm e^{-\frac{1}{2}\beta}) = -(e^{-(b_1 z + b_0)} \pm e^{-\frac{1}{2}(b_1 z + b_0)})$$

$$g(z) = \mathrm{e}^{\beta(z)}(f(z) - 1) + 1 = -(\mathrm{e}^{b_1 z + b_0} \pm \mathrm{e}^{\frac{1}{2}(b_1 z + b_0)})$$

令 $A = -\mathrm{e}^{\frac{1}{2} b_0}$，可知定理 3 中的情形（iii）成立. 证毕.

§3　方程的两个解 CM 分担 3 个值

奈望林纳[①]研究了具有 3 个判别 CM 公共值的不同亚纯函数的最大个数，得到如下结果：

定理 4[②]　至多存在两个不同的非常数亚纯函数，具有 3 个判别的 CM 公共值.

由定理 4，一个自然的问题是：二阶差分方程（1）（§1 中的）是否存在两个具有 3 个判别的 CM 公共值的不同亚纯解？答案是肯定的，但由下面的结果可知这只发生在特殊情形.

定理 5　令 $p_2(z), p_1(z), p_0(z)$ 为非零多项式且满足 $p_2(z) + p_1(z) + p_0(z) \not\equiv 0$. 假设 $f(z)$ 和 $g(z)$ 是方程（1）（§1 中的）的两个不同的有限级超越亚纯解. 如果 $g(z)$ 和 $f(z)$ CM 分担 $0, 1, \infty$，则以下情形之一必成立.

（i）方程（1）（§1 中的）的形式为
$$y(z+2) - (\mathrm{e}^{b_1} + \mathrm{e}^{-b_1}) y(z+1) + y(z) = 0$$

$f(z) = \dfrac{1}{A} \mathrm{e}^{-b_1 z}$ 且 $g(z) = A \mathrm{e}^{b_1 z}$，其中 b_1 是常数且满足 $\mathrm{e}^{b_1} \neq -1$，A 是非零常数.

（ii）方程（1）（§1 中的）的形式为
$$p_2(z) y(z+2) + (p_0(z) + p_2(z)) y(z+1) + p_0(z) y(z) = 0$$

$f(z) = \dfrac{1}{A} \mathrm{e}^{-(2k+1)\pi\mathrm{i}z}$ 且 $g(z) = A \mathrm{e}^{(2k+1)\pi\mathrm{i}z}$，其中 k 是整数，A 是非零常数，$p_0(z)$ 和 $p_2(z)$ 是非零多项式且满足 $p_2(z) + p_0(z) \not\equiv 0$.

（iii）方程（1）（§1 中的）的形式为
$$y(z+2) + y(z+1) + y(z) = 0$$

$f(z) = \pm \dfrac{1}{A} \mathrm{e}^{-(\frac{2}{3} k\pi\mathrm{i} + 2m\pi\mathrm{i})z} - \dfrac{1}{A^2} \mathrm{e}^{-(\frac{4}{3} k\pi\mathrm{i} + 4m\pi\mathrm{i})z}$ 且 $g(z) = \pm A \mathrm{e}^{(\frac{2}{3} k\pi\mathrm{i} + 2m\pi\mathrm{i})z} -$

①　NEVANLINNA R. Le thérème de Picard-Borel et la théorie des fonctions méromorphes[M]. Paris, Gauthier-Villars, 1929.

②　NEVANLINNA R. Le thérème de Picard-Borel et la théorie des fonctions méromorphes[M]. Paris, Gauthier-Villars, 1929.

$A^2 \mathrm{e}^{(\frac{4}{3}k\pi\mathrm{i}+4m\pi\mathrm{i})z}$，其中 k,m 是整数且满足 $3 \nmid k$，A 是非零常数.

注　方程(1)（§1 中的）的两个 CM 分担 $0,1,\infty$ 的有限级超越亚纯解必为整函数.

定理 5 的证明　在定理 5 的条件下，§2 中的式$(1) \sim (3)$ 仍然成立. 由定理 3 的证明可知 $\deg \alpha = \deg \beta = 1$ 且 $\mathrm{e}^{\alpha} = \mathrm{e}^{2\beta}$ 或 $\mathrm{e}^{2\alpha} = \mathrm{e}^{3\beta}$. 令 $\beta = b_1 z + b_0 (b_1 \neq 0)$. 分 2 种情形进行讨论.

情形 1　$\mathrm{e}^{\alpha} \equiv \mathrm{e}^{2\beta}$，此时

$$f(z) = \frac{1}{A} \mathrm{e}^{-b_1 z} \tag{1}$$

$$g(z) = A \mathrm{e}^{b_1 z} \tag{2}$$

其中 $A = -\mathrm{e}^{b_0}$ 是非零常数. 将式$(1)(2)$ 代入 §1 中的式(1)，得到

$$p_0(z) \mathrm{e}^{2b_1} + p_1(z) \mathrm{e}^{b_1} + p_2(z) = 0 \tag{3}$$

$$p_2(z) \mathrm{e}^{2b_1} + p_1(z) \mathrm{e}^{b_1} + p_0(z) = 0 \tag{4}$$

由$(3) - (4)$，得到

$$(\mathrm{e}^{2b_1} - 1) p_0(z) = (\mathrm{e}^{2b_1} - 1) p_2(z) \tag{5}$$

显然 $\mathrm{e}^{b_1} \neq 1$，否则，由式(4) 得到 $p_2(z) + p_1(z) + p_0(z) \equiv 0$，矛盾.

如果也有 $\mathrm{e}^{b_1} \neq -1$，则由 $\mathrm{e}^{2b_1} \neq 1$ 和式(5) 可得 $p_2(z) \equiv p_0(z)$. 将 $p_2(z) \equiv p_0(z)$ 代入式(3)，得到 $p_1(z) = -(\mathrm{e}^{b_1} + \mathrm{e}^{-b_1}) p_2(z)$. 因此(i) 成立.

如果 $\mathrm{e}^{b_1} = -1$，则 $b_1 = (2k+1)\pi\mathrm{i}$，其中 k 是整数. 由式(3)，得到 $p_1(z) \equiv p_2(z) + p_0(z)$. 因此(ii) 成立.

情形 2　$\mathrm{e}^{2\alpha} \equiv \mathrm{e}^{3\beta}$. 此时

$$f(z) = \pm \frac{1}{A} \mathrm{e}^{-\frac{1}{2}b_1 z} - \frac{1}{A^2} \mathrm{e}^{-b_1 z} \tag{6}$$

$$g(z) = \pm A \mathrm{e}^{\frac{1}{2}b_1 z} - A^2 \mathrm{e}^{b_1 z} \tag{7}$$

其中 $A = -\mathrm{e}^{\frac{1}{2}b_0}$ 是非零常数. 将式(7) 代入 §1 中的方程(1)，得到

$$-A(p_2(z) \mathrm{e}^{2b_1} + p_1(z) \mathrm{e}^{b_1} + p_0(z)) \mathrm{e}^{b_1 z} \pm (p_2(z) \mathrm{e}^{b_1} +$$

$$p_1(z) \mathrm{e}^{\frac{1}{2}b_1} + p_0(z)) \mathrm{e}^{\frac{1}{2}b_1 z} \equiv 0 \tag{8}$$

令 $B = \mathrm{e}^{\frac{1}{2}b_1}$，由式$(8)$ 和引理 2 可得

$$p_2(z) B^4 + p_1(z) B^2 + p_0(z) \equiv 0, \quad p_2(z) B^2 + p_1(z) B + p_0(z) \equiv 0 \tag{9}$$

显然，$B \neq 0$，同时也有 $B \neq \pm 1$. 否则，如果 $B = 1$ 或 $B = -1$，则由式(9) 得到 $p_2(z) + p_1(z) + p_0(z) \equiv 0$，矛盾.

类似地，将式(6) 代入 §1 中的式(1) 并应用引理 2 可得

$$p_2(z) + p_1(z) B^2 + p_0(z) B^4 \equiv 0$$

$$p_2(z) + p_1(z)B + p_0(z)B^2 \equiv 0 \tag{10}$$

由式(9)和(10)可得如下关于 $p_0(z)$, $p_1(z)$ 和 $p_2(z)$ 的线性方程组

$$\begin{cases} B^4 p_0(z) + B^2 p_1(z) + p_2(z) \equiv 0 \\ B^2 p_0(z) + B p_1(z) + p_2(z) \equiv 0 \\ p_0(z) + B p_1(z) + B^2 p_2(z) \equiv 0 \end{cases} \tag{11}$$

将方程组(11)的系数矩阵的行列式记为 $\det(A)$, 则

$$\det(A) = \begin{vmatrix} B^4 & B^2 & 1 \\ B^2 & B & 1 \\ 1 & B & B^2 \end{vmatrix} = - \begin{vmatrix} 1 & B & B^2 \\ B^2 & B & 1 \\ B^4 & B^2 & 1 \end{vmatrix} = - \begin{vmatrix} 1 & B & B^2 \\ 0 & B - B^3 & 1 - B^4 \\ 0 & B^2 - B^5 & 1 - B^6 \end{vmatrix}$$

$$= -(1 - B^2)(1 - B^3) \begin{vmatrix} 1 & B & B^2 \\ 0 & B & 1 + B^2 \\ 0 & B^2 & 1 + B^3 \end{vmatrix}$$

$$= -(1 - B^2)(1 - B^3) \begin{vmatrix} 1 & B & B^2 \\ 0 & B & 1 + B^2 \\ 0 & 0 & 1 - B \end{vmatrix}$$

因此 $\det(A) = B(B^3 - 1)(B^2 - 1)(B - 1)$.

注意到 $B \neq 0, \pm 1$, 如果 $B^3 \neq 1$, 则 $\det(A) \neq 0$. 因此由 Cramer 法则知, 方程组(11)只存在一个解, 即 $p_0(z) \equiv p_1(z) \equiv p_2(z) \equiv 0$, 矛盾.

如果 $B^3 = 1$, 注意到 $B \neq 1$, 可知 $B = \mathrm{e}^{\frac{2}{3}k\pi\mathrm{i}}$, 其中 k 是整数且 $3 \nmid k$. 因此 $\frac{1}{2}b_1 = \frac{2}{3}k\pi\mathrm{i} + 2m\pi\mathrm{i}$, 其中 m 是整数. 将 $B^3 = 1$ 代入方程组(11)并注意到 $B \neq 0, \pm 1$, 可得

$$p_2(z) = p_1(z), \quad p_0(z) = -(B^{-1} + B)p_1(z)$$

又 $B = \mathrm{e}^{\frac{2}{3}k\pi\mathrm{i}}$, 其中 k 是整数且 $3 \nmid k$, 故 $B^{-1} + B = \mathrm{e}^{-\frac{2}{3}k\pi\mathrm{i}} + \mathrm{e}^{\frac{2}{3}k\pi\mathrm{i}} = -1$. 从而 $p_0(z) = p_1(z) = p_2(z)$, §1 中的方程(1)变为

$$y(z + 2) + y(z + 1) + y(z) = 0$$

将 $\frac{1}{2}b_1 = \frac{2}{3}k\pi\mathrm{i} + 2m\pi\mathrm{i}$ 代入式(6)和式(7), 可知(iii)成立. 证毕.

基于学术谱系的中国函数论学术传统

中国现代数学是从西方现代数学移植而来的,其中函数论是在中国发展比较好的一个数学分支,其背后的深层原因引发关注.函数论在中国的研究一直没有间断,但没有从学术谱系的角度来研究函数论的中国学术传统.西北大学科学史高等研究院的陈克胜教授于 2023 年采用学术谱系的研究方法,通过绘制中国部分函数论家的学术谱系来探讨函数论的中国学术传统,得出的结论是:函数论的中国学术传统的形成是函数论在中国发展较好的深层原因.

数学是一门累积性很强的学科,是人类文明最重要的组成部分.德国数学家汉克尔(H. Hankel)曾这样总结:"在大多数的学科里,一代人的建筑为下一代人所拆毁,一个人的创造为另一个人所破坏.唯独数学,每一代人的创造都是在古老的大厦之上再添加一层楼."数学正是在继承前贤成果的基础上不断地抽象、分化而得以发展,由此也易于形成某些数学学术传统.例如,古希腊在总结古埃及等河谷文明的数学基础上形成了演绎论证的数学传统.所谓数学学术传统,主要包括数学共同体及其形成与发展,数学共同体所遵循的、认可的思想方法和精神追求,以及数学共同体对社会、国家的影响和社会、国家对数学共同体的认可.优秀的数学学术传统对数学发展产生持续的、积极的影响;反之,如果优秀的数学学术传统没有得到很好地继承和发展,容易导致数学发展的停滞或衰落.例如,《九章算术》的问世标志着具有算法倾向的中国古代数学传统的形成,这对于中国古代创造世界一流的数学成就起到了奠基性的作用.但是到了明清时期,中国古代数学传统没有得到很好地继承和发展而趋于衰落,近代数学也不能在中国产生.优秀的

第 15 章

数学学术传统还具有一种移植性和过程性的特点.优秀的数学传统能够成功地移植到后发国家,并能推动其数学发展;同时这种移植需要经历一定时间的认知、接纳和融合的过程.例如,中国早在明末清初时期就已经引入西方近代数学,但是并没有立即在中国得到广泛的认可和使用,近代数学在中国发展举步维艰,更谈不上近代数学传统在中国形成.直到 20 世纪初,中国才开始全面学习和接受现代数学的范式或传统,由此真正地开启了中国现代数学的大门.

函数论是实函数论和复函数论的总称,在 19 世纪中叶得到了蓬勃发展并逐渐形成一门新的数学分支.严格意义上来说,现代函数论在 20 世纪上半叶才真正地引入中国,经过数代中国数学家的共同努力,函数论在中国落地、生根和发芽,其中标志性的成果主要有陈建功的哈代－李特伍德定理(Hardy-Littlewood Theorem)、熊庆来的熊氏无穷级(Xiong's infinite order)、华罗庚的"华氏算子"(Hua's operator)、杨乐和张广厚的"杨－张定理"和"杨－张不等式"等.其背后深层原因是否是:与函数论的中国学术传统形成有关?

学术传统与学术谱系有着密切的关系,学术谱系是数学共同体的一种重要形式.学术谱系研究是以学术传承关系为纽带将不同的科学家关联在一起,这样可以更好地揭示出学术谱系背后的学术传统的形成与发展,或学术转向与衰落.同时,学术传统也是学术谱系的核心内容.因此,基于学术谱系来研究学术传统,突出其整体性和系统性的视角,能更真切地、全面地反映学术传统的形成与发展或转向与衰落.关于函数论的中国学术问题的研究一直没有间断过,已有的研究主要集中在函数论的某个方面:或者专注于函数论在中国的研究进展,或者关注函数论发展背景下的中国成就,或者介绍中国函数论家的生平及其学术成就,但是没有在整体、历时分析的学术谱系基础上来研究函数论的中国学术传统.本章尝试基于中国部分函数论家的学术谱系来厘清函数论的中国学术传统,由此探讨函数论的中国学术传统的形成、发展或转变,从而进一步尝试探讨函数论在中国发展较好的深层原因.

一、中国部分函数论家的学术谱系

函数论家学术谱系是指具有同一师承关系或学缘关系的函数论学术群体的世代传承体系.为了研究的需要,本章选取了程民德主编的《中国现代数学家传》和卢嘉锡主编的《中国现代科学家传记》中入传的中国函数论家作为研究对象.虽然还有些函数论家没有收入在内,但基本上能够反映函数论在中国发展的一些基本情况.函数论在中国的领导者主要是陈建功和熊庆来,在他们及后来者的共同努力下,函数论在中国发展得比较好,逐渐形成了具有一定国际学术影响力的中国函数论家谱系(图 1).

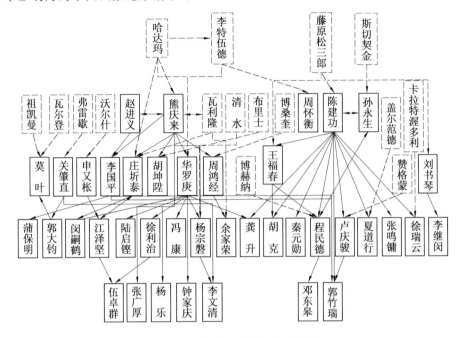

图 1　中国部分函数论家学术谱系

注:虚线表示国外导师或合作者,实线表示国内导师或合作者,单尖头号被指向的是学生,双尖头号表示学术合作

陈建功被认为是函数论的中国先驱者.他致力于函数论研究很大程度上与其在日本留学有关,其中藤原松三郎是其学术成长的重要导师.藤原松三郎对中国的函数论学术影响很大,陈建功是其指导的中国第一位函数论家,后来,王福春和刘书琴也先后师从藤原松三郎.他们先后学成回国,对于推动函数论移植到中国及其发展和人才培养发挥了重要的作用.王福春是陈建功在武昌高等师范学校(武汉大学的前身)培养的第一位函数论家,后来王福春从日本留学回国后在浙江大学任教,除了同其师继续共同开展函数论研究,还先后共同培养了程民德、胡克等一些数学家.程民德后来前往美国普林斯顿大学留学,师从博赫纳(S. Bochner),回国后在北京大学培养了邓东皋等新一代函数论家.令人惋惜的是王福春英年早逝,陈建功则先后在浙江大学和复旦大学继续培养了卢庆骏、秦元勋、夏道行、张鸣镛、徐瑞云、郭竹瑞、龚升等一批函数论家.其中,夏道行后来前往莫斯科大学进修,跟随盖尔范德(M. Gelfand);徐瑞云后来前往德国留学,师从卡拉特渥多利(C. Carathéodory);龚升后来到中国科学院数学研究所跟随华罗庚;郭竹瑞又是卢庆骏的学生,后来曾到李国平处做过学术访问.

刘书琴从日本留学回国后在西北大学开辟了函数论的另一个研究基地,培养了如李继闵等一批函数论家.

熊庆来也被认为是函数论的中国先驱者.他走上函数论研究之路与法国数学家哈达玛(J. Hadamard)有关.哈达玛不仅指导过熊庆来的学术研究,使熊庆来真正地走上了函数论研究的道路,而且还关心中国现代数学事业,曾应邀到中国讲学,这对中国现代数学的发展和青年学子的学术成长产生了深远的影响,其中包括华罗庚、庄圻泰等.熊庆来学成回国后曾在东南大学、清华大学、中国科学院数学研究所等任教,先后培养了一批中国杰出的函数论家,如庄圻泰、华罗庚、胡坤陞、周鸿经、杨宗磐、杨乐、张广厚等.其中,庄圻泰后来前往法国留学,师从瓦利隆(G. Valilon)和哈达玛,回国后在北京大学工作,曾教授过杨乐和张广厚;华罗庚后来留学英国主要从事解析数论研究,但回国后其研究范围有所扩大,其中在西南联合大学曾指导徐利治、闵嗣鹤等做过函数论研究,再之后,华罗庚从美国回国后开辟了中国的多复变函数论研究,在中国科学院数学研究所培养了陆启铿、龚升、钟家庆、冯康等致力于多复变函数论研究的函数论家;胡坤陞后来前往美国芝加哥大学,跟随布里士(G. A. Bliss)转向变分学研究,成为中国变分学研究的先驱;周鸿经后来前往英国伦敦大学留学,师从博桑奎(L. S. Bosanquet);余家荣在中央大学受到胡坤陞、周鸿经的影响走上了函数论研究,后来前往法国留学,师从瓦利隆;杨宗磐在清华大学受教于熊庆来和华罗庚,后来前往日本留学,师从清水继续函数论研究,而李文清在杨宗磐和关肇直的影响下走上函数论研究之路.

函数论引入中国之时,其已发展得相当成熟并且充满活力,吸引一些中国留学生直接前往国外从事函数论的研究.申又枨留学美国哈佛大学,师从沃尔什(J. L. Walsh),由此开始了他的函数论研究,回国后,申又枨先后在南开大学、北京大学等任教,培养了如江泽坚等一些青年数学家致力于函数论研究.江泽坚后来在东北人民大学任教,曾与徐利治共事,影响了伍卓群等从事函数论研究.莫叶留学美国华盛顿大学,师从祖凯曼(Zuckermann)和范·德·瓦尔登(Van der Waerden);关肇直留学法国,师从弗雷歇(M. Fréchet);他们相继回国后不仅继续函数论的研究,而且还致力于人才培养工作,郭大钧就是其中的杰出代表.赵进义留学法国,开始函数论与天体力学研究,回国后在中山大学培养了如李国平等从事函数论研究的新一代数学家,蒲保明在四川大学师从李国平.孙永生是新中国成立后留学苏联,师从斯切契金(Y. Stechkin),开始了他的函数论研究之路.

总之,函数论是比较早地引入到中国的数学分支之一,经过数代中国函数论家的共同努力,学术研究发展迅速,逐渐形成了一个具有国际学术影响力的函数论的中国学术群体.

二、函数论的中国学术传统

由以上可以看出,函数论的中国学术谱系主要由以陈建功和熊庆来领导的两大体系,以及其他中国函数论家组成的师承关系或学缘关系的网络体系所组成,由此逐渐形成了函数论的中国学术传统.

1. 陈建功领导的函数论学术传统

以现代数学研究的学术范式为依据,函数论引入中国的一个来源与日本数学家藤原松三郎有很大的关系.级数论当时是藤原松三郎所领导的课题组在东北帝国大学研究的重点课题之一,其学术成就在世界数学界都有一定的影响.陈建功、王福春和刘书琴先后留学日本,回国后成功地将藤原松三郎的函数论学术传统移植到中国.陈建功跟随藤原松三郎着力于三角级数的研究,其中他关于杨氏(W. H. Young)函数的傅里叶级数的研究已挤身于学术前沿,与当时国际函数论权威哈代和李特伍德在同年所得到的结果相同.后来,为了学术研究和人才培养的需要,陈建功在中国还开拓了函数论的多个研究方向:单叶函数论、复变函数论、拟似共形映照、实变函数逼近论,其中某些方向领域在中国得到了传承和发展.

关于级数论方向,其主要传承者有王福春、程民德、徐瑞云、卢庆骏、郭竹瑞等.王福春主要是关于傅里叶级数的研究,其中最突出的成就是运用里斯对数(Riesz's logarithmic)方法改进傅里叶级数求和,为傅里叶级数的进一步发展奠定了基础.卢庆骏早期研究的是傅里叶分析,其中他成功地解决了哈代和李特伍德所提出的悬而未决傅里叶分析的问题.后来,卢庆骏前往美国留学,师从赞格蒙(A. Zygmund),在三角和绝对值的估计等方面做了深入的研究.郭竹瑞受其师卢庆骏的影响,对傅里叶分析和函数逼近论开展卓有成效的研究.程民德早期受陈建功和王福春的影响,主要是对一元傅里叶级数各种求和方法和求和因子等问题的研究,后来在其国外导师博赫纳的指导下,开拓了多元傅里叶级数的研究,由此也开辟了中国多元调和分析的研究;邓东皋沿着其师程民德所开创的多元调和分析方向继续前进,成功地解决了特殊情形的加藤猜想(Kato conjecture),为困扰半个世纪的加藤猜想的解决奠定了坚实的基础.徐瑞云早期致力于傅里叶级数理论的研究,后来到德国留学,其研究方向并没有变,在其师卡拉特渥多利工作的基础上得到有界变差函数的傅里叶级数的特征等成果.

133

单叶函数论是陈建功获得博士学位后不久在中国新开辟的研究方向,此后,陈建功又陆续开拓了复变函数论、拟似共形映照、实变函数逼近论,这为浙江大学和复旦大学研究生的培养奠定了学术基础.龚升与曾经是王福春的学生的胡克都受到了陈建功的影响,开始了单叶函数论的研究,对陈建功关于单叶函数系数问题做了进一步的完善;胡克后来转向复变函数论研究,在继承陈建功的复变函数论的基础上进一步做深入的研究,而龚升后来被陈建功推荐给华罗庚,转向多复变函数论的研究.夏道行早期曾在单叶函数论开展研究,得到"夏道行不等式"等成果;后来留学苏联,师从盖尔范德转向泛函分析;夏道行回国后在复旦大学与陈建功合作,不仅继续以前的研究方向,而且还开拓了拟似共形映照、实变函数、复变函数的研究方向,甚至跨向概率论领域.秦元勋早期跟随陈建功研究单叶函数论,后来留学美国,转向微分方程的研究.张鸣镛一直致力于函数论的研究,其中比较著名的成果是所谓的"张鸣镛常数".

2.熊庆来领导的函数论学术传统

同样地,依据现代数学研究的学术范式,函数论引入中国还有另一来源,这与法国数学家哈达玛有关.熊庆来在哈达玛的指导下完成了其博士论文《关于整函数与无穷级的亚纯函数》,得到著名的"熊氏无穷级".此后,熊庆来一直同法国数学界保持密切的学术往来,曾先后有三次到法国学习的经历,总计逾 17 年,并终身致力于函数论的研究.熊庆来回国后除了继续开展函数论研究,积极筹建和创办数学系、中国数学会等事业,还先后培养了一些中国数学家精英.熊庆来始终在整函数和亚纯函数论方向开展相关的研究,并为中国后来者所继承和发展.

庄圻泰在清华大学师从熊庆来,开始了其整函数和亚纯函数论的研究,后来到法国留学师从瓦利隆和哈达玛,进一步在亚纯函数的值分布与正规族理论从事研究工作;杨宗磐是熊庆来第二次出国前的最后一届学生,并受到华罗庚的学术影响,后来到日本留学师从清水.他的主要学术研究成果基本上集中在:在闭黎曼面上开展整函数和亚纯函数中重要的奈望林纳理论研究;杨乐和张广厚是熊庆来在中国科学院数学研究所的研究生,他们在整函数和亚纯函数的值分布理论得到著名的"杨—张定理"和"杨—张不等式".

华罗庚为熊庆来所器重,虽然早期致力于解析数论的研究,但是熊庆来的函数论研究对他的影响还是非常大的.华罗庚在从事解析数论研究的过程中,受到西格尔(C. L. Siegel)用矩阵方法对嘉当(É. Cartan)的典型域研究的启发,转向函数论的研究,由此创建了中国的多复变函数论.华罗庚在中国科学院数学研究所领导多复变函数论讨论班,培养了如陆启铿、龚升、钟家庆等一批著名的中国函数论家. 陆启铿同华罗庚合作,利用典型域的泊松(S. D. Poison)定理建立了典型域的调和函数理论,解决了对应的拉普拉斯－贝尔特拉米(Laplace-Beltrami)方程的狄利克雷(Dirichlet)问题,提出了"陆启铿猜想". 龚升将华罗庚的调和分析理论加以发展与扩充,提出"从核到和"和"从和到核"两个类型的推广法. 钟家庆是陆启铿在北京大学开设多复变函数论专门化的学生,在华罗庚的"华算子"基础上做出旋转群上傅里叶级数的阿贝尔求和等一系列成果.

当然,还有一些中国函数论家早期留学海外,师从国外导师,回国后为中国现代数学事业做出了卓越的贡献,主要有申又根、赵进义、孙永生等. 申又枨留学美国,师从沃尔什,致力于函数的插值理论. 沃尔什当时研究的是用多项式级数或有理函数表示一般的解析函数,曾是函数论的主流. 申又枨继承其师的学术传统开展相关的函数的插值理论研究,取得了系列成果. 江泽坚在西南联合大学师从申又枨,继承了其师的科研思想和精神,在函数论和泛函分析做出了一些工作,并影响了伍卓群的学术生涯. 赵进义留学法国开始了他的函数论和天文学研究,回国后同熊庆来有着密切的学术联系,引导其学生李国平同熊庆来进行学术合作. 蒲保明在四川大学师从李国平在整函数和亚纯函数方面曾做出了重要的工作,后来受关肇直的引导转向模糊拓扑学的研究. 孙永生留学苏联莫斯科大学,由他的导师斯契金选定实函数逼近论作为其研究方向,其中比较著名的有韦尔(H. Weyl)类三角逼近等. 刘书琴受藤原松三郎的影响而进入函数论的研究,但是他的兴趣主要在复变函数论,集中对比伯巴赫猜想(Bieberbach conjecture)开展了多方面的研究,由此带动了单叶函数论的深入研究. 他的学生李继闵早期继承了刘书琴的研究传统,但由于其研究志趣,后来转向中国数学史的研究.

由以上可以看出,西方函数论学术传统已经成功地移植到中国,并逐渐形成了主要以陈建功和熊庆来领导的函数论的中国学术传统. 在其形成过程中,中国留学生通过其国外导师,继承了西方函数论的学术传统,并将其移植到中国,其领导者主要是陈建功和熊庆来,他们分别将移植来的函数论学术传统结合中国实情,以学术研究带动人才培养,逐渐形成了函数论的中国学术传统. 可以说,导师对学术传统的影响非常大,后来者基本上沿着导师学术的研究方向或相关领域开展工作. 但是,由于其导师或合作者、个人兴趣、学科发展或国家战略等多种因素的影响,函数论的中国学术传统也在不断地变化或发展. 例如,胡坤陞和周鸿经早期跟随熊庆来,后来留学美国师从布里士,转向变分学研究.

三、函数论的中国学术传统的特点

函数论的中国学术传统是由西方优秀的数学学术传统移植而逐渐形成的，具有自身特点.

1. 移植西方函数论传统的起点高

中国留学生研究函数论是发生在 20 世纪上半叶. 此时的函数论已有半个多世纪的发展且相当成熟并呈蓬勃发展的态势. 中国留学生的国外导师基本上都是当时函数论的权威，因此，中国函数论家们不仅把握了函数论的主流，而且还继承了国外导师的学术风格和治学精神. 例如，熊庆来师从哈达玛而开始了他的函数论研究之路，他曾这样介绍他的老师："凡上所言为哈氏研究发轫时期一贯之工作，有重要之影响三：(1)关泰氏级数讨论之新域，继起之学者如波蔼尔(E. Borel)、法布里(E. Fabry)、劳(L. Leau)、林德勒夫(E. Lindelöf)、米达勒莱(M. G. Mittag-Leffler)、茫德布俄(B. Mandelbrot)、波列雅(G. Pólya)、俄士托斯基(A. Ostrowski)等，诸氏之贡献，至今已成为分析学上重要之一分支. 多数定理已成为典范的，而列入大学学程. 如哈氏之'空缺定理'(théorème de lacunes)、'异点乘法定理'(théorème de multiplication des singularités)，尤皆脍炙人口者也. (2)奠定整函数之基础，哈氏阐明之定理为整函数论极基本者，影响于其后之讨论甚大，而所揭示之'多边形法'(méthode de polygone)亦为一讨论整函数之利器. 其后瓦利隆氏(G. Valiron)即据此以建立一有统纪之整函数学理也. (3)促进数论之发展……."[36] 可以说，哈达玛当时是函数论发展的引领者，这影响了熊庆来终身在整函数与亚纯函数领域的耕耘，收获颇丰，并由此带出了中国的函数论研究队伍.

2. 融合于函数论发展的主流

中国函数论家留学师从国外著名数学家，在一定意义上影响了中国数学家所从事函数论研究处于学术前沿和主流方向，使得中国与世界的函数论发展形成了有机的融合. 例如，陈建功在日本留学师从藤原松三郎，从事级数论的研究. 他于 1928 年在《日本帝国科学院院刊》发表了《论带有绝对收敛的傅里叶级数的函数类》，这同哈代和李特伍德当年取得的结果相同，表明陈建功的学术研究融合于函数论发展的主流. 留学、国外访学和邀请著名数学家来华讲学成为中国与世界函数论发展相融合的主渠道. 陈建功和熊庆来由国外留学回国，培养中国青年数学家进入函数论领域，并引导和推荐给国外函数论大师，形成一种"国内学习－海外深造－回国服务"的函数论研究的中国早期模式. 例如，卢庆骏早期在陈建功的影响下从事函数论研究，后来被推荐到美国留学，师从赞格蒙,在三角和绝对值的估计方面做出了一流的成果.

3. 链式和网状特点的学术谱系

函数论通过中国留学生前往海外学习而引入中国,他们学成后回国,除了继续从事函数论的研究,还参与中国现代数学的建制化建设,担负着人才培养的重任,这样形成了链式的师生关系.同时,随着函数论研究队伍的扩大,中国各主要研发机构之间保持着密切的学术关系,这样便形成了网状的学术关系.例如,龚升在陈建功的培养下开始了函数论的研究,后来,陈建功极力推荐龚升前往中国科学院数学研究所,师从华罗庚,之后龚升转向多元复变函数论的研究.此外,那些有国外留学经历并在回国后与国内函数论家进行深入合作的人,也容易形成学术谱系,呈现链式和网状特征.例如,赵进义由法国留学回国后,同熊庆来保持着紧密的学术联系,推荐其弟子李国平参与学术交流与合作.因此,函数论家的中国学术谱系具有链式和网状结构共存的结构特点,对于形成函数论的中国学术传统具有重要意义.

4. 爱国成为中国函数论家的学术精神支柱

中国留学生研究现代数学主要是在辛亥革命之后,此时,1919 年的"五四"爱国精神深深地影响了中国青年学子,他们将爱国、振兴国家同学术研究紧紧联系在一起.莘莘学子远赴海外学习西方先进的科学,回国报效祖国成为当时中国留学生的学术追求和精神信念,并在其学术研究过程中通过言传身教影响到其学生.例如,陈建功毕业时在日本已有较好的工作,但是他坚持回国,选择了条件艰苦的浙江大学,组建浙江大学数学系,同苏步青一起共同经营,成功地带领了中国青年学子在学术上取得杰出的成就,被誉为"东方剑桥".这种将爱国与矢志学术相结合业已成为中国学术传统的一个重要内容.

结　　语

数学是一门累积性很强的学科,对于形成数学学术传统具有一种倾向性.数学学术传统的移植性和过程性,使其移植到中国成为可能性.函数论移植到中国是由留学生前往西方主动学习的过程,也就是全面接收西方优秀的函数论传统,经过数代中国函数论家共同努力,在继承西方优秀的函数论学术传统的基础上逐渐形成了函数论的中国学术传统,具体地说:中国已经形成了主要由陈建功、熊庆来为领导的函数论学术谱系,是世界函数论共同体的一个组成部分,此时,学术谱系是构成中国早期数学共同体的主要形式;中国函数论家继承西方函数论发展主流,按照现代数学的范式或传统开展研究,并取得了一些杰出的贡献;中国函数论家在研究过程中所凝聚的一种学术精神和风格被继承,支撑着中国函数论家克服种种困难、坚持自己的学术研究的信心和动力,表现为爱国与矢志学术两者的融合;中国函数论家也因为其学术贡献得到了社会和国家的承认而使其在社会谋得生存和发展.

但是不可否认,在函数论的中国学术传统形成过程中,也会遇到一些新的机遇,甚至出现新的转向,这涉及如何认识业已形成的函数论的中国学术传统问题.借鉴数学发展的规律,继承和发展优秀的函数论的中国学术传统是必然之路,是中国在函数论研究取得成功的关键因素.此外,函数论的中国学术传统在发展过程中,国家和社会应当营造宽松的学术研究环境,排除不必要的干扰;学术界应当保持同国际函数论研究主流的融合.

尾　　声

世界著名数学家 A. M. Cleason 曾指出：

学生们得到了这样的印象：集合论是数学最根本的探讨，真正的数学家只考虑完全从集合论术语给出其最终形式的那种问题．直到过了很长时间之后，学生才发现数学研究主要聚焦于从实质东西、模糊的类别和几何形象的"大杂烩"中筛出定理的过程．

本书试图通过几个浅显的初等数学例子巧妙地将学生引导至复分析的研究前沿，并通过介绍多位特别是仪洪勋教授的研究对那些心怀研究数学远大理想的学生进行"种草"，所谓种草，实质上可以理解为一种模仿行为，而这种行为，很大程度上可以解释为天性使然．在社会学领域，模仿被视为人类作为动物性的本能．法国社会学家塔尔德曾经在其《模仿律》中提出了3 个模仿定律：

下降律：社会下层人士具有模仿社会上层人士的倾向．

几何级数律：模仿一旦开始，便以几何级数增长，迅速蔓延．

先内后外律：个体对本土文化及其行为方式的模仿与选择，总是优先于外域文化及其行为方式．

套用《模仿律》来解释种草行为，或许能让我们更清楚地了解这一行为背后深层次的心理动因．首先，社会下层人士具有模仿社会上层人士的倾向，这一点，与美国心理学家阿尔伯特·班杜拉提出的社会学习理论的观点是一致的，即人们通过观察他们认为值得依赖且学识渊博的人（示范者）的行为而进行学习．

当然以上是一种社会学分析,我们更多的是一种数学教育学的实验.

谨以本书献给那些学有余力而又酷爱读书的大中学生.中国人读书,自古分为两源,杜工部诗:"读书破万卷,下笔如有神."此处"破"字有二义:一是用力,举例说就是"头悬梁""锥刺股"之类;二是用心,好比"皓者穷经".倘取这篇二义,可以作为古代一派人如何读书的代表.另外一派,则如陶渊明《五柳先生传》中所说"好读书,不求甚解;每有会意,便欣然忘念."这段话暗含昭明太子《陶渊明传》中"渊明不解音律,而蓄无弦琴一张,与酒适辄抚弄,以寄其意."

复数的基本知识

§1　复　　数

几何中复数的重要性对我而言充满神秘,它是如此优美简洁而又浑然一体.

——陈省身

1.1　复数的表示

我们记得二次方程

$$ax^2 + bx + c = 0 \tag{1}$$

有根,当且仅当它的判别式 $\Delta = b^2 - 4ac$ 为非负.此时,这些根是

$$x' = \frac{-b + \sqrt{\Delta}}{2a}, x'' = \frac{-b - \sqrt{\Delta}}{2a}$$

在 $\Delta = 0$ 的条件下,这两个根是重根,它们的共同值是 $\frac{-b}{2a}$;在 $\Delta < 0$ 的情况下,解的集合是空集,特别是,方程

$$x^2 + 1 = 0 \tag{2}$$

没有解.只要注意到,对于每一个实数 x,都有 $x^2 \geqslant 0$,我们就立即证明了这个结果.因而,$x^2 + 1 > 0$,于是 $x^2 + 1 \neq 0$.

然而,方程(1)的根,如果它们存在,那么在多数计算中是很容易求解的.这就是为什么 16 世纪的意大利数学家邦比里(Ban bury)和卡当(Cardan)(用于所有牵引汽车的等速万向节的发明者)产生了引入一个数作为方程(2)的解的想法.这样的

数就是所谓的虚数(因为这不是一个真实的数),由于这个理由,它被不考虑其在电学中应用的数学家们记作 i,在这里,我们仍使用 i 表示电流强度.

形如 $a+bi$ 的数称作复数.其中 a 和 b 属于 **R**,复数的计算法则和实数的情形一样简单……,有时只要记住有条不紊地用 -1 代替 i^2 就行了.

我们将看到,为了解方程(2)而发现的复数,使我们能解决最一般的方程(1),甚至 $\Delta<0$ 的情形.当然,我们将按照美国大工程师斯坦默兹(1890)的工作,以复数在交流电中的应用来结束本附录.

1.2　复数域

有许多种构造复数的方式.最简单的就是使实数二元组 (a,b) 的集合 $\mathbf{R}^2$ 具有下列合成法则.

(1)加法由
$$(a,b)+(a',b')=(a+a',b+b')$$
定义.

(2)乘法由
$$(a,b)\cdot(a',b')=(aa'-bb',ab'+ba')$$
定义.我们证明,满足这两个法则的集合 $\mathbf{R}^2$ 是一个交换域.这个域称作复数域,并记作 **C**.

加法的中性元素是二元组 $(0,0)$;乘法的中性元素是二元组 $(1,0)$.此外,元素 $(0,1)$ 满足关系 $(0,1)^2+(1,0)=(0,0)$.

映射 $a\mapsto(a,0)$ 是从 **R** 到 **C** 中的一个内射的同态,它把域 **R** 与 **C** 的一个子域视为同一个东西.特别地,正如在每一个域中一样,元素 $(0,0)$ 和 $(1,0)$ 都将更简单地记作 0 和 1.元素 $(0,1)$ 是方程(2)的解,将它记作 i.

1.3　复数的笛卡儿形式

关系
$$(a,b)=(a,0)+(0,b)$$
和
$$(0,b)=(b,0)\cdot(0,1)$$
表明,每一个复数 $z=(a,b)$ 都可以写成形式
$$z=a+bi$$
此外,这种写法是唯一的.事实上,设 (a,b) 和 (a',b') 是使
$$a+bi=a'+b'i$$

成立的实数二元组,那么,$(b-b')\mathrm{i}=a'-a$. 如果 $b-b'$ 是非零的,我们可以把 i 写成形式

$$\mathrm{i}=\frac{a'-a}{b-b'}$$

这与 i 不属于 **R** 的事实相矛盾. 于是 $b'=b$,由此知 $a'=a$,这就是所要证明的.

写法 $a+b\mathrm{i}$ 称作复数 z 的笛卡儿形式(这个名称是为了纪念勒内·笛卡儿 (René Descartes),他是第一个想到使用实数二元组的人).

实数 a 称作复数 z 的实数部分,并记作 $\mathrm{Re}\ z$;实数 b 称作复数 z 的虚数部分,并记作 $\mathrm{Im}\ z$. 实数部分是零的复数即所谓的纯虚数.

用这些记号,两个复数 $z=a+b\mathrm{i}$ 和 $z'=a'+b'\mathrm{i}$ 的和与积可以写成

$$z+z'=(a+b\mathrm{i})+(a'+b'\mathrm{i})=a+a'+(b+b')\mathrm{i}$$
$$zz'=(a+b\mathrm{i})(a'+b'\mathrm{i})=aa'-bb'+(ab'+ba')\mathrm{i}$$

于是,复数的和或积的实数部分与虚数部分由下列公式给出

$$\mathrm{Re}(z+z')=\mathrm{Re}\ z+\mathrm{Re}\ z'$$
$$\mathrm{Im}(z+z')=\mathrm{Im}\ z+\mathrm{Im}\ z'$$
$$\mathrm{Re}(zz')=\mathrm{Re}\ z\cdot\mathrm{Re}\ z'-\mathrm{Im}\ z\cdot\mathrm{Im}\ z'$$
$$\mathrm{Im}(zz')=\mathrm{Re}\ z\cdot\mathrm{Im}\ z'+\mathrm{Im}\ z\cdot\mathrm{Re}\ z'$$

例 1　(1) 计算 $3+4\mathrm{i}$ 与 $1-\mathrm{i}$ 的和.

(2) 计算 $3+4\mathrm{i}$ 与 $1+\mathrm{i}$ 的积.

解　(1)$(3+4\mathrm{i})+(1-\mathrm{i})=3+1+(4-1)\mathrm{i}=4+3\mathrm{i}$.

(2)$(3+4\mathrm{i})(1+\mathrm{i})=3+4\mathrm{i}+3\mathrm{i}+4\mathrm{i}^2=-1+7\mathrm{i}$.

1.4　共轭复数

从 **C** 到它自身把每一个复数 $z=a+b\mathrm{i}$ 与复数 $\bar{z}=a-b\mathrm{i}$ 对应起来的映射是一个自同构,等于它的逆映射

$$\bar{\bar{z}}=z$$

复数 $\bar{z}$ 称作 z 的共轭;由于 z 和 $\bar{z}$ 对称,所以我们也可以说复数 z 和 $\bar{z}$ 是共轭的.

事实上,很显然,这个映射是双射的. 因为它容许一个逆映射(即它自己)存在. 此外,对于每个复数二元组 (z,z') 满足

$$\overline{z+z'}=a+a'-(b+b')\mathrm{i}=a-b\mathrm{i}+a'-b'\mathrm{i}=\bar{z}+\bar{z}'$$
$$\overline{zz'}=aa'-bb'-(ab'+ba')\mathrm{i}=(a-b\mathrm{i})(a'-b'\mathrm{i})=\bar{z}\cdot\bar{z}'$$

共轭复数的性质　两个共轭复数的和是一个实数,其差是一个纯虚数,更明确地说

143

$$z + \bar{z} = 2\mathrm{Re}\, z$$

$$z - \bar{z} = 2\mathrm{i}\mathrm{Im}\, z$$

特别地,$\bar{z} = z$ 的充分必要条件是 z 是实数;$\bar{z} = -z$ 的充分必要条件是 z 是纯虚数.

两个共轭复数的积是一个正实数,更明确地说

$$z \cdot \bar{z} = [\mathrm{Re}\, z]^2 + [\mathrm{Im}\, z]^2$$

例 2 我们取复数 $3 + 4\mathrm{i}$ 作为 z. 那么

$$\bar{z} = 3 - 4\mathrm{i}, z + \bar{z} = 6, z - \bar{z} = 8\mathrm{i}, z \cdot \bar{z} = 9 + 16 = 25$$

注意 为了得到一个商

$$z = \frac{a + b\mathrm{i}}{c + d\mathrm{i}}$$

的笛卡儿形式,我们用分母的共轭复数乘以分子和分母,即

$$z = \frac{(a + b\mathrm{i})(c - d\mathrm{i})}{(c + d\mathrm{i})(c - d\mathrm{i})} = \frac{ac + bd}{c^2 + d^2} + \mathrm{i}\frac{bc - ad}{c^2 + d^2}$$

例 3 计算

$$z = \frac{3 + 4\mathrm{i}}{1 + \mathrm{i}}$$

解 $z = \dfrac{(3 + 4\mathrm{i})(1 - \mathrm{i})}{(1 + \mathrm{i})(1 - \mathrm{i})} = \dfrac{3 + 4 + \mathrm{i}(4 - 3)}{1 - \mathrm{i}^2} = \dfrac{7}{2} + \dfrac{1}{2}\mathrm{i}.$

1.5 复数的模

我们刚刚看到,z 与它的共轭数的积是一个非负实数. 这个非负实数的平方根称作复数 z 的模,记作 $|z|$

$$|z| = \sqrt{z \cdot \bar{z}} = \sqrt{a^2 + b^2}$$

特别地,若 z 是实数,则 z 的模不是别的,恰恰是 a 的绝对值,这就说明为什么对一个复数的模和一个实数的绝对值使用同一个符号.

z 的模的定义对于 z 和 $\bar{z}$ 发挥着类似的作用. 因此,共轭复数具有同一个模

$$|z| = |\bar{z}|$$

对于每一个复数 z,有

$$|\mathrm{Re}\, z| \leqslant |z|, \ |\mathrm{Im}\, z| \leqslant |z|$$

此外,第一个不等式变成等式当且仅当 z 是实数;第二个不等式变成等式当且仅当 z 是纯虚数,这是关系

$$|z|^2 = z \cdot \bar{z} = [\mathrm{Re}\, z]^2 + [\mathrm{Im}\, z]^2$$

的直接结果.

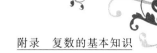

显然，当且仅当 z 的模是零时，z 为零.

现在，我们考虑两个复数的和、积与商的模.两个复数的积的模等于它们的模的积，即

$$| zz' |=| z |\cdot| z' |$$

事实上

$$| zz' |^2 =(zz')(\overline{zz'})=zz'\bar z\,\bar z' =| z |^2\cdot| z' |^2$$

两端开平方，就得到了上述关系.

我们假设 $z'\neq 0$，关系式 $z''=\dfrac{z}{z'}$ 相当于 $z=z'z''$.

因此

$$\left|\frac{z}{z'}\right|=\frac{| z |}{| z' |}$$

这样，商的模等于分子和分母的模的商.

对于每一个复数二元组 (z,z') 都有

$$| z+z' |\leqslant| z |+| z' | \tag{3}$$

（三角不等式）.z 是非零的，当且仅当存在一个正实数 a，使 $z'=az$ 时，式(3) 才是等式.

若 $z=0$，三角不等式是明显的；在相反的情况下，它相当于

$$| 1+u |\leqslant 1+| u | \tag{4}$$

其中，$u=\dfrac{z'}{z}$.此外，在关系式(3) 和式(4) 中，等式同时成立.关系式(4) 还等于下式

$$| 1+u |^2\leqslant(1+| u |)^2 \tag{5}$$

从一端

$$| 1+u |^2 =(1+u)(1+\bar u)=1+2\mathrm{Re}\,u+| u |^2$$

从另一端

$$(1+| u |)^2 =1+2| u |+| u |^2$$

那么，不等式(5) 相当于不等式

$$\mathrm{Re}\,u\leqslant| u | \tag{6}$$

这是不等式 $| \mathrm{Re}\,u |\leqslant| u |$ 的一个直接结果.

最后，我们假设在关系式(3) 中等式成立，那么，关系式(6) 变成了 $\mathrm{Re}\,u=| u |$，这就意味着 u 是正实数.反之，如果 u 是正实数，显然有

$$| 1+u |=1+| u |$$

已知的积的模的公式指出,如果 z 和 z' 有模 1,则它们的积具有同样的模;已知的商的模的公式指出,如果 z 有模 1,则 $\dfrac{1}{z}$ 具有同样的模. 因此,模为 1 的复数集合 U 是非零复数乘法群 C^* 的一个子群.

例 4

$$|3+4\mathrm{i}|=\sqrt{9+16}=\sqrt{25}=5$$

$$|1+\mathrm{i}|=\sqrt{2}$$

$$|(3+4\mathrm{i})(1+\mathrm{i})|=|3+4\mathrm{i}|\cdot|1+\mathrm{i}|=5\sqrt{2}$$

$$\left|\frac{1}{3+4\mathrm{i}}\right|=\frac{1}{|3+4\mathrm{i}|}=\frac{1}{5}$$

$$\left|\frac{1+\mathrm{i}}{3+4\mathrm{i}}\right|=\frac{\sqrt{2}}{5}$$

1.6 复数序列

收敛序列和柯西序列的定义推广到复数序列的情形是:在收敛序列的定义中,只要以复数 l 代替实数 l,并且不读成"绝对值",而读成"模"就够了. 正如在 $\mathbf{R}$ 的情况下,柯西条件仍然是收敛的一个充分必要条件,并且仍称为柯西准则.

如果一个复数序列 (u_n) 有一个极限 l,那么序列 $(|u_n|)$ 具有极限 $|l|$.

事实上,根据三角不等式,有

$$||u_n|-|l||\leqslant|u_n-l|$$

例 5 (一个几何级数的诸项和)设 r 是一个复数,而 (u_n) 是一个公比为 r 的非零等比级数. 和 $u_0+u_1+\cdots+u_{n-1}$ 当 n 趋向于 $+\infty$ 时有极限的充分必要条件是 $|r|<1$. 此时,这个和的极限是 $u_0\dfrac{1}{1-r}$.

事实上,我们知道

$$u_0+u_1+\cdots+u_{n-1}=\begin{cases}u_0\dfrac{1-r^n}{1-r}, & \text{若 } r\neq1\\[2mm] nu_0, & \text{若 } r=1\end{cases}$$

因级数 (u_n) 不是零,所以 u_0 异于 0.

若 $r=1$,立即可得这个和没有极限.

若 $r\neq1$,则这个和有极限当且仅当 r^n 有极限. 然而 $|r^n|=|r|^n$.

如果 $|r|<1$,$|r|^n$ 趋向于零,而 r^n 也同样趋向于零.

如果 $|r|>1$,$|r|^n$ 趋向于 $+\infty$,且 r^n 没有极限.

综上,如果 $|r|=1$,而 $r\neq1$,那么 r^n 的极限存在蕴含着 $r=\dfrac{r^{n+1}}{r^n}$ 趋向于 1,这不符合逻辑.

1.7　一个复数的几何表示

设有由点 O 和由确定 Ox 轴与 Oy 轴的两个正交单位向量 $\boldsymbol{u}$ 与 $\boldsymbol{v}$ 定义的标架,我们来考察张在此标架上的平面(图 1).我们可以把平面上的每一点 M 与数的一个二元组 (a,b),即点 M 的坐标对应起来.

我们说点 M 是复数 $z=a+bi$ 的象.反之,与复数 $a+bi$ 相对应的,是平面 (O,u,v) 上坐标为 a 和 b 的点 M.我们说复数 $a+bi$ 是点 $M(a,b)$ 的附标.

这样,我们就在复数集合与平面的点集合之间建立了一个双射,这样表示的平面称作复平面.

我们考虑一些特殊复数的象(图 2):

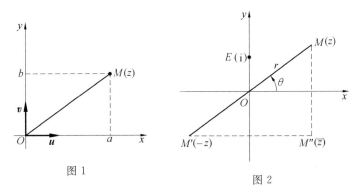

图 1

图 2

(1)$z=0$ 的象是点 O.

(2)实数 $z=a$ 的象是 Ox 轴上的一点.Ox 轴称作实轴.

(3)纯虚数 $z=bi$ 的象是 Oy 轴上的一点.Oy 轴称作虚轴.坐标为 $(0,1)$ 的点 E 是虚数 i 的象.

(4)复数

$$z=a+bi$$

和

$$z'=-a-bi=-z$$

的象是关于原点对称的点 M 和 M'.

(5)共轭复数

$$z=a+bi$$

和

$$\overline{z} = a - bi$$

的象是关于 Ox 轴对称的点 M 和 M''.

复数的几何表示使我们能解释 **C** 中的加法:如图 3 所示,设 z 和 z' 是两个复数,M 和 M' 是它们的象. 那么,它们的和 $z+z'$ 的象是以原点 O 为起点的向量 $(\overrightarrow{OM} + \overrightarrow{OM'})$.

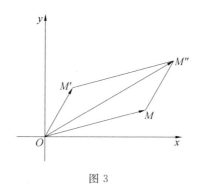

图 3

复数 z 的模等于距离 $\|OM\|$. 复数的三角不等式由 $\triangle OMM''$ 中熟知的不等式表示

$$\|OM''\| \leqslant \|OM\| + \|MM''\|$$

相等的情形对应于 O, M 和 M'' 共线,即向量 $\overrightarrow{OM}$ 和 $\overrightarrow{MM''}$ 在同一方向.

1.8 复数的三角形式

在复数平面中,我们考察向量 $\overrightarrow{OM}$,也说向量 $\overrightarrow{OM}$ 是复数 $z = a + bi$ 的象向量. 我们还可以用它的极角 (Ox, OM) 的量度(弧度)θ 和它的长度 $r = OM$ 来表示向量 $\overrightarrow{OM}$,θ 的确定准确到 2π 的整数倍,r 也称为复数 z 的模. z 的模记作 $|z|$. 这样,$|z| = r$.

若 θ 是 (Ox, OM) 的弧度之一,则其他的弧度都有形式

$$\theta' = \theta + 2k\pi$$

其中,k 是一个整数.

那么,这些弧度中有且只有一个属于区间 $[-\pi, \pi]$. 我们把它称作 z 的主辐角,并记作 $\arg z$. 其他的弧度都简单地称作 z 的辐角.

我们考察向量 $\overrightarrow{OM}$ 在 Ox 轴和 Oy 轴上的正投影,于是就得到了下列公式

$$a = r\cos\theta, b = r\sin\theta$$

由此,有

$$r^2 = a^2 + b^2$$

于是复数 $z = a + bi$ 变成

$$z = r(\cos \theta + \mathrm{i}\sin \theta)$$

的形式,它被称作三角形式. 有时,将其简单地写成

$$z = [r, \theta]$$

以表示模为 r 和辐角为 θ 的复数.

例 6

$z_1 = \left[1, \dfrac{\pi}{4}\right] = \cos \dfrac{\pi}{4} + \mathrm{i}\sin \dfrac{\pi}{4}$ 的象是 A.

$z_2 = \left[1, \dfrac{3\pi}{4}\right] = \cos \dfrac{3\pi}{4} + \mathrm{i}\sin \dfrac{3\pi}{4}$ 的象是 B.

$z_3 = \left[1, \dfrac{5\pi}{4}\right] = \cos \dfrac{5\pi}{4} + \mathrm{i}\sin \dfrac{5\pi}{4} = -\left(\cos \dfrac{\pi}{4} + \mathrm{i}\sin \dfrac{\pi}{4}\right)$ 的象是 C.

$z_4 = \left[1, \dfrac{-\pi}{4}\right] = \cos \dfrac{\pi}{4} - \mathrm{i}\sin \dfrac{\pi}{4}$ 的象是 D.

我们注意到

$$z_3 = -z_1, \bar{z}_4 = z_1, \bar{z}_3 = z_2, z_4 = -z_2$$

如图 4 所示,坐标为 $(0,1)$ 的点 E 是模为 1,辐角为 $\dfrac{\pi}{2}$ 的复数 i 的象,于是

$\mathrm{i} = \left[1, \dfrac{\pi}{2}\right]$.

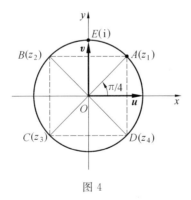

图 4

每一个实数 a 都有模 $|a|$,并且,若 a 是正数,辐角 $\theta = 0$;若 a 是负数,辐角 $\theta = \pi$. 每一个虚数 bi 都有模 $|b|$,并且,若 b 是正数,辐角 $\theta = \dfrac{\pi}{2}$;若 b 是负数,辐角 $\theta = -\dfrac{\pi}{2}$.

我们注意到,如果两个复数 z 和 z' 相等,则它们的象重合,于是

$$OM = OM' \Leftrightarrow r = r'$$

$$\theta = \theta' + 2k\pi$$

两个复数相等的充分必要条件是它们具有相同的模并且辐角(准确到 $2k\pi$)相等.

例 7 (1)已知复数 $z = a + bi$,我们可以把它写成三角形式

$$z = r(\cos\theta + i\sin\theta)$$

模 r 和辐角 θ 由关系式

$$r^2 = a^2 + b^2 \text{ 或 } r = \sqrt{a^2 + b^2}$$

$$\cos\theta = \frac{a}{r} = \frac{a}{\sqrt{a^2 + b^2}}$$

$$\sin\theta = \frac{b}{r} = \frac{b}{\sqrt{a^2 + b^2}}$$

确定,我们把 $z = 4 - 3i$ 写成三角形式,就得到

$$r^2 = 16 + 9 = 25, r = 5$$

$$\cos\theta = \frac{4}{5}, \sin\theta = -\frac{3}{5}$$

这样,θ 属于区间 $\left[-\frac{\pi}{2}, 0\right]$.

(2)确定复数

$$z = -2\left(\cos\frac{\pi}{8} + i\sin\frac{\pi}{8}\right)$$

的模和辐角,这个关系式可以写成

$$z = 2\left(-\cos\frac{\pi}{8} - i\sin\frac{\pi}{8}\right)$$

$$= 2\left[\cos\left(\pi + \frac{\pi}{8}\right) + i\sin\left(\pi + \frac{\pi}{8}\right)\right]$$

z 的模是 2,它的辐角准确到 $2k\pi$ 是 $\frac{9\pi}{8}$.

积的辐角 设 z 和 z' 是写成三角形式的两个复数

$$z = r(\cos\theta + i\sin\theta), z' = r'(\cos\theta' + i\sin\theta')$$

那么

$$zz' = rr'(\cos\theta + i\sin\theta)(\cos\theta' + i\sin\theta')$$

或

$$zz' = rr'[\cos\theta\cos\theta' - \sin\theta\sin\theta' + i(\cos\theta\sin\theta' + \sin\theta\cos\theta')]$$

即

$$zz' = rr'[\cos(\theta + \theta') + i\sin(\theta + \theta')]$$

我们重新发现了 zz' 的模是 z 与 z' 的模的积这个事实.此外,zz' 的一个辐角是 $\theta + \theta'$.

我们可以写

$$[r,\theta][r',\theta'] = [rr',\theta + \theta']$$

例如

$$\left[1,\frac{\pi}{3}\right]\left[2,\frac{\pi}{4}\right] = \left[2,\frac{7\pi}{12}\right]$$

商的幅角 我们假设 $z' \neq 0$,关系式 $z'' = \dfrac{z}{z'}$ 等价于 $z = z'z''$.如果 $z'' = r''(\cos\theta'' + i\sin\theta'')$,那么

$$r(\cos\theta + i\sin\theta) = r'r''[\cos(\theta' + \theta'') + i\sin(\theta' + \theta'')]$$

我们重新发现了 $\dfrac{z}{z'}$ 的模是 z 和 z' 的模的商这个事实.此外,$\dfrac{z}{z'}$ 的一个辐角是 $\theta - \theta'$.

例如,若 $z = \left[6,-\dfrac{\pi}{4}\right]$,$z' = \left[2,\dfrac{\pi}{2}\right]$,那么

$$z'' = \frac{z}{z'} = \left[3,-\frac{3\pi}{4}\right] = 3\left(\cos\frac{3\pi}{4} - i\sin\frac{3\pi}{4}\right)$$

$$= 3\left(-\frac{\sqrt{2}}{2} - \frac{i\sqrt{2}}{2}\right) = -3\frac{\sqrt{2}}{2}(1 + i)$$

1.9 复数 i,旋转算子

我们考察两个复数

$$z = [r,\theta]$$

和

$$i = \left[1,\frac{\pi}{2}\right]$$

将这两个复数相乘,则

$$iz = \left[1,\frac{\pi}{2}\right] \cdot [r,\theta] = \left[r,\theta + \frac{\pi}{2}\right]$$

iz 的模等于 z 的模,而每个辐角均增加了 $\dfrac{\pi}{2}$.这个结果的几何解释表明:iz 的象点 M' 由 z 的象点 M 在以 O 为中心的旋转中转 $\dfrac{\pi}{2}$ 得到(图5).

复数 iz 的象由以 O 为中心的旋转中将 z 的象转 $\frac{\pi}{2}$ 得到.

由更一般的方式,积 $[1,\alpha][r,\theta]=[r,\theta+\alpha]$ 表明,$(\cos\alpha+i\sin\alpha)z$ 的象点 M' 由以 O 为中心的旋转中将 z 的象点 M 转 α 而得到(图6).这个结果使我们有可能在知道点 M 的坐标 (x,y) 时,确定 M' 的坐标 (x',y').事实上

$$x'+iy'=(\cos\alpha+i\sin\alpha)(x+iy)$$

$$x'+iy'=x\cos\alpha-y\sin\alpha+i(x\sin\alpha+y\cos\alpha)$$

于是

$$x'=x\cos\alpha-y\sin\alpha$$

$$y'=x\sin\alpha+y\cos\alpha$$

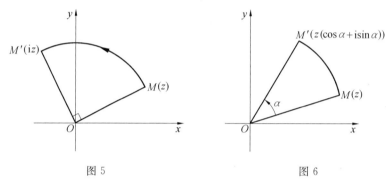

图 5　　　　　　　图 6

1.10　棣莫弗(De Moivre)公式

我们考察复数

$$z=r(\cos\theta+i\sin\theta)$$

它的模是 r,辐角是 θ.我们计算

$$z^n=[r(\cos\theta+i\sin\theta)]^n$$

这里 n 是整数.

表达式 z^n 代表了 z 自乘 n 次的积.那么,z^n 的模是 r^n,辐角是 $n\theta$,由此我们得到下面的棣莫弗公式

$$[r(\cos\theta+i\sin\theta)]^n=r^n(\cos n\theta+i\sin n\theta)$$

对于 $r=1$,上述公式变成

$$(\cos\theta+i\sin\theta)^n=\cos n\theta+i\sin n\theta$$

这个公式使我们有可能从 $\cos\theta,\sin\theta,\tan\theta$ 出发来表示 $\cos n\theta,\sin n\theta$ 和 $\tan n\theta$.

例8　对于 $n=3$,我们得到

$$(\cos \theta + \mathrm{i}\sin \theta)^3 = \cos 3\theta + \mathrm{i}\sin 3\theta$$

用二项式公式展开上式的左端,得到

$$\cos^3 \theta + 3\mathrm{i}\cos^2 \theta \sin \theta - 3\cos \theta \sin^2 \theta - \mathrm{i}\sin^3 \theta = \cos 3\theta + \mathrm{i}\sin 3\theta$$

$$\cos^3 \theta - 3\sin^2 \theta \cos \theta + \mathrm{i}(3\cos^2 \theta \sin \theta - \sin^3 \theta) = \cos 3\theta + \mathrm{i}\sin 3\theta$$

使上述两式实数部分和虚数部分分别相等,我们有

$$\cos 3\theta = \cos^3 \theta - 3\sin^2 \theta \cos \theta = 4\cos^3 \theta - 3\cos \theta$$

$$\sin 3\theta = 3\cos^2 \theta \sin \theta - \sin^3 \theta = 3\sin \theta - 4\sin^3 \theta$$

$$\tan 3\theta = \frac{3\cos^2 \theta \sin \theta - \sin^3 \theta}{\cos^3 \theta - 3\sin^2 \theta \cos \theta} = \frac{3\tan \theta - \tan^3 \theta}{1 - 3\tan^2 \theta}$$

n 是负整数. 在这种情况下,令 $n = -n'$,此处 $n' > 0$,则

$$(\cos \theta + \mathrm{i}\sin \theta)^{-n'} = \frac{1}{(\cos \theta + \mathrm{i}\sin \theta)^{n'}}$$

$$= \frac{1}{\cos n'\theta + \mathrm{i}\sin n'\theta}$$

那么

$$(\cos \theta + \mathrm{i}\sin \theta)^{-n'} = \cos(-n'\theta) + \mathrm{i}\sin(-n'\theta)$$

而由 n 代替 $-n'$,我们就有

$$(\cos \theta + \mathrm{i}\sin \theta)^n = \cos n\theta + \mathrm{i}\sin n\theta$$

1.11 一个复数的 n 次根

设 $a = r(\cos \theta + \mathrm{i}\sin \theta)$ 是一个复数,并且 n 是一个自然数,我们把使 $z^n = a$ 的一切复数 z 称作 a 的 n 次根.

如果 $a = 0$,则 $z = 0$ 是所提出问题的唯一解答. 今后,我们抛开 $a = 0$ 的情形,那么,$z = 0$ 不可能是解. 我们可以令

$$z = \rho(\cos \alpha + \mathrm{i}\sin \alpha)$$

应用棣莫弗公式,等式 $z^n = a$ 可以写成

$$\rho^n(\cos n\alpha + \mathrm{i}\sin n\alpha) = r(\cos \theta + \mathrm{i}\sin \theta)$$

即

$$\begin{cases} \rho^n = r \\ n\alpha = \theta + 2k\pi \end{cases}$$

因为 r 是正的,并且 ρ 应该也是正的,所以存在唯一的数 ρ,使

$$\rho = \sqrt[n]{r}$$

另外

$$\alpha = \frac{\theta}{n} + 2k\frac{\pi}{n}$$

α 的任意一个值都对应于整数 k 的每一个值；但是，α 不同于 2π，并且表示同一个 z 的两个值，对应于 k 的不同于 n 的两个值. 于是，不同的解由 k 的 n 个值 0，$1,2,3,\cdots,n-1$ 得到.

这些解的模有共同值 $\sqrt[n]{r}$，它们的主幅角两两相差 $\frac{2\pi}{n}$，其象是正 n 边形的顶点. 于是每一个复数严格说来有 n 个根，它们的象是以原点为中心的一个圆的内接正 n 边形的顶点. 这些根是

$$z_k = \sqrt[n]{r}\left[\cos\left(\frac{\theta}{n} + 2k\frac{\pi}{n}\right) + i\sin\left(\frac{\theta}{n} + 2k\frac{\pi}{n}\right)\right]$$

$$(k = 0,1,2,3,\cdots,n-1)$$

例 9 （1）计算复数

$$a = r(\cos\theta + i\sin\theta) \tag{7}$$

的平方根.

（2）计算式(7)的立方根.

（3）计算方程 $z^5 = 7$ 的根.

解 （1）存在两个平方根

$$z_k = \sqrt{r}\left[\cos\left(\frac{\theta}{2} + k\pi\right) + i\sin\left(\frac{\theta}{2} + k\pi\right)\right](k \in \{0,1\})$$

即

$$z_0 = \sqrt{r}\left(\cos\frac{\theta}{2} + i\sin\frac{\theta}{2}\right)$$

$$z_1 = \sqrt{r}\left[\cos\left(\frac{\theta}{2} + \pi\right) + i\sin\left(\frac{\theta}{2} + \pi\right)\right] = -\sqrt{r}\left(\cos\frac{\theta}{2} + i\sin\frac{\theta}{2}\right)$$

它们两个互为相反数.

这样 $i = \left[1, \frac{\pi}{2}\right]$ 的平方根是

$$z_0 = \cos\frac{\pi}{4} + i\sin\frac{\pi}{4} = \frac{1}{\sqrt{2}}(1+i)$$

$$z_1 = \cos\frac{3\pi}{4} + i\sin\frac{3\pi}{4} = -\frac{1}{\sqrt{2}}(1+i)$$

（2）在这种情况下，$r = 1, \theta = 0,1$ 的立方根有 3 个

$$z_k = \cos 2k\frac{\pi}{3} + i\sin 2k\frac{\pi}{3}(k \in \{0,1,2\})$$

154

即

$$z_0 = 1$$

$$z_1 = \cos\frac{2\pi}{3} + i\sin\frac{2\pi}{3} = -\frac{1}{2} + i\frac{\sqrt{3}}{2}$$

$$z_2 = \cos\frac{4\pi}{3} + i\sin\frac{4\pi}{3} = -\frac{1}{2} - i\frac{\sqrt{3}}{2}$$

若以字母 ω 表示 $z_1 = -\frac{1}{2} + i\frac{\sqrt{3}}{2}$，则 $z_2 = \omega^2 = \bar{\omega}$.

于是，式(7)有 3 个立方根：$1, \omega, \omega^2$，它们的象是如图 7 所示的内接于半径为 1 的圆的一个等边 $\triangle ABC$ 的顶点.

容易证实

$$1 + \omega + \omega^2 = 0$$

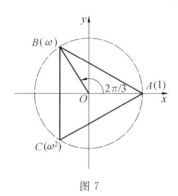

图 7

我们注意到，复数 $1, \omega, \omega^2$ 是方程 $z^3 - 1 = 0$ 的解.

（3）我们有

$$\rho^5(\cos 5\theta + i\sin 5\theta) = 7$$

那么

$$\rho = \sqrt[5]{7}, \quad 5\theta = 2k\pi$$

即

$$z_k = \sqrt[5]{7}\left(\cos\frac{2k\pi}{5} + i\sin\frac{2k\pi}{5}\right) (k \in \{0,1,2,3,4\})$$

它们的象是内接于以 O 为中心、以 $\sqrt[5]{7}$ 为半径的圆的正五边形的顶点.

1.12　一个复数的平方根的计算

平方根的计算可以无须运用复数的三角形式而完成.事实上

$$z^2 = c \tag{8}$$

当 $c=0$ 时有且只有一个解,即 0;当 $c\neq 0$ 时,它有两个相反的解.

特别地,如果 c 是实数,方程(8)有:

(1) 一个解且只有一个解,即 0,如果 $c=0$.

(2) 两个相反的解,即实数 $\sqrt{c}$ 和 $-\sqrt{c}$,如果 $c>0$.

(3) 两个相反的解,即纯虚数 $\mathrm{i}\sqrt{-c}$ 和 $-\mathrm{i}\sqrt{-c}$,如果 $c<0$.

我们排除 $c=0$ 这个最简单的情形,把 z 和 c 写成笛卡儿形式

$$z=x+\mathrm{i}y,c=a+\mathrm{i}b$$

那么,方程 $z^2=c$ 等价于方程组

$$\begin{cases} x^2-y^2=a \\ 2xy=b \end{cases}$$

此外,在关系式 $z^2=c$ 的两端取模,我们得到

$$x^2+y^2=\rho$$

此处

$$\rho=\sqrt{a^2+b^2}$$

此时,我们分 2 种情况进行讨论.

情况 1 数 c 是实数.那么 $a=c,b=0$,并且 x 和 y 中有一个为零.

如果 c 为正,关系式 $x=0$ 是不可能的,因为它使得 $-y^2=c>0$.剩下 $y=0$,因此 $x^2=c,x=\pm\sqrt{c}$.

如果 c 为负,关系式 $y=0$ 是不可能的,因为它使得 $x^2=c<0$.剩下 $x=0$,由此 $y^2=-c,y=\pm\sqrt{-c}$,即 $y=\pm\mathrm{i}\sqrt{c}$.

情况 2 数 c 不是实数.方程(8)仍然等价于方程组

$$\begin{cases} 2x^2=\rho+a \\ 2xy=b \end{cases}$$

数 $\rho+a$ 是一个正实数,因为 b 是非零的,由此

$$x=\pm\sqrt{\dfrac{\rho+a}{2}}$$

$$y=\dfrac{b}{2x}$$

这样,我们就得到了 z 的两个相反的值.

例 10 确定复数

$$-\frac{33}{4}-14\mathrm{i}$$

的平方根.

解 应用上述方法,寻求实数二元组 (x,y) 使

$$(x + \mathrm{i}y)^2 = -\frac{33}{4} - 14\mathrm{i}$$

将上式分成实数部分和虚数部分,我们得到

$$\begin{cases} x^2 - y^2 = -\dfrac{33}{4} \\ xy = -7 \end{cases}$$

此外

$$x^2 + y^2 = \sqrt{\left(\frac{33}{4}\right)^2 + 14^2} = \sqrt{\frac{4\,225}{4^2}} = \frac{65}{4}$$

由此,$x^2 = 4$,$x = \pm 2$.

如果 $x = 2$,我们由关系 $xy = -7$ 得到 $y = -\dfrac{7}{2}$;如果 $x = -2$,则 $y = \dfrac{7}{2}$.

综上,得到解

$$z = \pm\left(2 - \frac{7}{2}\mathrm{i}\right)$$

1.13 解复系数二次方程

我们用一个例子表明,怎样才能求解方程
$$z^2 + 2(1 - \mathrm{i})z - 6\mathrm{i} - 3 = 0$$
注意到 $z^2 + 2(1 - \mathrm{i})z$ 表示一个平方的展开式的前两项,我们得到
$$z^2 + 2(1 - \mathrm{i})z = [z + (1 - \mathrm{i})]^2 - (1 - \mathrm{i})^2$$
于是方程变成
$$(z + 1 - \mathrm{i})^2 - (1 - \mathrm{i})^2 - 6\mathrm{i} - 3 = 0$$
或
$$(z + 1 - \mathrm{i})^2 - 3 - 4\mathrm{i} = 0$$
令
$$Z = z + 1 - \mathrm{i}$$
我们有
$$Z^2 = 3 + 4\mathrm{i}$$
我们用前面的方法确定 Z
$$Z_1 = 2 + \mathrm{i}, \quad Z_2 = -2 - \mathrm{i}$$
故方程的解是
$$z_1 = 2 + \mathrm{i} + \mathrm{i} - 1 = 1 + 2\mathrm{i}$$
$$z_2 = -2 - \mathrm{i} + \mathrm{i} - 1 = -3$$

如果方程 $ax^2 + bx + c = 0$ 具有实系数,在判别式 $\Delta = b^2 - 4ac$ 是负数的情况下,数 Δ 在 **C** 中有两个相反的根,我们把它们写成 $\pm i\sqrt{-\Delta}$ 的形式,那么解就写成

$$x = \frac{-b \pm i\sqrt{4ac - b^2}}{2a}$$

并且是共轭复数.

这样,方程

$$x^2 + 2x + 7 = 0$$

有解

$$x_1 = -1 + i\sqrt{6}, x_2 = -1 - i\sqrt{6}$$

于是,在所有情况下,都可以运用二次方程的经典公式.

§2 复数的变换

2.1 变换

如图 8 所示,考虑长方形 $OPQR$. 顶点 O, P, Q 及 R 可以分别用来表示复数 $0 + 0i, 4 + 0i, 4 + 2i$ 及 $0 + 2i$. 如果把 $3 + i$ 加到每一个数上,得出的结果是 $3 + i, 7 + i, 7 + 3i$ 及 $3 + 3i$,它们分别由点 O', P', Q' 及 R' 表示. 这些点又组成一个与原来的长方形全等但位置不同的长方形. 事实上,我们可以认为长方形 $OPQR$ 没有经过旋转或者变形而移到了它的新位置. 当一个图形按照某种确定的方式变化时,就叫作经过了一个变换,刚才所说的特殊类型的变换叫作平移.

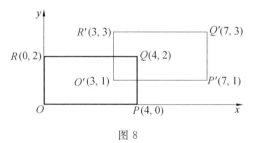

图 8

我们来进一步研究平移,它可以用等式 $w = z + a$ 来确定. 例如,对于点 Q,即 $z = 4 + 2i$,它的映象 Q' 是 $w = 4 + 2i + 3 + i = 7 + 3i$. 一般来说,$a$ 可以是任意复数.

　　到目前为止,可能使读者得出这样一个印象,变换就是按某种特殊方式只作用于顶点.我们知道,如果取原图形中的任意一点,那么由同一等式也会产生新图形中相应的象点.例如,$OPQR$ 的对角线的中点表示 $2+i$,而 $O'P'Q'R'$ 的对角线的中点表示

$$w=2+i+3+i=5+2i$$

事实上,对平面上任意一点可以施行同一变换.因此,我们可以说,平面上任一变换是这个平面的变换.

　　平移的另一个重要性质是具有一对一性,即原来图形中的每一点在变换后的图形上有且仅有一个象点,同时变换后的图形中的每一个点也必然是原来图形中的某一个而且仅仅是这一个点的象.

　　因为图 8 中的平面严格说来是具有 x 轴与 y 轴的 z 平面,这里,x 轴和 y 轴对应于 $z=x+iy$ 中的 x,y.我们常说,变换后的图形是在具有 u 轴与 v 轴的 w 平面内,u 轴和 v 轴对应于 $w=u+iv$ 中的 u,v.这就使我们认为,似乎应像图 9 中那样,采用两个分开的图.

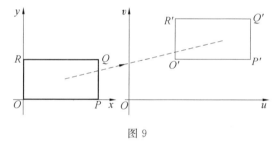

图 9

　　然而,这种做法是不方便且没有必要的.数学家们在讲到 z 平面及 w 平面时,常常把它们表示在相同的轴上,实部(x 及 u)表示在一个轴上,虚部(y 及 v)表示在另一个轴上.事实上,只需在轴上标上记号 x 及 y 就可以了.

2.2　旋转

考虑变换 $w=az$,其中 $|a|=1$,记 $z=r(\cos\theta+i\sin\theta)$,$a=\cos\varphi+i\sin\varphi$,那么

$$w=r(\cos\varphi+i\sin\varphi)(\cos\theta+i\sin\theta)$$
$$=r[\cos(\theta+\varphi)+i\sin(\theta+\varphi)]$$

因此 $|w|=|z|$,而且,就某一个值来说,$\arg w=\theta+\varphi=\arg z+\arg a$.图 10 表示一个三角形区域的变换.

　　在 w 平面内与在 z 平面内的区域一样,只是它绕原点旋转了一个角度 φ,变

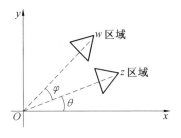

图 10

换 $w=az$（$|a|=1$）叫作旋转. 这里有两个有趣的特例:

(1) 如果 $\varphi=\dfrac{1}{2}\pi$, 那么 $w=\mathrm{i}z$. 这样, 乘以 i 相当于按逆时针方向旋转一个直角.

(2) 如果 $\varphi=\pi$, 那么 $w=-z$. 因而, 使变量取相反数相当于旋转两个直角, 而且变换后的区域是原来的区域关于原点的一个反射图形.

2.3 伸缩

考虑变换 $w=\rho z$, 其中 ρ 是正实数. 那么 $u=\rho x$, $v=\rho y$.

如图 11 所示, 在 w 平面内与在 z 平面内的区域是相似的, 而以原点为位似中心, w 图形的量度是 z 图形量度的 ρ 倍. 变换 $w=\rho z$ 叫作关于原点 O 的一个伸缩, 使得当 $P \rightarrow P'$ 时, 有 $\dfrac{\mathrm{O}P'}{\mathrm{O}P}=\rho$.

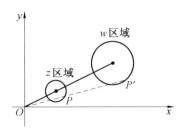

图 11

例 1 写出在变换 $w=\rho z$ 下, w 区域与 z 区域之间的差别, 其中 ρ 是负实数.

解 因为 ρ 是负实数, $\rho=-\sigma$, 这里 σ 是正实数. 记 $z'=\sigma z$, 这里 $z'=x'+\mathrm{i}y'$, 于是

$$w=-z'$$

因此 $w=\rho z$ 是一个复合变换.

w 区域在形状上同 z 区域相似,但是伸缩了 ρ 倍,而且关于原点互为反射图形(图 12).

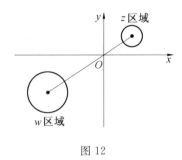

图 12

2.4　一般线性变换

一般线性变换

$$w=az+b$$

其中 a,b 是复数.这是一个平移、一个旋转与一个伸缩的复合变换.这是因为,如果 $a=\rho(\cos\varphi+\mathrm{i}\sin\varphi)$,我们可以写出

$$z'=(\cos\varphi+\mathrm{i}\sin\varphi)z \qquad (旋转)$$

$$w'=\rho z' \qquad (伸缩)$$

$$w=w'+b \qquad (平移)$$

所以,在 $w=az+b$ 中,b 表示一个平移,$\arg a$ 表示一个旋转,$|a|$ 表示一个伸缩.一般线性变换也有一对一性,并且能保持所有图形的形状不变(仅仅改变大小).

例 2　把由直线 $x=0,x=1,y=0,y=2$ 围成的长方形经过变换 $w=\mathrm{i}z+3+2\mathrm{i}$ 后在 w 平面内所成的象,描出一个简图.

解　记 $z=x+\mathrm{i}y,w=u+\mathrm{i}v$,那么

$$u+\mathrm{i}v=\mathrm{i}x-y+3+2\mathrm{i}$$

即

$$u=3-y$$

$$v=x+2$$

因此,在 w 平面内围成长方形的直线是 $u=3-0=3,u=3-2=1,v=0+2=2$ 及 $v=1+2=3$.

变换 $w=\mathrm{i}z+3+2\mathrm{i}$ 是 $w=az+b$ 的形式,并且可以看成先旋转 $\dfrac{1}{2}\pi$,再作

161

一个平移(3,2),它的象如图 13 所示.因为 $|a|=1$,所以区域变换后没有伸缩.

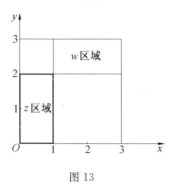

图 13

2.5 反演

考虑变换

$$w = \frac{1}{z}\,(z \neq 0) \tag{1}$$

若 $z = r(\cos\theta + \mathrm{i}\sin\theta)$,则

$$\frac{1}{z} = \frac{1}{r}\big[\cos(-\theta) + \mathrm{i}\sin(-\theta)\big]$$

即

$$|w| = \frac{1}{r}$$

$$\arg w = -\theta \tag{2}$$

因此,我们可以把等式(1)看作是由两个分开的变换组成的.首先,考虑具有模 r 的复数 z,我们把具有相同幅角 θ,但模为 $\frac{1}{r}$ 的复数 z' 叫作 z 关于中心在原点的单位圆的反演①.图 14(a) 表示点 z 及其反演 z'.

其次,在变换(1)中,任何对应于某个 z 值的 w 是一个模数与 z' 相同但幅角与 z' 反号的复数,即 w 是 z' 的共轭复数.图 14(b) 表示 w 是 z' 关于 $\theta = 0$ 的反射点.

变换(1) 称为反演.容易看出,根据式(2),z 平面内经过原点的直线变换成 w 平面内经过原点的直线(图 15).

此外,反演把单位圆外所有 $r > 1$ 的点,都变成了单位圆内 $r < 1$ 的点,同时

---

① 这里提到的反演是指平面几何中所说的反演.

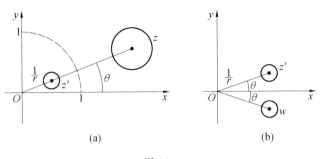

图 14

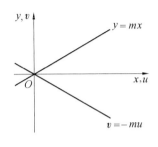

图 15

又把单位圆内除圆心以外的点,变成了单位圆外的点.因此,一般地,它必然要引起图形形状的改变,虽然也有某些特殊图形的形状可以保持不变.

2.6　一般双线性变换

反演是双线性变换

$$w = \frac{az+b}{cz+d}(cz+d \neq 0) \tag{3}$$

的一个特例.注意:如果 $cz+d=0$,变换没有定义.在这里,除非另有说明,我们假定 $cz+d \neq 0$ 这个条件总是满足的.

考虑变换序列

$$\begin{cases} (\text{Ⅰ})z' = cz+d(cz+d \neq 0) \\ (\text{Ⅱ})w' = \dfrac{1}{z'} \\ (\text{Ⅲ})w = \dfrac{a}{c} + w'\left(\dfrac{bc-ad}{c}\right) \end{cases} \tag{4}$$

把(Ⅰ)代入(Ⅱ),再代入(Ⅲ),结果表明这个序列就相当于变换(3).式(4)中的变换(Ⅰ)及(Ⅲ)是线性变换,(Ⅱ)是反演.所有这些类型的变换都具有一对一性,因此双线性变换也具有一对一性.

163

2.7 保圆性

圆的一般方程是

$$x^2 + y^2 + 2gx + 2fy + c = 0 \tag{5}$$

其中 $g^2 + f^2 > c$.

现在,式(4)中的线性变换是保形的,因此只由反演部分(Ⅱ)来决定双线性变换(3)如何改变形状.所以我们要在反演

$$w = \frac{1}{z}$$

下来考察圆的方程.

因为 $z = x + iy, \bar{z} = x - iy$,式(5)可以写成

$$z\bar{z} + g(z + \bar{z}) + fi(\bar{z} - z) + c = 0$$

记 $\lambda = g + fi, \bar{\lambda} = g - fi$,则

$$z\bar{z} + \bar{\lambda}z + \lambda\bar{z} + c = 0 \tag{6}$$

考虑 $W = \bar{w} = \frac{1}{z}$,它等价于 $\bar{z} = \frac{1}{W}$ 及 $z = \frac{1}{\bar{W}}$.如果 z 满足式(6),那么 W 满足

$$\frac{1}{\bar{W}W} + \frac{\bar{\lambda}}{\bar{W}} + \frac{\lambda}{W} + c = 0$$

即

$$cW\bar{W} + \bar{\lambda}W + \lambda\bar{W} + 1 = 0 \text{①}$$

它同式(6)的形式一样,由此得出,在变换 $W = \frac{1}{z}$ 下,每一个圆仍变为一个圆.

关系 $w = \bar{W}$ 是一个简单的反射,它保持所有图形的形状不变.因此,由 $W = \frac{1}{z}$ 的保圆性,也就得出 $w = \frac{1}{z}$(它可以看作 $W = \frac{1}{z}$ 与 $w = \bar{W}$ 的复合变换)有保圆性②.所以,一般双线性变换也有保圆性.

例3 考虑变换 $w = \frac{1+z}{1-z}$.证明:如果 z 限定在 y 轴上,那么 w 的轨迹是中

---

① 这里应有条件 $c \neq 0$,即原来的圆不经过原点.如果经过原点,则反演的结果是一条直线.但如果把直线看作半径为无限大的圆,那么就无须再加条件 $c \neq 0$.

② 也可以直接对式(6)作变换 $w = \frac{1}{z}$,得出 $cw\bar{w} + \bar{\lambda}\bar{w} + \lambda w + 1 = 0$,它仍表示一个圆(或直线),从而证明 $w = \frac{1}{z}$ 有保圆性.

心在原点的圆.

证明　因为 $w=\dfrac{1+z}{1-z}$,所以 $z=\dfrac{w-1}{w+1}$. 记 $z=x+\mathrm{i}y,w=u+\mathrm{i}v$,那么

$$x+\mathrm{i}y=\frac{(u-1)+\mathrm{i}v}{(u+1)+\mathrm{i}v}$$

$$=\frac{[(u-1)+\mathrm{i}v][(u+1)-\mathrm{i}v]}{(u+1)^2+v^2}$$

$$=\frac{u^2-1+v^2+2\mathrm{i}v}{(u+1)^2+v^2}$$

比较实部与虚部,得

$$x=\frac{u^2+v^2-1}{(u+1)^2+v^2}$$

$$y=\frac{2v}{(u+1)^2+v^2}$$

如果 z 限定在 y 轴上,则 $x=0$,即 $u^2+v^2=1$. 因此,w 的轨迹是以原点为中心的单位圆.

2.8　变换 $w=z^m$

如果在变换 $w=f(z)$ 下,对于在 z 平面内的每一个点,在 w 平面内有多于一个点与它对应,那么这个变换叫作一对多变换.反过来,如果 z 平面内有多于一个点对应于 w 平面内的同一个点,那么这个变换叫作多对一变换.

我们考虑变换 $w=z^m$.对 w 平面内的每一个点,在 z 平面内有 m 个点与它对应,因此这个变换是多对一的.由于 $z=r(\cos\theta+\mathrm{i}\sin\theta)$,我们有

$$w=r^m(\cos m\theta+\mathrm{i}\sin m\theta)$$

因此,整个 w 平面($0\leqslant m\theta<2\pi$)可与 z 平面内中心角均为 $\dfrac{2\pi}{m}$ 的 m 个扇形中的每一个相对应,这些扇形是

$$0\leqslant\theta<\frac{2\pi}{m},\frac{2\pi}{m}\leqslant\theta<\frac{4\pi}{m},\cdots,\frac{2(m-1)\pi}{m}\leqslant\theta<2\pi$$

同时可知,如果 z 描出围绕原点的一个圆 1 次,那么,对应的 w 将描出围绕原点的一个圆 m 次.

例 4　如果 $w=u+\mathrm{i}v$ 及 $z=x+\mathrm{i}y$ 通过变换 $w=z^2$ 来联系.试在 z 平面内描出与 w 平面内由 $u=1,u=2$ 及 $v=1,v=2$ 围成的长方形相对应的区域的简图.

解　由已知

$$w = z^2$$
$$u + iv = (x + iy)^2 = (x^2 - y^2) + 2ixy$$
$$u = x^2 - y^2$$
$$v = 2xy$$

于是,在 w 平面内由 u 为常数及 v 为常数给出的直线,分别对应于 z 平面内的双曲线 $x^2 - y^2 = c$ 及 $xy = \frac{1}{2}c$. 如图 16(a) 所示,在 z 平面内的双曲线 $x^2 - y^2 = 1$ 及 $x^2 - y^2 = 2$ 的图形,它们对应于 w 平面内的直线 $u = 1$ 及 $u = 2$. 如图 16(b) 所示,在 z 平面内的双曲线 $xy = \frac{1}{2}$ 及 $xy = 1$ 的图形,它们对应于 w 平面内的直线 $v = 1$ 及 $v = 2$.

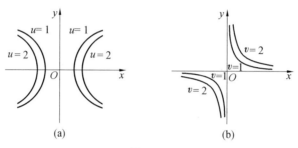

图 16

图 17 中画出了当 $u = 1, u = 2$ 及 $v = 1, v = 2$ 时的所有曲线,其中 w 平面内简单的长方形区域(图 17(a))与 z 平面内两个不太简单的区域(图 17(b))形成对比.

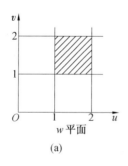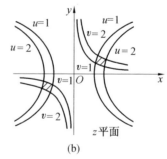

图 17

§3　指数形式与复数的表示

复数的表示形式 $x+\mathrm{i}y$ 与 $r(\cos\theta+\mathrm{i}\sin\theta)$ 基本上是相似的,因为它们之中的每一种形式都是实部与虚部的代数和.与坐标 (r,θ) 相对应的复数还可以表示成指数形式

$$z=r\mathrm{e}^{\mathrm{i}\theta}$$

其中 $\mathrm{e}^{\mathrm{i}\theta}\equiv\cos\theta+\mathrm{i}\sin\theta$.指数形式也可以写成 $r\exp\mathrm{i}\theta$.为了得到指数形式,我们需要用麦克劳林(Maclaurin)级数来展开函数.

3.1　指数函数与三角函数的幂级数

如果一个函数 $f(x)$ 满足:

(1) 连续.

(2) 当 $x\to0$ 时趋向于一个极限.

(3) 在 $x=0$ 的邻域内有连续的各阶导函数.

那么它就可以表示成一个 x 的无穷幂级数的形式

$$f(x)=f(0)+f'(0)x+f''(0)\frac{x^2}{2!}+f'''(0)\frac{x^3}{3!}+\cdots$$

这就是 $f(x)$ 的麦克劳林展开式.

例 1　对所有 x,把 $\sin x$ 展开成关于 x 的幂级数.

解　$\sin x$ 以及它的各阶导数满足麦克劳林级数要求的条件,我们有

$$f(x)=\sin x,f(0)=0$$
$$f'(x)=\cos x,f'(0)=1$$
$$f''(x)=-\sin x,f''(0)=0$$
$$f'''(x)=-\cos x,f'''(0)=-1$$
$$f^{(4)}(x)=\sin x,f^{(4)}(0)=0$$
$$f^{(5)}(x)=\cos x,f^{(5)}(0)=1$$
$$\vdots$$

因此展开式的前 8 项是

$$\sin x=0+x+0\times\frac{x^2}{2!}-\frac{x^3}{3!}+0\times\frac{x^4}{4!}+\frac{x^5}{5!}+0\times\frac{x^6}{6!}-\frac{x^7}{7!}+\cdots$$

即

$$\sin x = x - \frac{x^3}{3!} + \frac{x^5}{5!} - \frac{x^7}{7!} + \cdots$$

类似地，我们可以证明，对于所有 x，有

$$\cos x = 1 - \frac{x^2}{2!} + \frac{x^4}{4!} - \frac{x^6}{6!} + \cdots$$

$$e^x = 1 + x + \frac{x^2}{2!} + \frac{x^3}{3!} + \cdots$$

含一个复变量 z 的指数函数与三角函数定义为 z 的幂级数，它们分别与指数或三角函数关于 x 的实幂级数相对应，即

$$\exp z = e^z = 1 + z + \frac{z^2}{2!} + \frac{z^3}{3!} + \cdots \tag{1}$$

$$\sin z = z - \frac{z^3}{3!} + \frac{z^5}{5!} - \frac{z^7}{7!} + \cdots \tag{2}$$

$$\cos z = 1 - \frac{z^2}{2!} + \frac{z^4}{4!} - \frac{z^6}{6!} + \cdots \tag{3}$$

3.2　表示式 $e^{i\theta}$

从式（1）利用式（2）及式（3），我们有

$$\exp i\theta = e^{i\theta} = 1 + i\theta - \frac{\theta^2}{2!} - \frac{i\theta^3}{3!} + \frac{\theta^4}{4!} + \frac{i\theta^5}{5!} - \cdots$$

$$= \left(1 - \frac{\theta^2}{2!} + \frac{\theta^4}{4!} - \cdots\right) + i\left(\theta - \frac{\theta^3}{3!} + \frac{\theta^5}{5!} - \cdots\right)$$

$$= \cos\theta + i\sin\theta \tag{4}$$

因此我们有

$$z = r(\cos\theta + i\sin\theta) = re^{i\theta}$$

这就是复数的指数形式.

值得注意的是

$$e^z = e^{(x+iy)} = e^x e^{iy} = e^x(\cos y + i\sin y)$$

因此 $|e^z| = e^x$，而且 $\arg(e^z) = y$.

从式（4），我们得到一些特殊值

$$\exp\left(\frac{1}{2}\pi i\right) = \cos\frac{1}{2}\pi + i\sin\frac{1}{2}\pi = i$$

$$\exp(\pi i) = \cos\pi + i\sin\pi = -1$$

$$\exp\left(\frac{3}{2}\pi i\right) = \cos\frac{3}{2}\pi + i\sin\frac{3}{2}\pi = -i$$

$$\exp(2\pi i) = \cos 2\pi + i\sin 2\pi = 1$$

根据棣莫弗定理还可以得出,当 n 为整数时

$$(\exp i\theta)^n = (\cos\theta + i\sin\theta)^n = \cos n\theta + i\sin n\theta = \exp(in\theta)$$

因此,一般地,当 n 是整数时

$$\exp(n\pi i) = (-1)^n$$

$$\exp(2n\pi i) = 1$$

$$\exp\left(\frac{2n+1}{2}\pi i\right) = i(-1)^n$$

例 2　把 $\ln z$ 表示成 $a+ib$ 的形式,这里 z 是复数,a,b 是实数.

解　记 $z = r\exp[i(\theta + 2\pi k)], k = 0,1,2,\cdots$,那么

$$\begin{aligned}
\ln z &= \ln\{r\exp[i(\theta + 2\pi k)]\} \\
&= \ln r + \ln\exp[i(\theta + 2\pi k)] \\
&= \ln r + i(\theta + 2\pi k)
\end{aligned}$$

把上式改用 x,y 表示,这里 $z = x + iy$,则

$$\ln z = \ln\sqrt{x^2 + y^2} + i\left(\arctan\frac{y}{2} + 2\pi k\right)$$

$\ln z$ 的主值是

$$\ln z = \ln\sqrt{x^2 + y^2} + i\arctan\frac{y}{x}$$

3.3　三角函数与双曲函数

我们有

$$e^{i\theta} = \cos\theta + i\sin\theta$$

$$e^{-i\theta} = \cos\theta - i\sin\theta$$

因此

$$\cos\theta = \frac{e^{i\theta} + e^{-i\theta}}{2}$$

$$\sin\theta = \frac{e^{i\theta} - e^{-i\theta}}{2i}$$

这些式子就是 $\sin\theta$ 及 $\cos\theta$ 的指数表示式,并且可以考虑作为 $\sin\theta$ 及 $\cos\theta$ 的另一种定义.

我们还可以方便地定义新的函数 $\cosh\theta$ 及 $\sinh\theta$,即

$$\cosh\theta = \frac{e^{\theta} + e^{-\theta}}{2}, \sinh\theta = \frac{e^{\theta} - e^{-\theta}}{2}$$

这里的 $\cosh$ 及 $\sinh$ 分别称双曲余弦及双曲正弦.双曲正切(tanh)、双曲余切

（coth）以及倒双曲函数的定义如下

$$\tanh\theta = \frac{\sinh\theta}{\cosh\theta}, \coth\theta = \frac{1}{\tanh\theta}$$

$$\operatorname{csch}\theta = \frac{1}{\sinh\theta}, \operatorname{sech}\theta = \frac{1}{\cosh\theta}$$

注 在本节的每一个等式中，θ 都可以用一个复变量 z 代换。$\cosh\theta, \sinh\theta$ 及 $\tanh\theta$ 的图像如图 18,19 及 20 所示。可以看出，$\cosh(-\theta) = \cosh\theta, \sinh(-\theta) = -\sinh\theta$ 以及 $\tanh(-\theta) = -\tanh\theta$。

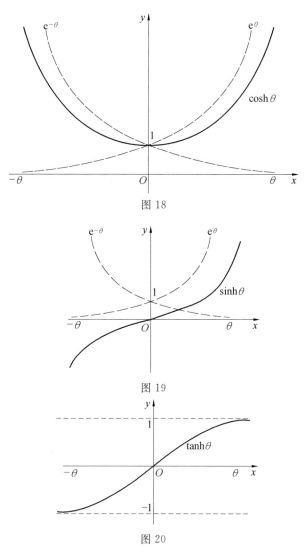

图 18

图 19

图 20

3.4　双曲函数的公式

由于 $\cos\theta,\sin\theta,\cosh\theta,\sinh\theta$ 的定义对 θ 是实数或复数都能适用,我们可以在每个定义中用 $\mathrm{i}\theta$ 替换 θ. 例如,考虑 $\cos\mathrm{i}\theta$,我们有 $\cos\theta=\dfrac{\mathrm{e}^{\mathrm{i}\theta}+\mathrm{e}^{-\mathrm{i}\theta}}{2}$,因此,用 $\mathrm{i}\theta$ 代 θ,可得

$$\cos\mathrm{i}\theta=\frac{\mathrm{e}^{-\theta}+\mathrm{e}^{\theta}}{2}=\cosh\theta$$

类似地,有

$$\begin{cases}\sin\mathrm{i}\theta=\mathrm{i}\sinh\theta\\\cosh\mathrm{i}\theta=\cos\theta\\\sinh\mathrm{i}\theta=\mathrm{i}\sin\theta\end{cases}\qquad(5)$$

我们已经知道下列关于三角函数的公式,它们对于 θ 及 φ 的值是实数或是复数都是成立的

$$\cos^2\theta+\sin^2\theta=1$$
$$\sec^2\theta-\tan^2\theta=1$$
$$\csc^2\theta-\cot^2\theta=1$$
$$\cos2\theta=\cos^2\theta-\sin^2\theta$$
$$\sin2\theta=2\sin\theta\cos\theta$$
$$\cos(\theta\pm\varphi)=\cos\theta\cos\varphi\mp\sin\theta\sin\varphi$$
$$\sin(\theta\pm\varphi)=\sin\theta\cos\varphi\pm\cos\theta\sin\varphi$$

由等式(5),我们可以把 $\cos\mathrm{i}\theta$ 改写为 $\cosh\theta$,把 $\sin\mathrm{i}\theta$ 改写为 $\mathrm{i}\sinh\theta$,由此导出关于双曲函数的公式

$$\cosh^2\theta-\sinh^2\theta=1$$
$$\mathrm{sech}^2\theta+\tanh^2\theta=1$$
$$\coth^2\theta-\mathrm{csch}^2\theta=1$$
$$\coth2\theta=\coth^2\theta+\sinh^2\theta$$
$$\sinh2\theta=2\sinh\theta\coth\theta$$
$$\coth(\theta\pm\varphi)=\coth\theta\coth\varphi\pm\sinh\theta\sinh\varphi$$
$$\sinh(\theta\pm\varphi)=\sinh\theta\coth\varphi\pm\coth\theta\sinh\varphi$$

现在让我们考虑 $\cos z$,其中 $z=x+\mathrm{i}y$. 从余弦加法公式得

$$\cos z=\cos(x+\mathrm{i}y)=\cos x\cos\mathrm{i}y-\sin x\sin\mathrm{i}y$$
$$=\cos x\coth y-\mathrm{i}\sin x\sinh y$$

这个公式对所有的 x,y 都成立,但最令人感兴趣的是当 x 与 y 都是实数时的情况,这时,公式给出 $\cos z$ 的实部与虚部.类似地,我们有

$$\sin(x+iy) = \sin x \cos iy + \cos x \sin iy$$
$$= \sin x \cosh y + i\cos x \sinh y$$
$$\cosh(x+iy) = \cosh x \cosh iy + \sinh x \sin iy$$
$$= \cosh x \cos y + i\sinh x \sin y$$
$$\sinh(x+iy) = \sinh x \cosh iy + \cosh x \sinh iy$$
$$= \sinh x \cos y + i\cosh x \sin y$$

例 3 解方程 $\cos z = a$,其中 a 是实数,且 $|a| \leqslant 1$.

解 令 $z = x + iy$,列出实部与虚部的等式,我们有

$$\cos x \cosh y = a, \sin x \sinh y = 0$$

从第二个方程可知,或者 $x = k\pi$,其中 k 是整数,或者 $y = 0$. 如果 $x = k\pi$,那么 $\cosh y = \pm a$,在 $y \neq 0$ 的情况下,这是不可能的,因为 $|a| \leqslant 1$. 于是 $y = 0$,且 $\cos x = a$,这时方程的解为

$$z = 2k\pi \pm \arccos a$$

3.5 一个正弦量的复数表示

1.我们考察振幅为 a,角频率为 ω 的正弦函数

$$x = a\cos(\omega t + \varphi)$$

在平面 xOy 中,长度为 a,极角为 $(\overrightarrow{OX}, \overrightarrow{OM}) = \omega t + \varphi$ 的向量 $\overrightarrow{OM}$ 使该正弦函数与 t 的每个值相对应,如图 21 所示.

如果 M' 是 M 在 Ox 上的正投影,则

$$\overrightarrow{OM'} = x = a\cos(\omega t + \varphi)$$

菲涅耳(Fresnel)方法在于,从称作位相原轴的一条轴 Ox 出发,由使 $(\overrightarrow{OX}, \overrightarrow{OA}) = \varphi, \overrightarrow{OA} = a$ 的向量 $\overrightarrow{OA}$ 表示正弦振动 $x = a\cos(\omega t + \varphi)$.

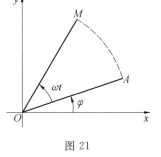

图 21

这个向量 $\overrightarrow{OA}$ 不是别的,恰恰是 $\overrightarrow{OM}$ 当 $t = 0$ 时的表示(每一个向量都看作向量 $\overrightarrow{OA}$ 以角速度 ω 绕 O 转动).

如果 X 和 Y 是 $\overrightarrow{OM}$ 在两个轴上的分量

$$X = a\cos(\omega t + \varphi)$$
$$Y = a\sin(\omega t + \varphi)$$

那么

$$\boldsymbol{X} + i\boldsymbol{Y} = a\left[\cos(\omega t + \varphi) + i\sin(\omega t + \varphi)\right] = a e^{i(\omega t + \varphi)}$$

点 M 是复数 $a e^{i(\omega t + \varphi)}$ 的象.

以向量 $\overrightarrow{OA}$ 作为象的表达式,$\mathscr{A} = a e^{i\varphi}$ 表示正弦振动 $x = a\cos(\omega t + \varphi)$ 的复值幅.

这样,正弦振动 $x = 5\cos\left(\omega t + \dfrac{\pi}{3}\right)$ 的复值幅是 $\mathscr{A} = 5 e^{i\frac{\pi}{3}}$.

正弦振动 $x = 3\sin\omega t = 3\cos\left(\omega t - \dfrac{\pi}{2}\right)$ 的复值幅是 $\mathscr{A} = 3 e^{-i\frac{\pi}{2}} = -3i$.

2.同一角频率的两个正弦振动的合成. 设

$$x_1 = a_1\cos(\omega t + \varphi_1)$$

及

$$x_2 = a_2\cos(\omega t + \varphi_2)$$

是由其象向量 $\overrightarrow{OA_1}$ 和 $\overrightarrow{OA_2}$ 表示的同一角频率的两个正弦振动. 其复值幅是

$$\mathscr{A}_1 = a_1 e^{i\varphi_1}$$

及

$$\mathscr{A}_2 = a_2 e^{i\varphi_2}$$

合成振动由向量 $\overrightarrow{OA}$ 定义(图 22)

$$\overrightarrow{OA} = \overrightarrow{OA_1} + \overrightarrow{OA_2}$$

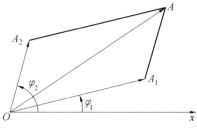

图 22

因此,它的复值幅是

$$\mathscr{A} = \mathscr{A}_1 + \mathscr{A}_2 = a_1 e^{i\varphi_1} + a_2 e^{i\varphi_2}$$
$$\mathscr{A} = a_1(\cos\varphi_1 + i\sin\varphi_1) + a_2(\cos\varphi_2 + i\sin\varphi_2)$$

即

$$\mathscr{A} = (a_1\cos\varphi_1 + a_2\cos\varphi_2) + i(a_1\sin\varphi_1 + a_2\sin\varphi_2)$$

合成振动的振幅 a 是

$$a = \sqrt{(a_1\cos\varphi_1 + a_2\cos\varphi_2)^2 + (a_1\sin\varphi_1 + a_2\sin\varphi_2)^2}$$

相移角 φ 有正切

$$\tan \varphi = \frac{a_1 \sin \varphi_1 + a_2 \sin \varphi_2}{a_1 \cos \varphi_1 + a_2 \cos \varphi_2}$$

因此,振动的表达式是

$$x = a\cos(\omega t + \varphi)$$

3.有同一振幅 a 且其角频率是公差为 φ 的算术数列的 n 个正弦振动的合成.已知振动

$$x_1 = a\cos \omega t$$
$$x_2 = a\cos(\omega t + \varphi)$$
$$x_3 = a\cos(\omega t + 2\varphi)$$
$$\vdots$$
$$x_n = a\cos[\omega t + (n-1)\varphi]$$

图 23 表示由菲涅耳建立的前 3 个振动的合成

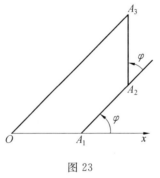

图 23

$$\overrightarrow{OA_3} = \overrightarrow{OA_1} + \overrightarrow{A_1A_2} + \overrightarrow{A_2A_3}$$

它们的和的复值幅 $\mathscr{A}$ 由

$$\mathscr{A} = a + a\mathrm{e}^{\mathrm{i}\varphi} + a\mathrm{e}^{2\mathrm{i}\varphi} + a\mathrm{e}^{3\mathrm{i}\varphi} + \cdots + a\mathrm{e}^{(n-1)\mathrm{i}\varphi}$$

即

$$\mathscr{A} = a(1 + \mathrm{e}^{\mathrm{i}\varphi} + \mathrm{e}^{2\mathrm{i}\varphi} + \mathrm{e}^{3\mathrm{i}\varphi} + \cdots + \mathrm{e}^{(n-1)\mathrm{i}\varphi})$$

确定.首项是 1 且公比是 $\mathrm{e}^{\mathrm{i}\varphi}$ 的几何级数的前 n 项之和 S 是

$$S = \frac{1 - \mathrm{e}^{\mathrm{i}n\varphi}}{1 - \mathrm{e}^{\mathrm{i}\varphi}}$$

于是

$$\mathscr{A} = a\frac{1 - \mathrm{e}^{\mathrm{i}n\varphi}}{1 - \mathrm{e}^{\mathrm{i}\varphi}} = a\frac{\mathrm{e}^{\frac{\mathrm{i}n\varphi}{2}}(\mathrm{e}^{-\frac{\mathrm{i}n\varphi}{2}} - \mathrm{e}^{\frac{\mathrm{i}n\varphi}{2}})}{\mathrm{e}^{\frac{\mathrm{i}\varphi}{2}}(\mathrm{e}^{-\frac{\mathrm{i}\varphi}{2}} - \mathrm{e}^{\frac{\mathrm{i}\varphi}{2}})}$$

$$\mathscr{A} = a\mathrm{e}^{\frac{\mathrm{i}(n-1)\varphi}{2}} \frac{\sin \dfrac{n\varphi}{2}}{\sin \dfrac{\varphi}{2}}$$

那么,合成振动是

$$x = a\frac{\sin \dfrac{n\varphi}{2}}{\sin \dfrac{\varphi}{2}}\cos\left[\omega t + \frac{(n-1)\varphi}{2}\right]$$

3.6　一个正弦函数的导数的指数函数表示

设正弦振动 $x = a\cos(\omega t + \varphi)$ 有复值幅 $\mathscr{A} = a\mathrm{e}^{\mathrm{i}\varphi}$,在向量上由 $\overrightarrow{OA}$ 表示(图 24).函数 $\dfrac{\mathrm{d}x}{\mathrm{d}t} = -\omega a \sin(\omega t + \varphi) = \omega a \cos\left(\omega t + \varphi + \dfrac{\pi}{2}\right)$ 在向量上由模为 ωa 且 使 $(\overrightarrow{OA}, \overrightarrow{OA'}) = \dfrac{\pi}{2}$ 的向量 $\overrightarrow{OA'}$ 表示.

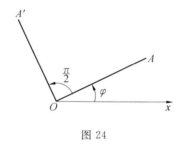

图 24

导函数的复值幅是

$$\mathscr{A}' = \omega a\mathrm{e}^{\mathrm{i}\left(\varphi + \frac{\pi}{2}\right)}$$

这个表达式在电学的交流电的研究中经常用到.

注　我们将在积分学和微分方程中看到复数的各种应用.现在,我们把它们用在电学的某些应用中.

3.7　在电学中的应用

1.假设一条很长的电话线,其输入端的电位差是

$$v = V\cos \omega t$$

其电流由

$$i^2 = V^2 \frac{g + \mathrm{i}c\omega}{r + \mathrm{i}l\omega}\cos^2 \omega t$$

表示,此处 r 是单位长度的电阻(两条合在一起的导线),l 是单位长度的电感系

175

数，c 是两条导线之间单位长度的电容，g 是两条导线之间单位长度的漏电电导 $\left(\dfrac{1}{r'}\right)$. 计算电流强度 i.

我们考察三角形式的复数

$$\begin{cases} g + \mathrm{i}c\omega = \sqrt{g^2 + c^2\omega^2}\,(\cos\alpha + \mathrm{i}\sin\alpha)，\quad 这里 \tan\alpha = \dfrac{c\omega}{g} \\[2mm] r + \mathrm{i}l\omega = \sqrt{r^2 + l^2\omega^2}\,(\cos\beta + \mathrm{i}\sin\beta)，\quad 这里 \tan\beta = \dfrac{l\omega}{r} \end{cases}$$

及

$$V^2\,\frac{g + \mathrm{i}c\omega}{r + \mathrm{i}l\omega} = V^2\left(\frac{g^2 + c^2\omega^2}{r^2 + l^2\omega^2}\right)^{\frac{1}{2}} \frac{\cos\alpha + \mathrm{i}\sin\alpha}{\cos\beta + \mathrm{i}\sin\beta}$$

为了简化写法，令

$$A = \left(\frac{g^2 + c^2\omega^2}{r^2 + l^2\omega^2}\right)^{\frac{1}{4}}$$

那么

$$i^2 = A^2 V^2\,\frac{\mathrm{e}^{\mathrm{i}\alpha}}{\mathrm{e}^{\mathrm{i}\beta}} = \left(AV\mathrm{e}^{\frac{\mathrm{i}(\alpha-\beta)}{2}}\right)^2$$

因此 i 在 v 上的相移是 $\dfrac{\alpha - \beta}{2}$，并且在实数值中我们将有

$$i = AV\cos\left[\omega t + \left(\frac{\alpha - \beta}{2}\right)\right]$$

数值应用 1　对于长 1 km 的电线，我们有

$$r = 6\ \Omega, l = 3 \times 10^{-3}\ \mathrm{H}, c = 5 \times 10^{-9}\ \mathrm{F}$$

$$g = \frac{1}{r} = 3 \times 10^{-6}\ \mathrm{s}, \omega = 6 \times 10^3, V = 1\ \mathrm{V}$$

则

$$A = \left(\frac{9 \times 10^{-12} + 25 \times 10^{-18} \times 36 \times 10^6}{36 + 9 \times 10^{-6} \times 36 \times 10^6}\right)^{\frac{1}{4}} = 1.26 \times 10^{-3}$$

$$\tan\alpha = \frac{5 \times 10^{-9} \times 6 \times 10^3}{3 \times 10^{-6}} = 10, \alpha = 84°18'$$

$$\tan\beta = \frac{3 \times 10^{-3} \times 6 \times 10^3}{6} = 3, \beta = 71°35'$$

$$\frac{\alpha - \beta}{2} = 6°22'$$

此时，电流强度以安培为单位就是

$$i = 1.26 \times 10^{-3}\cos(6\,000t + 6°22')$$

或者以毫安为单位就是

$$i = 1.26\cos(6\,000t + 6°22')$$

注　最大值的商 $\dfrac{V}{I}$ 称作导线的特征阻抗,即在这里是

$$Z^2 = \frac{r + \mathrm{i}l\omega}{g + \mathrm{i}c\omega}$$

或者化成模就是

$$|Z| = \sqrt[4]{\frac{r^2 + l^2\omega^2}{g^2 + c^2\omega^2}}$$

一般说来,在绝缘很好的良导线中

$$r^2 \ll l^2\omega^2$$
$$g^2 \ll c^2\omega^2$$

由此

$$|Z| = \sqrt{\frac{l}{c}}$$

这是与频率无关的值,要予以注意.

2.我们考察由角频率为 ω 的正弦电流所流遍的电路中的一个元件.设 R 是元件的电阻,C 是它的电容,L 是它的电感系数.

那么,我们知道电位差由复数

$$v = Ri + \mathrm{i}i(L\omega - \frac{1}{C\omega})$$

表示,此处 i 表示电路中的电流强度.

复数

$$Z = R + \mathrm{i}(L\omega - \frac{1}{C\omega}) = \frac{v}{i}$$

被称作电路元件的阻抗.那么,我们有

$$|Z| = \left|\frac{v}{i}\right| = \frac{V_e}{I_e}$$

由此:

(1) 有效电位差是

$$V_e = |Z| I_e = I_e\sqrt{R^2 + (L\omega - \frac{1}{C\omega})^2}$$

(2) 相移是 v 的主幅角 φ,它使

$$\cos\varphi = \frac{R}{|Z|}, \sin\varphi = \frac{L\omega - \dfrac{1}{C\omega}}{|Z|}$$

由此

$$\tan \varphi = \frac{L\omega - \dfrac{1}{C\omega}}{R}$$

数值应用 2 设有线路的一个元件,对于它我们已知:电阻 $R = 500\ \Omega$,电容 $C = 0.5 \times 10^{-6}\ F$,电感系数 $L = 2\ H$.

在 220 V 的有效电位差下,我们将此元件通以角频率为 $\omega = 100\pi$ 的电流,确定它的阻抗、有效强度和相移.

上面的公式给出了

$$Z = 500 + \mathrm{i}\left(200\pi - \frac{1}{50\pi \times 10^{-6}}\right)$$

亦即大约

$$Z = 500 - 5\ 740\mathrm{i}$$

由此

$$|Z|^2 = 500^2 + 5\ 740^2 = 33\ 197\ 600$$

即

$$|Z| = 5\ 760\ \Omega$$

因此

$$I_e = \frac{220}{5\ 760} = 0.038\ A$$

而

$$\tan \varphi = -\frac{5\ 740}{500} = -11.48$$

3.8 线路的串联和并联

设电路元件的阻抗分别是 $z_1, z_2, \cdots, z_n$. 我们指出,等价阻抗 Z 是:

(1) 在线路串联的情况下

$$Z = z_1 + z_2 + \cdots + z_n$$

(2) 在线路并联的情况下

$$\frac{1}{Z} = \frac{1}{z_1} + \frac{1}{z_2} + \cdots + \frac{1}{z_n}$$

例 4 如图 25 所示,设有下述电路:λ 的纯电感系数是 0.5 H,A 是电阻为 3 Ω,电容为 0.1×10^{-6} F 的一个元件,γ 是 0.2×10^{-6} F 的一个纯电容,ρ 是 10 Ω 的一个纯电阻,B 和 C 是两个相同的元件,其特征是:电阻为 2 Ω,电感系数为

1 H,电容为 16×10^{-6} F. 试在 $\omega = 10\ 000$ rad/s 的情况下,确定等价阻抗.

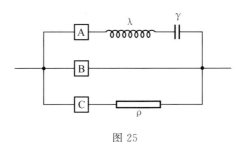

图 25

解　(1)λ,A 和 γ 是串联的,那么,等价阻抗是

$$Z_1 = (0.5\omega \mathrm{i}) + \left(3 - \frac{\mathrm{i}}{0.1 \times 10^{-6}\omega}\right) - \left(\frac{\mathrm{i}}{0.2 \times 10^{-6}\omega}\right)$$

$$= 3 + \mathrm{i}\left(0.5\omega - \frac{3}{2\omega \times 10^{-7}}\right)$$

(2)ρ 和 C 是串联的. 那么,等价阻抗是

$$Z_2 = 10 + \left(2 + \mathrm{i}\omega - \frac{\mathrm{i}}{16 \times 10^{-6}\omega}\right)$$

$$= 12 + \mathrm{i}\left(\omega - \frac{1}{16 \times 10^{-6}\omega}\right)$$

(3)B 的阻抗是

$$Z_3 = 2 + \mathrm{i}\left(\omega - \frac{1}{16 \times 10^{-6}\omega}\right)$$

剩下的就是找出这 3 个已经研究过的元件的并联线路的合成阻抗 Z

$$\frac{1}{Z} = \frac{1}{Z_1} + \frac{1}{Z_2} + \frac{1}{Z_3}$$

首先计算各个模的平方

$$|Z_1|^2 = 3^2 + \left(5\ 000 - \frac{3}{2 \times 10^{-3}}\right)^2 = 1.22 \times 10^7$$

$$|Z_2|^2 = 12^2 + \left(10\ 000 - \frac{1}{16 \times 10^{-2}}\right)^2 = 9.99 \times 10^7$$

$$|Z_3|^2 = 2^2 + \left(10\ 000 - \frac{1}{16 \times 10^{-2}}\right)^2 = 9.99 \times 10^7$$

那么

$$\frac{1}{Z} = \frac{\overline{Z_1}}{|Z_1|^2} + \frac{\overline{Z_2}}{|Z_2|^2} + \frac{\overline{Z_3}}{|Z_3|^2} = 3.86 \times 10^{-7} - 4.86 \times 10^{-4}\mathrm{i}$$

所以

$$Z = 1.63 + 2.06 \times 10^3 \mathrm{i}$$

参考文献

[1] 陈克胜.中国拓扑学家谱系与学术传统[J].自然辩证法研究,2019,35(5):79-85.

[2] 陈克胜.中国现代数论家学术谱系与学术传统[J].自然辩证法通讯,2022,44(5):57-62.

[3] 陈克胜.微分几何学在中国的早期发展及其启示[J].中国科技史杂志,2022,43(1):1-11.

[4] 袁江洋,樊小龙,苏湛,等.当代中国化学家学术谱系[M].上海:上海交通大学出版社,2016.

[5] 陈建功.单叶函数论在中国[J].数学进展,1955,1(4):748-774.

[6] 李继闵.关于中国数学史及单叶函数论的一些研究[J].西北大学学报,1988,18(2):33-43.

[7] 陈建功.复旦大学函数论教研组一年来关于函数论方面的研究[J].复旦学报(自然科学),1956,2(1):51-88.

[8] 陈建功.两三年来三角级数论在国内的情况[J].数学进展,1965,8(4):337-351.

[9] 陈建功.十年来的中国科学:数学(1949—1959)[M].北京:科学出版社,1959.

[10] 刘书琴.单叶函数中几个问题的发展概况[J].数学进展,1982,11(2):115-133.

[11] 熊庆来.亚纯函数论的几个方面的近代研究[J].数学进展,1963,6(4):307-320.

[12] 龚升.华罗庚教授在多复变函数论上的贡献[J].数学进展,1986,15(3):235.

[13] 骆祖英.陈建功与浙江大学数学学派[J].中国科技史料,1991,12(4):3-11.

[14] 卢庆骏.数学家陈建功教授[J].数学进展,1963,6(3):294-303.

[15] 庄圻泰.数学家熊庆来[J].数学进展,1963,6(4):410-412.

[16] 唐廷友. 著名数学家陈建功[J]. 数学物理学报,1992,12(2):125-127.

[17] 陈克艰. 中国现代数学的先驱-陈建功[J]. 自然辩证法通讯,1992,14(5):64-73.

[18] 程民德. 中国现代数学家传:第1卷[M]. 南京:江苏教育出版社,1994.

[19] 程民德. 中国现代数学家传:第2卷[M]. 南京:江苏教育出版社,1995.

[20] 程民德. 中国现代数学家传:第3卷[M]. 南京:江苏教育出版社,1998.

[21] 程民德. 中国现代数学家传:第4卷[M]. 南京:江苏教育出版社,2000.

[22] 程民德. 中国现代数学家传:第5卷[M]. 南京:江苏教育出版社,2002.

[23] 卢嘉锡. 中国现代科学家传记:第1集[M]. 北京:科学出版社,1991.

[24] 卢嘉锡. 中国现代科学家传记:第2集[M]. 北京:科学出版社,1991.

[25] 卢嘉锡. 中国现代科学家传记:第3集[M]. 北京:科学出版社,1992.

[26] 卢嘉锡. 中国现代科学家传记:第4集[M]. 北京:科学出版社,1993.

[27] 卢嘉锡. 中国现代科学家传记:第5集[M]. 北京:科学出版社,1994.

[28] 卢嘉锡. 中国现代科学家传记:第6集[M]. 北京:科学出版社,1994.

[29] 李仲珩. 三十年来的中国算学[J]. 科学,1947,29(3):67-72.

[30] 刘书琴. 西北大学数学分析教研组学生毕业论文关于单叶函数的研究[J]. 数学进展,1957,3(2):325-334.

[31] 胡树铎,王士平. 法国数学家哈达玛的中国之行[J]. 中国科技史杂志,2009,30(3):334-346.

[32] 日本数学100年史编委会. 日本数学100年史:下[M]. 东京:岩波书店,1983.

[33] 叶彦谦. 记王福春先生及其数学工作[J]. 科学,1948,30(2):51-64.

[34] 程民德. 介绍陈建功教授的数学工作[J]. 科学通报,1953,4(11):78-79.

[35] 杨乐. 熊庆来教授一生的忠实记录[N]. 光明日报,2015-09-29.

[36] 熊庆来. 哈达玛氏学术经历及工作[J]. 科学,1936,20(9):712-763.

[37] 陈克胜. 华罗庚数学学术谱系及其思考[J]. 自然辩证法研究,2021,37(9):95-100.

[38] 苏步青. "东方剑桥"桃李芬芳[J]. 物理教学,2009,31(2):5,36.

[39] GROSS F, YANG C C. On preimage and range sets of meromorphic functions[J]. proc. Japan Acad. ,1982,58:17-20.

[40] 杨乐. 值分布论及其新研究[M]. 北京:科学出版社,1982.

[41] GUNDERSEN G G. Correction to: "mermorphic functions that share four values"[J]. Trans. Amer. Math. Soc. ,1983,277:545-567.

［42］ HUA X H. A unicity theorem for entire functions［J］. Bull. London Math. Soc. ,1990,22:457-462.

［43］ ABLOWITZ M,HALBURD R G,HERBST B. On the extension of painlevé property to difference equations［J］. Nonlinearity,2000,13(3): 889-905.

［44］ BERGWEILER W,LANGLEY J K. Zeros of differences of meromorphic functions［J］. Math. Proc. Cambridge Philos. Soc. ,2007,142(1):133-147.

［45］ CHARAK K S,KORHONEN R J,KUMAR G. A note on partial sharing of values of meromorphic functions with their shifts［J］. J. Math. Anal. Appl. ,2016,435(2):1241-1248.

［46］ CHEN Z X. On the difference counterpart of Brück's conjecture［J］. Acta. Math. Sci. Ser. B,2014,34(3):653-659.

［47］ CUI N,CHEN Z X. The conjecture on unity of meromorphic functions concerning their differences［J］. J. Difference Equ. Appl. ,2016,22(10): 1452-1471.

［48］ HALBURD R G,KORHONEN R J. Growth of meromorphic solutions of delay differential equations［J］. Proc. Amer. Math. Soc. ,2017,145(6): 2513-2526.

［49］ HEITTOKANGAS J,KORHONEN R,LAINE I,et al. Value sharing results for shifts of meromorphic functions and sufficient condition for periodicity［J］. J. Math. Anal. Appl. ,2009,355(1):352-363.

［50］ HU P C,WANG Q Y. On unicity of meromorphic solutions of differential-difference equations［J］. J. Korean Math. Soc. ,2018,55(4):785-795.

［51］ LAINE I,YANG C C. Clunie theorems for difference and q-difference polynomials［J］. J. Lond. Math. Soc. ,2007,76(3):556-566.

［52］ ZHANG J,LIAO L W. Entire functions sharing some values with their difference operators［J］. Sci. China Math. ,2014,57(10):2143-2152.

［53］ ZHENG J H,KORHONEN R. Studies of differences from the point of view of Nevanlinna theory［J］. Trans. Amer. Math. Soc. ,2020,373(6): 4285-4318.

刘培杰数学工作室
已出版(即将出版)图书目录——初等数学

书　名	出版时间	定　价	编号
新编中学数学解题方法全书(高中版)上卷(第2版)	2018—08	58.00	951
新编中学数学解题方法全书(高中版)中卷(第2版)	2018—08	68.00	952
新编中学数学解题方法全书(高中版)下卷(一)(第2版)	2018—08	58.00	953
新编中学数学解题方法全书(高中版)下卷(二)(第2版)	2018—08	58.00	954
新编中学数学解题方法全书(高中版)下卷(三)(第2版)	2018—08	68.00	955
新编中学数学解题方法全书(初中版)上卷	2008—01	28.00	29
新编中学数学解题方法全书(初中版)中卷	2010—07	38.00	75
新编中学数学解题方法全书(高考复习卷)	2010—01	48.00	67
新编中学数学解题方法全书(高考真题卷)	2010—01	38.00	62
新编中学数学解题方法全书(高考精华卷)	2011—03	68.00	118
新编平面解析几何解题方法全书(专题讲座卷)	2010—01	18.00	61
新编中学数学解题方法全书(自主招生卷)	2013—08	88.00	261
数学奥林匹克与数学文化(第一辑)	2006—05	48.00	4
数学奥林匹克与数学文化(第二辑)(竞赛卷)	2008—01	48.00	19
数学奥林匹克与数学文化(第二辑)(文化卷)	2008—07	58.00	36'
数学奥林匹克与数学文化(第三辑)(竞赛卷)	2010—01	48.00	59
数学奥林匹克与数学文化(第四辑)(竞赛卷)	2011—08	58.00	87
数学奥林匹克与数学文化(第五辑)	2015—06	98.00	370
世界著名平面几何经典著作钩沉——几何作图专题卷(共3卷)	2022—01	198.00	1460
世界著名平面几何经典著作钩沉(民国平面几何老课本)	2011—03	38.00	113
世界著名平面几何经典著作钩沉(建国初期平面三角老课本)	2015—08	38.00	507
世界著名解析几何经典著作钩沉——平面解析几何卷	2014—01	38.00	264
世界著名数论经典著作钩沉(算术卷)	2012—01	28.00	125
世界著名数学经典著作钩沉——立体几何卷	2011—02	28.00	88
世界著名三角学经典著作钩沉(平面三角卷Ⅰ)	2010—06	28.00	69
世界著名三角学经典著作钩沉(平面三角卷Ⅱ)	2011—01	38.00	78
世界著名初等数论经典著作钩沉(理论和实用算术卷)	2011—07	38.00	126
世界著名几何经典著作钩沉(解析几何卷)	2022—10	68.00	1564
发展你的空间想象力(第3版)	2021—01	98.00	1464
空间想象力进阶	2019—05	68.00	1062
走向国际数学奥林匹克的平面几何试题诠释.第1卷	2019—07	88.00	1043
走向国际数学奥林匹克的平面几何试题诠释.第2卷	2019—09	78.00	1044
走向国际数学奥林匹克的平面几何试题诠释.第3卷	2019—03	78.00	1045
走向国际数学奥林匹克的平面几何试题诠释.第4卷	2019—09	98.00	1046
平面几何证明方法全书	2007—08	48.00	1
平面几何证明方法全书习题解答(第2版)	2006—12	18.00	10
平面几何天天练上卷·基础篇(直线型)	2013—01	58.00	208
平面几何天天练中卷·基础篇(涉及圆)	2013—01	28.00	234
平面几何天天练下卷·提高篇	2013—01	58.00	237
平面几何专题研究	2013—07	98.00	258
平面几何解题之道.第1卷	2022—05	38.00	1494
几何学习题集	2020—10	48.00	1217
通过解题学习代数几何	2021—04	88.00	1301
圆锥曲线的奥秘	2022—06	88.00	1541

书　名	出版时间	定　价	编号
最新世界各国数学奥林匹克中的平面几何试题	2007－09	38.00	14
数学竞赛平面几何典型题及新颖解	2010－07	48.00	74
初等数学复习及研究(平面几何)	2008－09	68.00	38
初等数学复习及研究(立体几何)	2010－06	38.00	71
初等数学复习及研究(平面几何)习题解答	2009－01	58.00	42
几何学教程(平面几何卷)	2011－03	68.00	90
几何学教程(立体几何卷)	2011－07	68.00	130
几何变换与几何证题	2010－06	88.00	70
计算方法与几何证题	2011－06	28.00	129
立体几何技巧与方法(第2版)	2022－10	168.00	1572
几何瑰宝——平面几何500名题暨1500条定理(上、下)	2021－07	168.00	1358
三角形的解法与应用	2012－07	18.00	183
近代的三角形几何学	2012－07	48.00	184
一般折线几何学	2015－08	48.00	503
三角形的五心	2009－06	28.00	51
三角形的六心及其应用	2015－10	68.00	542
三角形趣谈	2012－08	28.00	212
解三角形	2014－01	28.00	265
探秘三角形:一次数学旅行	2021－10	68.00	1387
三角学专门教程	2014－09	28.00	387
图天下几何新题试卷.初中(第2版)	2017－11	58.00	855
圆锥曲线习题集(上册)	2013－06	68.00	255
圆锥曲线习题集(中册)	2015－01	78.00	434
圆锥曲线习题集(下册·第1卷)	2016－10	78.00	683
圆锥曲线习题集(下册·第2卷)	2018－01	98.00	853
圆锥曲线习题集(下册·第3卷)	2019－10	128.00	1113
圆锥曲线的思想方法	2021－08	48.00	1379
圆锥曲线的八个主要问题	2021－10	48.00	1415
论九点圆	2015－05	88.00	645
论圆的几何学	2024－06	48.00	1736
近代欧氏几何学	2012－03	48.00	162
罗巴切夫斯基几何学及几何基础概要	2012－07	28.00	188
罗巴切夫斯基几何学初步	2015－06	28.00	474
用三角、解析几何、复数、向量计算解数学竞赛几何题	2015－03	48.00	455
用解析法研究圆锥曲线的几何理论	2022－05	48.00	1495
美国中学几何教程	2015－04	88.00	458
三线坐标与三角形特征点	2015－04	98.00	460
坐标几何学基础.第1卷,笛卡儿坐标	2021－08	48.00	1398
坐标几何学基础.第2卷,三线坐标	2021－09	28.00	1399
平面解析几何方法与研究(第1卷)	2015－05	28.00	471
平面解析几何方法与研究(第2卷)	2015－06	38.00	472
平面解析几何方法与研究(第3卷)	2015－07	28.00	473
解析几何研究	2015－01	38.00	425
解析几何学教程.上	2016－01	38.00	574
解析几何学教程.下	2016－01	38.00	575
几何学基础	2016－01	58.00	581
初等几何研究	2015－02	58.00	444
十九和二十世纪欧氏几何学中的片段	2017－01	58.00	696
平面几何中考.高考.奥数一本通	2017－07	28.00	820
几何学简史	2017－08	28.00	833
四面体	2018－01	48.00	880
平面几何证明方法思路	2018－12	68.00	913
折纸中的几何练习	2022－09	48.00	1559
中学新几何学(英文)	2022－10	98.00	1562
线性代数与几何	2023－04	68.00	1633

刘培杰数学工作室
已出版(即将出版)图书目录——初等数学

书　名	出版时间	定　价	编号
四面体几何学引论	2023-06	68.00	1648
平面几何图形特性新析.上篇	2019-01	68.00	911
平面几何图形特性新析.下篇	2018-06	88.00	912
平面几何范例多解探究.上篇	2018-04	48.00	910
平面几何范例多解探究.下篇	2018-12	68.00	914
从分析解题过程学解题:竞赛中的几何问题研究	2018-07	68.00	946
从分析解题过程学解题:竞赛中的向量几何与不等式研究(全2册)	2019-06	138.00	1090
从分析解题过程学解题:竞赛中的不等式问题	2021-01	48.00	1249
二维、三维欧氏几何的对偶原理	2018-12	38.00	990
星形大观及闭折线论	2019-03	68.00	1020
立体几何的问题和方法	2019-11	58.00	1127
三角代换论	2021-05	58.00	1313
俄罗斯平面几何问题集	2009-08	88.00	55
俄罗斯立体几何问题集	2014-03	58.00	283
俄罗斯几何大师——沙雷金论数学及其他	2014-01	48.00	271
来自俄罗斯的5000道几何习题及解答	2011-03	58.00	89
俄罗斯初等数学问题集	2012-05	38.00	177
俄罗斯函数问题集	2011-03	38.00	103
俄罗斯组合分析问题集	2011-01	48.00	79
俄罗斯初等数学万题选——三角卷	2012-11	38.00	222
俄罗斯初等数学万题选——代数卷	2013-08	68.00	225
俄罗斯初等数学万题选——几何卷	2014-01	68.00	226
俄罗斯《量子》杂志数学征解问题100题选	2018-08	48.00	969
俄罗斯《量子》杂志数学征解问题又100题选	2018-08	48.00	970
俄罗斯《量子》杂志数学征解问题	2020-05	48.00	1138
463个俄罗斯几何老问题	2012-01	28.00	152
《量子》数学短文精粹	2018-09	38.00	972
用三角、解析几何等计算解来自俄罗斯的几何题	2019-11	88.00	1119
基谢廖夫平面几何	2022-01	48.00	1461
基谢廖夫立体几何	2023-04	48.00	1599
数学:代数、数学分析和几何(10—11年级)	2021-01	48.00	1250
直观几何学:5—6年级	2022-04	58.00	1508
几何学:第2版.7—9年级	2023-08	68.00	1684
平面几何:9—11年级	2022-10	48.00	1571
立体几何.10—11年级	2022-01	58.00	1472
几何快递	2024-05	48.00	1697

谈谈素数	2011-03	18.00	91
平方和	2011-03	18.00	92
整数论	2011-05	38.00	120
从整数谈起	2015-10	28.00	538
数与多项式	2016-01	38.00	558
谈谈不定方程	2011-05	28.00	119
质数漫谈	2022-07	68.00	1529

解析不等式新论	2009-06	68.00	48
建立不等式的方法	2011-03	98.00	104
数学奥林匹克不等式研究(第2版)	2020-07	68.00	1181
不等式研究(第三辑)	2023-08	198.00	1673
不等式的秘密(第一卷)(第2版)	2014-02	38.00	286
不等式的秘密(第二卷)	2014-01	38.00	268
初等不等式的证明方法	2010-06	38.00	123
初等不等式的证明方法(第二版)	2014-11	38.00	407
不等式·理论·方法(基础卷)	2015-07	38.00	496
不等式·理论·方法(经典不等式卷)	2015-07	38.00	497
不等式·理论·方法(特殊类型不等式卷)	2015-07	48.00	498
不等式探究	2016-03	38.00	582
不等式探秘	2017-01	88.00	689

书 名	出版时间	定 价	编号
四面体不等式	2017—01	68.00	715
数学奥林匹克中常见重要不等式	2017—09	38.00	845
三正弦不等式	2018—09	98.00	974
函数方程与不等式:解法与稳定性结果	2019—04	68.00	1058
数学不等式.第1卷,对称多项式不等式	2022—05	78.00	1455
数学不等式.第2卷,对称有理不等式与对称无理不等式	2022—05	88.00	1456
数学不等式.第3卷,循环不等式与非循环不等式	2022—05	88.00	1457
数学不等式.第4卷,Jensen不等式的扩展与加细	2022—05	88.00	1458
数学不等式.第5卷,创建不等式与解不等式的其他方法	2022—05	88.00	1459
不定方程及其应用.上	2018—12	58.00	992
不定方程及其应用.中	2019—01	78.00	993
不定方程及其应用.下	2019—02	98.00	994
Nesbitt不等式加强式的研究	2022—06	128.00	1527
最值定理与分析不等式	2023—02	78.00	1567
一类积分不等式	2023—02	88.00	1579
邦费罗尼不等式及概率应用	2023—05	58.00	1637
同余理论	2012—05	38.00	163
[x]与{x}	2015—04	48.00	476
极值与最值.上卷	2015—06	28.00	486
极值与最值.中卷	2015—06	38.00	487
极值与最值.下卷	2015—06	28.00	488
整数的性质	2012—11	38.00	192
完全平方数及其应用	2015—08	78.00	506
多项式理论	2015—10	88.00	541
奇数、偶数、奇偶分析法	2018—01	98.00	876
历届美国中学生数学竞赛试题及解答(第一卷)1950—1954	2014—07	18.00	277
历届美国中学生数学竞赛试题及解答(第二卷)1955—1959	2014—04	18.00	278
历届美国中学生数学竞赛试题及解答(第三卷)1960—1964	2014—06	18.00	279
历届美国中学生数学竞赛试题及解答(第四卷)1965—1969	2014—04	28.00	280
历届美国中学生数学竞赛试题及解答(第五卷)1970—1972	2014—06	18.00	281
历届美国中学生数学竞赛试题及解答(第六卷)1973—1980	2017—07	18.00	768
历届美国中学生数学竞赛试题及解答(第七卷)1981—1986	2015—01	18.00	424
历届美国中学生数学竞赛试题及解答(第八卷)1987—1990	2017—05	18.00	769
历届国际数学奥林匹克试题集	2023—09	158.00	1701
历届中国数学奥林匹克试题集(第3版)	2021—10	58.00	1440
历届加拿大数学奥林匹克试题集	2012—08	38.00	215
历届美国数学奥林匹克试题集	2023—08	98.00	1681
历届波兰数学竞赛试题集.第1卷,1949~1963	2015—03	18.00	453
历届波兰数学竞赛试题集.第2卷,1964~1976	2015—03	18.00	454
历届巴尔干数学奥林匹克试题集	2015—05	38.00	466
历届CGMO试题及解答	2024—03	48.00	1717
保加利亚数学奥林匹克	2014—10	38.00	393
圣彼得堡数学奥林匹克试题集	2015—01	38.00	429
匈牙利奥林匹克数学竞赛题解.第1卷	2016—05	28.00	593
匈牙利奥林匹克数学竞赛题解.第2卷	2016—05	28.00	594
历届美国数学邀请赛试题集(第2版)	2017—10	78.00	851
全美高中数学竞赛:纽约州数学竞赛(1989—1994)	2024—04	48.00	1740
普林斯顿大学数学竞赛	2016—06	38.00	669
亚太地区数学奥林匹克竞赛题	2015—07	18.00	492
日本历届(初级)广中杯数学竞赛试题及解答.第1卷(2000~2007)	2016—05	28.00	641
日本历届(初级)广中杯数学竞赛试题及解答.第2卷(2008~2015)	2016—05	38.00	642
越南数学奥林匹克题选:1962—2009	2021—07	48.00	1370
欧洲女子数学奥林匹克	2024—04	48.00	1723
360个数学竞赛问题	2016—08	58.00	677

书　名	出版时间	定　价	编号
奥数最佳实战题.上卷	2017—06	38.00	760
奥数最佳实战题.下卷	2017—05	58.00	761
解决问题的策略	2024—08	48.00	1742
哈尔滨市早期中学数学竞赛试题汇编	2016—07	28.00	672
全国高中数学联赛试题及解答:1981—2019(第4版)	2020—07	138.00	1176
2024年全国高中数学联合竞赛模拟题集	2024—01	38.00	1702
20世纪50年代全国部分城市数学竞赛试题汇编	2017—07	28.00	797
国内外数学竞赛题及精解:2018~2019	2020—08	45.00	1192
国内外数学竞赛题及精解:2019~2020	2021—11	58.00	1439
许康华竞赛优学精选集.第一辑	2018—08	68.00	949
天问叶班数学问题征解100题.Ⅰ,2016—2018	2019—05	88.00	1075
天问叶班数学问题征解100题.Ⅱ,2017—2019	2020—07	98.00	1177
美国初中数学竞赛:AMC8准备(共6卷)	2019—07	138.00	1089
美国高中数学竞赛:AMC10准备(共6卷)	2019—08	158.00	1105
王连笑教你怎样学数学:高考选择题解题策略与客观题实用训练	2014—01	48.00	262
王连笑教你怎样学数学:高考数学高层次讲座	2015—02	48.00	432
高考数学的理论与实践	2009—08	38.00	53
高考数学核心题型解题方法与技巧	2010—01	28.00	86
高考思维新平台	2014—03	38.00	259
高考数学压轴题解题诀窍(上)(第2版)	2018—01	58.00	874
高考数学压轴题解题诀窍(下)(第2版)	2018—01	48.00	875
突破高考数学新定义创新压轴题	2024—08	88.00	1741
北京市五区文科数学三年高考模拟题详解:2013~2015	2015—08	48.00	500
北京市五区理科数学三年高考模拟题详解:2013~2015	2015—09	68.00	505
向量法巧解数学高考题	2009—08	28.00	54
高中数学课堂教学的实践与反思	2021—11	48.00	791
数学高考参考	2016—01	78.00	589
新课程标准高考数学解答题各种题型解法指导	2020—08	78.00	1196
全国及各省市高考数学试题审题要津与解法研究	2015—02	48.00	450
高中数学章节起始课的教学研究与案例设计	2019—05	28.00	1064
新课标高考数学——五年试题分章详解(2007~2011)(上、下)	2011—10	78.00	140,141
全国中考数学压轴题审题要津与解法研究	2013—04	78.00	248
新编全国及各省市中考数学压轴题审题要津与解法研究	2014—05	58.00	342
全国及各省市5年中考数学压轴题审题要津与解法研究(2015版)	2015—04	58.00	462
中考数学专题总复习	2007—04	28.00	6
中考数学较难题常考题型解题方法与技巧	2016—09	48.00	681
中考数学难题常考题型解题方法与技巧	2016—09	48.00	682
中考数学中档题常考题型解题方法与技巧	2017—08	68.00	835
中考数学选择填空压轴好题妙解365	2024—01	80.00	1698
中考数学:三类重点考题的解法例析与习题	2020—04	48.00	1140
中小学数学的历史文化	2019—11	48.00	1124
小升初衔接数学	2024—06	68.00	1734
赢在小升初——数学	2024—08	78.00	1739
初中平面几何百题多思创新解	2020—01	58.00	1125
初中数学中考备考	2020—01	58.00	1126
高考数学之九章讲义	2019—08	68.00	1044
高考数学之难题谈笑间	2022—06	68.00	1519
化学可以这样学:高中化学知识方法智慧感悟疑难辨析	2019—07	58.00	1103
如何成为学习高手	2019—09	58.00	1107
高考数学:经典真题分类解析	2020—04	78.00	1134
高考数学解答题破解策略	2020—11	58.00	1221
从分析解题过程学解题:高考压轴题与竞赛题之关系探究	2020—08	88.00	1179
从分析解题过程学解题:数学高考与竞赛的互联互通探究	2024—06	88.00	1735
教学新思考:单元整体视角下的初中数学教学设计	2021—03	58.00	1278
思维再拓展:2020年经典几何题的多解探究与思考	即将出版		1279
中考数学小压轴汇编初讲	2017—07	48.00	788
中考数学大压轴专题微言	2017—09	48.00	846

书　名	出 版 时 间	定　价	编号
怎么解中考平面几何探索题	2019—06	48.00	1093
北京中考数学压轴题解题方法突破(第9版)	2024—01	78.00	1645
助你高考成功的数学解题智慧:知识是智慧的基础	2016—01	58.00	596
助你高考成功的数学解题智慧:错误是智慧的试金石	2016—04	58.00	643
助你高考成功的数学解题智慧:方法是智慧的推手	2016—04	68.00	657
高考数学奇思妙解	2016—04	38.00	610
高考数学解题策略	2016—05	48.00	670
数学解题泄天机(第2版)	2017—10	48.00	850
高中物理教学讲义	2018—01	48.00	871
高中物理教学讲义:全模块	2022—03	98.00	1492
高中物理答疑解惑65篇	2021—11	48.00	1462
中学物理基础问题解析	2020—08	48.00	1183
初中数学、高中数学脱节知识补缺教材	2017—06	48.00	766
高考数学客观题解题方法和技巧	2017—10	38.00	847
十年高考数学精品试题审题要津与解法研究	2021—10	98.00	1427
中国历届高考数学试题及解答.1949—1979	2018—01	38.00	877
历届中国高考数学试题及解答.第二卷,1980—1989	2018—10	28.00	975
历届中国高考数学试题及解答.第三卷,1990—1999	2018—10	48.00	976
跟我学解高中数学题	2018—07	58.00	926
中学数学研究的方法及案例	2018—05	58.00	869
高考数学抢分技能	2018—07	68.00	934
高一新生常用数学方法和重要数学思想提升教材	2018—06	38.00	921
高考数学全国卷六道解答题常考题型解题诀窍:理科(全2册)	2019—07	78.00	1101
高考数学全国卷16道选择、填空题常考题型解题诀窍.理科	2018—09	88.00	971
高考数学全国卷16道选择、填空题常考题型解题诀窍.文科	2020—01	88.00	1123
高中数学一题多解	2019—06	58.00	1087
历届中国高考数学试题及解答:1917—1999	2021—08	98.00	1371
2000～2003年全国及各省市高考数学试题及解答	2022—05	88.00	1499
2004年全国及各省市高考数学试题及解答	2023—08	78.00	1500
2005年全国及各省市高考数学试题及解答	2023—08	78.00	1501
2006年全国及各省市高考数学试题及解答	2023—08	88.00	1502
2007年全国及各省市高考数学试题及解答	2023—08	98.00	1503
2008年全国及各省市高考数学试题及解答	2023—08	88.00	1504
2009年全国及各省市高考数学试题及解答	2023—08	88.00	1505
2010年全国及各省市高考数学试题及解答	2023—08	98.00	1506
2011～2017年全国及各省市高考数学试题及解答	2024—01	78.00	1507
2018～2023年全国及各省市高考数学试题及解答	2024—01	78.00	1709
突破高原:高中数学解题思维探究	2021—08	48.00	1375
高考数学中的"取值范围"	2021—10	48.00	1429
新课程标准高中数学各种题型解法大全.必修一分册	2021—06	58.00	1315
新课程标准高中数学各种题型解法大全.必修二分册	2022—01	68.00	1471
高中数学各种题型解法大全.选择性必修一分册	2022—06	68.00	1525
高中数学各种题型解法大全.选择性必修二分册	2023—01	58.00	1600
高中数学各种题型解法大全.选择性必修三分册	2023—04	48.00	1643
高中数学专题研究	2024—01	88.00	1722
历届全国初中数学竞赛经典试题详解	2023—04	88.00	1624
孟祥礼高考数学精刷精解	2023—06	98.00	1663
新编640个世界著名数学智力趣题	2014—01	88.00	242
500个最新世界著名数学智力趣题	2008—06	48.00	3
400个最新世界著名数学最值问题	2008—09	48.00	36
500个世界著名数学征解问题	2009—06	48.00	52
400个中国最佳初等数学征解老问题	2010—01	48.00	60
500个俄罗斯数学经典老题	2011—01	28.00	81
1000个国外中学物理好题	2012—04	48.00	174
300个日本高考数学题	2012—05	38.00	142
700个早期日本高考数学试题	2017—02	88.00	752

刘培杰数学工作室
已出版（即将出版）图书目录——初等数学

书　　名	出版时间	定　价	编号
500 个前苏联早期高考数学试题及解答	2012—05	28.00	185
546 个早期俄罗斯大学生数学竞赛题	2014—03	38.00	285
548 个来自美苏的数学好问题	2014—11	28.00	396
20 所苏联著名大学早期入学试题	2015—02	18.00	452
161 道德国工科大学生必做的微分方程习题	2015—05	28.00	469
500 个德国工科大学生必做的高数习题	2015—06	28.00	478
360 个数学竞赛问题	2016—08	58.00	677
200 个趣味数学故事	2018—02	48.00	857
470 个数学奥林匹克中的最值问题	2018—10	88.00	985
德国讲义日本考题.微积分卷	2015—04	48.00	456
德国讲义日本考题.微分方程卷	2015—04	38.00	457
二十世纪中叶中、英、美、日、法、俄高考数学试题精选	2017—06	38.00	783
中国初等数学研究　2009 卷(第 1 辑)	2009—05	20.00	45
中国初等数学研究　2010 卷(第 2 辑)	2010—05	30.00	68
中国初等数学研究　2011 卷(第 3 辑)	2011—07	60.00	127
中国初等数学研究　2012 卷(第 4 辑)	2012—07	48.00	190
中国初等数学研究　2014 卷(第 5 辑)	2014—02	48.00	288
中国初等数学研究　2015 卷(第 6 辑)	2015—06	68.00	493
中国初等数学研究　2016 卷(第 7 辑)	2016—04	68.00	609
中国初等数学研究　2017 卷(第 8 辑)	2017—01	98.00	712
初等数学研究在中国.第 1 辑	2019—03	158.00	1024
初等数学研究在中国.第 2 辑	2019—10	158.00	1116
初等数学研究在中国.第 3 辑	2021—05	158.00	1306
初等数学研究在中国.第 4 辑	2022—06	158.00	1520
初等数学研究在中国.第 5 辑	2023—07	158.00	1635
几何变换(Ⅰ)	2014—07	28.00	353
几何变换(Ⅱ)	2015—06	28.00	354
几何变换(Ⅲ)	2015—01	38.00	355
几何变换(Ⅳ)	2015—12	38.00	356
初等数论难题集(第一卷)	2009—05	68.00	44
初等数论难题集(第二卷)(上、下)	2011—02	128.00	82,83
数论概貌	2011—03	18.00	93
代数数论(第二版)	2013—08	58.00	94
代数多项式	2014—06	38.00	289
初等数论的知识与问题	2011—02	28.00	95
超越数论基础	2011—03	28.00	96
数论初等教程	2011—03	28.00	97
数论基础	2011—03	18.00	98
数论基础与维诺格拉多夫	2014—03	18.00	292
解析数论基础	2012—08	28.00	216
解析数论基础(第二版)	2014—01	48.00	287
解析数论问题集(第二版)(原版引进)	2014—05	88.00	343
解析数论问题集(第二版)(中译本)	2016—04	88.00	607
解析数论基础(潘承洞,潘承彪著)	2016—07	98.00	673
解析数论导引	2016—07	58.00	674
数论入门	2011—03	38.00	99
代数数论入门	2015—03	38.00	448

刘培杰数学工作室

已出版(即将出版)图书目录——初等数学

书　名	出版时间	定　价	编号
数论开篇	2012—07	28.00	194
解析数论引论	2011—03	48.00	100
Barban Davenport Halberstam 均值和	2009—01	40.00	33
基础数论	2011—03	28.00	101
初等数论100例	2011—05	18.00	122
初等数论经典例题	2012—07	18.00	204
最新世界各国数学奥林匹克中的初等数论试题(上、下)	2012—01	138.00	144,145
初等数论(Ⅰ)	2012—01	18.00	156
初等数论(Ⅱ)	2012—01	18.00	157
初等数论(Ⅲ)	2012—01	28.00	158
平面几何与数论中未解决的新老问题	2013—01	68.00	229
代数数论简史	2014—11	28.00	408
代数数论	2015—09	88.00	532
代数、数论及分析习题集	2016—11	98.00	695
数论导引提要及习题解答	2016—01	48.00	559
素数定理的初等证明. 第2版	2016—09	48.00	686
数论中的模函数与狄利克雷级数(第二版)	2017—11	78.00	837
数论:数学导引	2018—01	68.00	849
范氏大代数	2019—02	98.00	1016
解析数学讲义.第一卷,导来式及微分、积分、级数	2019—04	88.00	1021
解析数学讲义.第二卷,关于几何的应用	2019—04	68.00	1022
解析数学讲义.第三卷,解析函数论	2019—04	78.00	1023
分析·组合·数论纵横谈	2019—04	58.00	1039
Hall代数:民国时期的中学数学课本:英文	2019—08	88.00	1106
基谢廖夫初等代数	2022—07	38.00	1531
基谢廖夫算术	2024—05	48.00	1725
数学精神巡礼	2019—01	58.00	731
数学眼光透视(第2版)	2017—06	78.00	732
数学思想领悟(第2版)	2018—01	68.00	733
数学方法溯源(第2版)	2018—08	68.00	734
数学解题引论	2017—05	58.00	735
数学史话览胜(第2版)	2017—01	48.00	736
数学应用展观(第2版)	2017—08	68.00	737
数学建模尝试	2018—04	48.00	738
数学竞赛采风	2018—01	68.00	739
数学测评探营	2019—05	58.00	740
数学技能操握	2018—03	48.00	741
数学欣赏拾趣	2018—02	48.00	742
从毕达哥拉斯到怀尔斯	2007—10	48.00	9
从迪利克雷到维斯卡尔迪	2008—01	48.00	21
从哥德巴赫到陈景润	2008—05	98.00	35
从庞加莱到佩雷尔曼	2011—08	138.00	136
博弈论精粹	2008—03	58.00	30
博弈论精粹.第二版(精装)	2015—01	88.00	461
数学 我爱你	2008—01	28.00	20
精神的圣徒　别样的人生——60位中国数学家成长的历程	2008—09	48.00	39
数学史概论	2009—06	78.00	50

已出版(即将出版)图书目录——初等数学

书　名	出版时间	定　价	编号
数学史概论(精装)	2013－03	158.00	272
数学史选讲	2016－01	48.00	544
斐波那契数列	2010－02	28.00	65
数学拼盘和斐波那契魔方	2010－07	38.00	72
斐波那契数列欣赏(第2版)	2018－08	58.00	948
Fibonacci数列中的明珠	2018－06	58.00	928
数学的创造	2011－02	48.00	85
数学美与创造力	2016－01	48.00	595
数海拾贝	2016－01	48.00	590
数学中的美(第2版)	2019－04	68.00	1057
数论中的美学	2014－12	38.00	351
数学王者　科学巨人——高斯	2015－01	28.00	428
振兴祖国数学的圆梦之旅:中国初等数学研究史话	2015－06	98.00	490
二十世纪中国数学史料研究	2015－10	48.00	536
《九章算法比类大全》校注	2024－06	198.00	1695
数字谜、数阵图与棋盘覆盖	2016－01	58.00	298
数学概念的进化:一个初步的研究	2023－07	68.00	1683
数学发现的艺术:数学探索中的合情推理	2016－07	58.00	671
活跃在数学中的参数	2016－07	48.00	675
数海趣史	2021－05	98.00	1314
玩转幻中之幻	2023－08	88.00	1682
数学艺术品	2023－09	98.00	1685
数学博弈与游戏	2023－10	68.00	1692
数学解题——靠数学思想给力(上)	2011－07	38.00	131
数学解题——靠数学思想给力(中)	2011－07	48.00	132
数学解题——靠数学思想给力(下)	2011－07	38.00	133
我怎样解题	2013－01	48.00	227
数学解题中的物理方法	2011－06	28.00	114
数学解题的特殊方法	2011－06	48.00	115
中学数学计算技巧(第2版)	2020－10	48.00	1220
中学数学证明方法	2012－01	58.00	117
数学趣题巧解	2012－03	28.00	128
高中数学教学通鉴	2015－05	58.00	479
和高中生漫谈:数学与哲学的故事	2014－08	28.00	369
算术问题集	2017－03	38.00	789
张教授讲数学	2018－07	38.00	933
陈永明实话实说数学教学	2020－04	68.00	1132
中学数学学科知识与教学能力	2020－06	58.00	1155
怎样把课讲好:大罕数学教学随笔	2022－03	58.00	1484
中国高考评价体系下高考数学探秘	2022－03	48.00	1487
数苑漫步	2024－01	58.00	1670
自主招生考试中的参数方程问题	2015－01	28.00	435
自主招生考试中的极坐标问题	2015－04	28.00	463
近年全国重点大学自主招生数学试题全解及研究.华约卷	2015－02	38.00	441
近年全国重点大学自主招生数学试题全解及研究.北约卷	2016－05	38.00	619
自主招生数学解证宝典	2015－09	48.00	535
中国科学技术大学创新班数学真题解析	2022－03	48.00	1488
中国科学技术大学创新班物理真题解析	2022－03	58.00	1489
格点和面积	2012－07	18.00	191
射影几何趣谈	2012－04	28.00	175
斯潘纳尔引理——从一道加拿大数学奥林匹克试题谈起	2014－01	28.00	228
李普希兹条件——从几道近年高考数学试题谈起	2012－10	18.00	221
拉格朗日中值定理——从一道北京高考试题的解法谈起	2015－10	18.00	197

刘培杰数学工作室
已出版(即将出版)图书目录——初等数学

书 名	出版时间	定 价	编号
闵科夫斯基定理——从一道清华大学自主招生试题谈起	2014—01	28.00	198
哈尔测度——从一道冬令营试题的背景谈起	2012—08	28.00	202
切比雪夫逼近问题——从一道中国台北数学奥林匹克试题谈起	2013—04	38.00	238
伯恩斯坦多项式与贝齐尔曲面——从一道全国高中数学联赛试题谈起	2013—03	38.00	236
卡塔兰猜想——从一道普特南竞赛试题谈起	2013—06	18.00	256
麦卡锡函数和阿克曼函数——从一道前南斯拉夫数学奥林匹克试题谈起	2012—08	18.00	201
贝蒂定理与拉姆贝克莫斯尔定理——从一个拣石子游戏谈起	2012—08	18.00	217
皮亚诺曲线和豪斯道夫分球定理——从无限集谈起	2012—08	18.00	211
平面凸图形与凸多面体	2012—10	28.00	218
斯坦因豪斯问题——从一道二十五省市自治区中学数学竞赛试题谈起	2012—07	18.00	196
纽结理论中的亚历山大多项式与琼斯多项式——从一道北京市高一数学竞赛试题谈起	2012—07	28.00	195
原则与策略——从波利亚"解题表"谈起	2013—04	38.00	244
转化与化归——从三大尺规作图不能问题谈起	2012—08	28.00	214
代数几何中的贝祖定理(第一版)——从一道IMO试题的解法谈起	2013—08	18.00	193
成功连贯理论与约当块理论——从一道比利时数学竞赛试题谈起	2012—04	18.00	180
素数判定与大数分解	2014—08	18.00	199
置换多项式及其应用	2012—10	18.00	220
椭圆函数与模函数——从一道美国加州大学洛杉矶分校(UCLA)博士资格考题谈起	2012—10	28.00	219
差分方程的拉格朗日方法——从一道2011年全国高考理科试题的解法谈起	2012—08	28.00	200
力学在几何中的一些应用	2013—01	38.00	240
从根式解到伽罗华理论	2020—01	48.00	1121
康托洛维奇不等式——从一道全国高中联赛试题谈起	2013—03	28.00	337
西格尔引理——从一道第18届IMO试题的解法谈起	即将出版		
罗斯定理——从一道前苏联数学竞赛试题谈起	即将出版		
拉克斯定理和阿廷定理——从一道IMO试题的解法谈起	2014—01	58.00	246
毕卡大定理——从一道美国大学数学竞赛试题谈起	2014—07	18.00	350
贝齐尔曲线——从一道全国高中联赛试题谈起	即将出版		
拉格朗日乘子定理——从一道2005年全国高中联赛试题的高等数学解法谈起	2015—05	28.00	480
雅可比定理——从一道日本数学奥林匹克试题谈起	2013—04	48.00	249
李天岩—约克定理——从一道波兰数学竞赛试题谈起	2014—06	28.00	349
受控理论与初等不等式:一道IMO试题的解法谈起	2023—03	48.00	1601
布劳维不动点定理——从一道前苏联数学奥林匹克试题谈起	2014—01	38.00	273
伯恩赛德定理——从一道英国数学奥林匹克试题谈起	即将出版		
布查特—莫斯特定理——从一道上海市初中竞赛试题谈起	即将出版		
数论中的同余数问题——从一道普特南竞赛试题谈起	即将出版		
范·德蒙行列式——从一道美国数学奥林匹克试题谈起	即将出版		
中国剩余定理:总数法构建中国历史年表	2015—01	28.00	430
牛顿程序与方程求根——从一道全国高考试题解法谈起	即将出版		
库默尔定理——从一道IMO预选试题谈起	即将出版		
卢丁定理——从一道冬令营试题的解法谈起	即将出版		
沃斯滕霍姆定理——从一道IMO预选试题谈起	即将出版		
卡尔松不等式——从一道莫斯科数学奥林匹克试题谈起	即将出版		
信息论中的香农熵——从一道近年高考压轴题谈起	即将出版		

刘培杰数学工作室
已出版(即将出版)图书目录——初等数学

书　名	出版时间	定　价	编号
约当不等式——从一道希望杯竞赛试题谈起	即将出版		
拉比诺维奇定理	即将出版		
刘维尔定理——从一道《美国数学月刊》征解问题的解法谈起	即将出版		
卡塔兰恒等式与级数求和——从一道IMO试题的解法谈起	即将出版		
勒让德猜想与素数分布——从一道爱尔兰竞赛试题谈起	即将出版		
天平称重与信息论——从一道基辅市数学奥林匹克试题谈起	即将出版		
哈密尔顿-凯莱定理:从一道高中数学联赛试题的解法谈起	2014－09	18.00	376
艾思特曼定理——从一道CMO试题的解法谈起	即将出版		
阿贝尔恒等式与经典不等式及应用	2018－06	98.00	923
迪利克雷除数问题	2018－07	48.00	930
幻方、幻立方与拉丁方	2019－08	48.00	1092
帕斯卡三角形	2014－03	18.00	294
蒲丰投针问题——从2009年清华大学的一道自主招生试题谈起	2014－01	38.00	295
斯图姆定理——从一道"华约"自主招生试题的解法谈起	2014－01	18.00	296
许瓦兹引理——从一道加利福尼亚大学伯克利分校数学系博士生试题谈起	2014－08	18.00	297
拉姆塞定理——从王诗宬院士的一个问题谈起	2016－04	48.00	299
坐标法	2013－12	28.00	332
数论三角形	2014－04	38.00	341
毕克定理	2014－07	18.00	352
数林掠影	2014－09	48.00	389
我们周围的概率	2014－10	38.00	390
凸函数最值定理:从一道华约自主招生的解法谈起	2014－10	28.00	391
易学与数学奥林匹克	2014－10	38.00	392
生物数学趣谈	2015－01	18.00	409
反演	2015－01	28.00	420
因式分解与圆锥曲线	2015－01	18.00	426
轨迹	2015－01	28.00	427
面积原理:从常庚哲命的一道CMO试题的积分解法谈起	2015－01	48.00	431
形形色色的不动点定理:从一道28届IMO试题谈起	2015－01	38.00	439
柯西函数方程:从一道上海交大自主招生的试题谈起	2015－02	28.00	440
三角恒等式	2015－02	28.00	442
无理性判定:从一道2014年"北约"自主招生试题谈起	2015－01	38.00	443
数学归纳法	2015－03	18.00	451
极端原理与解题	2015－04	28.00	464
法雷级数	2014－08	18.00	367
摆线族	2015－01	38.00	438
函数方程及其解法	2015－05	38.00	470
含参数的方程和不等式	2012－09	28.00	213
希尔伯特第十问题	2016－01	38.00	543
无穷小量的求和	2016－01	28.00	545
切比雪夫多项式:从一道清华大学金秋营试题谈起	2016－01	38.00	583
泽肯多夫定理	2016－03	38.00	599
代数等式证题法	2016－01	28.00	600
三角等式证题法	2016－01	28.00	601
吴大任教授藏书中的一个因式分解公式:从一道美国数学邀请赛试题的解法谈起	2016－06	28.00	656
易卦——类万物的数学模型	2017－08	68.00	838
"不可思议"的数与数系可持续发展	2018－01	38.00	878
最短线	2018－01	38.00	879
数学在天文、地理、光学、机械力学中的一些应用	2023－03	88.00	1576
从阿基米德三角形谈起	2023－01	28.00	1578

刘培杰数学工作室
已出版(即将出版)图书目录——初等数学

书　名	出版时间	定　价	编号
幻方和魔方(第一卷)	2012—05	68.00	173
尘封的经典——初等数学经典文献选读(第一卷)	2012—07	48.00	205
尘封的经典——初等数学经典文献选读(第二卷)	2012—07	38.00	206
初级方程式论	2011—03	28.00	106
初等数学研究(Ⅰ)	2008—09	68.00	37
初等数学研究(Ⅱ)(上、下)	2009—05	118.00	46,47
初等数学专题研究	2022—10	68.00	1568
趣味初等方程妙题集锦	2014—09	48.00	388
趣味初等数论选美与欣赏	2015—02	48.00	445
耕读笔记(上卷):一位农民数学爱好者的初数探索	2015—04	28.00	459
耕读笔记(中卷):一位农民数学爱好者的初数探索	2015—05	28.00	483
耕读笔记(下卷):一位农民数学爱好者的初数探索	2015—05	28.00	484
几何不等式研究与欣赏.上卷	2016—01	88.00	547
几何不等式研究与欣赏.下卷	2016—01	48.00	552
初等数列研究与欣赏·上	2016—01	48.00	570
初等数列研究与欣赏·下	2016—01	48.00	571
趣味初等函数研究与欣赏.上	2016—09	48.00	684
趣味初等函数研究与欣赏.下	2018—09	48.00	685
三角不等式研究与欣赏	2020—10	68.00	1197
新编平面解析几何解题方法研究与欣赏	2021—10	78.00	1426
火柴游戏(第2版)	2022—05	38.00	1493
智力解谜.第1卷	2017—07	38.00	613
智力解谜.第2卷	2017—07	38.00	614
故事智力	2016—07	48.00	615
名人们喜欢的智力问题	2020—01	48.00	616
数学大师的发现、创造与失误	2018—01	48.00	617
异曲同工	2018—09	48.00	618
数学的味道(第2版)	2023—10	68.00	1686
数学千字文	2018—10	68.00	977
数贝偶拾——高考数学题研究	2014—04	28.00	274
数贝偶拾——初等数学研究	2014—04	38.00	275
数贝偶拾——奥数题研究	2014—04	48.00	276
钱昌本教你快乐学数学(上)	2011—12	48.00	155
钱昌本教你快乐学数学(下)	2012—03	58.00	171
集合、函数与方程	2014—01	28.00	300
数列与不等式	2014—01	38.00	301
三角与平面向量	2014—01	28.00	302
平面解析几何	2014—01	38.00	303
立体几何与组合	2014—01	28.00	304
极限与导数、数学归纳法	2014—01	38.00	305
趣味数学	2014—03	28.00	306
教材教法	2014—04	68.00	307
自主招生	2014—05	58.00	308
高考压轴题(上)	2015—01	48.00	309
高考压轴题(下)	2014—10	68.00	310

刘培杰数学工作室
已出版(即将出版)图书目录——初等数学

书　　名	出版时间	定　价	编号
从费马到怀尔斯——费马大定理的历史	2013－10	198.00	I
从庞加莱到佩雷尔曼——庞加莱猜想的历史	2013－10	298.00	II
从切比雪夫到爱尔特希(上)——素数定理的初等证明	2013－07	48.00	III
从切比雪夫到爱尔特希(下)——素数定理100年	2012－12	98.00	III
从高斯到盖尔方特——二次域的高斯猜想	2013－10	198.00	IV
从库默尔到朗兰兹——朗兰兹猜想的历史	2014－01	98.00	V
从比勃巴赫到德布朗斯——比勃巴赫猜想的历史	2014－02	298.00	VI
从麦比乌斯到陈省身——麦比乌斯变换与麦比乌斯带	2014－02	298.00	VII
从布尔到豪斯道夫——布尔方程与格论漫谈	2013－10	198.00	VIII
从开普勒到阿诺德——三体问题的历史	2014－05	298.00	IX
从华林到华罗庚——华林问题的历史	2013－10	298.00	X
美国高中数学竞赛五十讲．第1卷(英文)	2014－08	28.00	357
美国高中数学竞赛五十讲．第2卷(英文)	2014－08	28.00	358
美国高中数学竞赛五十讲．第3卷(英文)	2014－09	28.00	359
美国高中数学竞赛五十讲．第4卷(英文)	2014－09	28.00	360
美国高中数学竞赛五十讲．第5卷(英文)	2014－10	28.00	361
美国高中数学竞赛五十讲．第6卷(英文)	2014－11	28.00	362
美国高中数学竞赛五十讲．第7卷(英文)	2014－12	28.00	363
美国高中数学竞赛五十讲．第8卷(英文)	2015－01	28.00	364
美国高中数学竞赛五十讲．第9卷(英文)	2015－01	28.00	365
美国高中数学竞赛五十讲．第10卷(英文)	2015－02	38.00	366
三角函数(第2版)	2017－04	38.00	626
不等式	2014－01	38.00	312
数列	2014－01	38.00	313
方程(第2版)	2017－04	38.00	624
排列和组合	2014－01	28.00	315
极限与导数(第2版)	2016－04	38.00	635
向量(第2版)	2018－08	58.00	627
复数及其应用	2014－08	28.00	318
函数	2014－01	38.00	319
集合	2020－01	48.00	320
直线与平面	2014－01	28.00	321
立体几何(第2版)	2016－04	38.00	629
解三角形	即将出版		323
直线与圆(第2版)	2016－11	38.00	631
圆锥曲线(第2版)	2016－09	48.00	632
解题通法(一)	2014－07	38.00	326
解题通法(二)	2014－07	38.00	327
解题通法(三)	2014－05	38.00	328
概率与统计	2014－01	28.00	329
信息迁移与算法	即将出版		330

刘培杰数学工作室
已出版(即将出版)图书目录——初等数学

书　　名	出版时间	定　价	编号
IMO 50 年. 第 1 卷(1959—1963)	2014—11	28.00	377
IMO 50 年. 第 2 卷(1964—1968)	2014—11	28.00	378
IMO 50 年. 第 3 卷(1969—1973)	2014—09	28.00	379
IMO 50 年. 第 4 卷(1974—1978)	2016—04	38.00	380
IMO 50 年. 第 5 卷(1979—1984)	2015—04	38.00	381
IMO 50 年. 第 6 卷(1985—1989)	2015—04	58.00	382
IMO 50 年. 第 7 卷(1990—1994)	2016—01	48.00	383
IMO 50 年. 第 8 卷(1995—1999)	2016—06	38.00	384
IMO 50 年. 第 9 卷(2000—2004)	2015—04	58.00	385
IMO 50 年. 第 10 卷(2005—2009)	2016—01	48.00	386
IMO 50 年. 第 11 卷(2010—2015)	2017—03	48.00	646
数学反思(2006—2007)	2020—09	88.00	915
数学反思(2008—2009)	2019—01	68.00	917
数学反思(2010—2011)	2018—05	58.00	916
数学反思(2012—2013)	2019—01	58.00	918
数学反思(2014—2015)	2019—03	78.00	919
数学反思(2016—2017)	2021—03	58.00	1286
数学反思(2018—2019)	2023—01	88.00	1593
历届美国大学生数学竞赛试题集. 第一卷(1938—1949)	2015—01	28.00	397
历届美国大学生数学竞赛试题集. 第二卷(1950—1959)	2015—01	28.00	398
历届美国大学生数学竞赛试题集. 第三卷(1960—1969)	2015—01	28.00	399
历届美国大学生数学竞赛试题集. 第四卷(1970—1979)	2015—01	18.00	400
历届美国大学生数学竞赛试题集. 第五卷(1980—1989)	2015—01	28.00	401
历届美国大学生数学竞赛试题集. 第六卷(1990—1999)	2015—01	28.00	402
历届美国大学生数学竞赛试题集. 第七卷(2000—2009)	2015—08	18.00	403
历届美国大学生数学竞赛试题集. 第八卷(2010—2012)	2015—01	18.00	404
新课标高考数学创新题解题诀窍:总论	2014—09	28.00	372
新课标高考数学创新题解题诀窍:必修 1~5 分册	2014—08	38.00	373
新课标高考数学创新题解题诀窍:选修 2-1,2-2,1-1,1-2分册	2014—09	38.00	374
新课标高考数学创新题解题诀窍:选修 2-3,4-4,4-5 分册	2014—09	18.00	375
全国重点大学自主招生英文数学试题全攻略:词汇卷	2015—07	48.00	410
全国重点大学自主招生英文数学试题全攻略:概念卷	2015—01	28.00	411
全国重点大学自主招生英文数学试题全攻略:文章选读卷(上)	2016—09	38.00	412
全国重点大学自主招生英文数学试题全攻略:文章选读卷(下)	2017—01	58.00	413
全国重点大学自主招生英文数学试题全攻略:试题卷	2015—07	38.00	414
全国重点大学自主招生英文数学试题全攻略:名著欣赏卷	2017—03	48.00	415
劳埃德数学趣题大全. 题目卷.1:英文	2016—01	18.00	516
劳埃德数学趣题大全. 题目卷.2:英文	2016—01	18.00	517
劳埃德数学趣题大全. 题目卷.3:英文	2016—01	18.00	518
劳埃德数学趣题大全. 题目卷.4:英文	2016—01	18.00	519
劳埃德数学趣题大全. 题目卷.5:英文	2016—01	18.00	520
劳埃德数学趣题大全. 答案卷:英文	2016—01	18.00	521

刘培杰数学工作室
已出版(即将出版)图书目录——初等数学

书　　名	出版时间	定　价	编号
李成章教练奥数笔记.第1卷	2016—01	48.00	522
李成章教练奥数笔记.第2卷	2016—01	48.00	523
李成章教练奥数笔记.第3卷	2016—01	38.00	524
李成章教练奥数笔记.第4卷	2016—01	38.00	525
李成章教练奥数笔记.第5卷	2016—01	38.00	526
李成章教练奥数笔记.第6卷	2016—01	38.00	527
李成章教练奥数笔记.第7卷	2016—01	38.00	528
李成章教练奥数笔记.第8卷	2016—01	48.00	529
李成章教练奥数笔记.第9卷	2016—01	28.00	530
第19～23届"希望杯"全国数学邀请赛试题审题要津详细评注(初一版)	2014—03	28.00	333
第19～23届"希望杯"全国数学邀请赛试题审题要津详细评注(初二、初三版)	2014—03	38.00	334
第19～23届"希望杯"全国数学邀请赛试题审题要津详细评注(高一版)	2014—03	28.00	335
第19～23届"希望杯"全国数学邀请赛试题审题要津详细评注(高二版)	2014—03	38.00	336
第19～25届"希望杯"全国数学邀请赛试题审题要津详细评注(初一版)	2015—01	38.00	416
第19～25届"希望杯"全国数学邀请赛试题审题要津详细评注(初二、初三版)	2015—01	58.00	417
第19～25届"希望杯"全国数学邀请赛试题审题要津详细评注(高一版)	2015—01	48.00	418
第19～25届"希望杯"全国数学邀请赛试题审题要津详细评注(高二版)	2015—01	48.00	419
物理奥林匹克竞赛大题典——力学卷	2014—11	48.00	405
物理奥林匹克竞赛大题典——热学卷	2014—04	28.00	339
物理奥林匹克竞赛大题典——电磁学卷	2015—07	48.00	406
物理奥林匹克竞赛大题典——光学与近代物理卷	2014—06	28.00	345
历届中国东南地区数学奥林匹克试题及解答	2024—06	68.00	1724
历届中国西部地区数学奥林匹克试题集(2001～2012)	2014—07	18.00	347
历届中国女子数学奥林匹克试题集(2002～2012)	2014—08	18.00	348
数学奥林匹克在中国	2014—06	98.00	344
数学奥林匹克问题集	2014—01	38.00	267
数学奥林匹克不等式散论	2010—06	38.00	124
数学奥林匹克不等式欣赏	2011—09	38.00	138
数学奥林匹克超级题库(初中卷上)	2010—01	58.00	66
数学奥林匹克不等式证明方法和技巧(上、下)	2011—08	158.00	134,135
他们学什么:原民主德国中学数学课本	2016—09	38.00	658
他们学什么:英国中学数学课本	2016—09	38.00	659
他们学什么:法国中学数学课本.1	2016—09	38.00	660
他们学什么:法国中学数学课本.2	2016—09	28.00	661
他们学什么:法国中学数学课本.3	2016—09	38.00	662
他们学什么:苏联中学数学课本	2016—09	28.00	679

刘培杰数学工作室
已出版（即将出版）图书目录——初等数学

书　名	出版时间	定　价	编号
高中数学题典——集合与简易逻辑·函数	2016－07	48.00	647
高中数学题典——导数	2016－07	48.00	648
高中数学题典——三角函数·平面向量	2016－07	48.00	649
高中数学题典——数列	2016－07	58.00	650
高中数学题典——不等式·推理与证明	2016－07	38.00	651
高中数学题典——立体几何	2016－07	48.00	652
高中数学题典——平面解析几何	2016－07	78.00	653
高中数学题典——计数原理·统计·概率·复数	2016－07	48.00	654
高中数学题典——算法·平面几何·初等数论·组合数学·其他	2016－07	68.00	655
台湾地区奥林匹克数学竞赛试题.小学一年级	2017－03	38.00	722
台湾地区奥林匹克数学竞赛试题.小学二年级	2017－03	38.00	723
台湾地区奥林匹克数学竞赛试题.小学三年级	2017－03	38.00	724
台湾地区奥林匹克数学竞赛试题.小学四年级	2017－03	38.00	725
台湾地区奥林匹克数学竞赛试题.小学五年级	2017－03	38.00	726
台湾地区奥林匹克数学竞赛试题.小学六年级	2017－03	38.00	727
台湾地区奥林匹克数学竞赛试题.初中一年级	2017－03	38.00	728
台湾地区奥林匹克数学竞赛试题.初中二年级	2017－03	38.00	729
台湾地区奥林匹克数学竞赛试题.初中三年级	2017－03	28.00	730
不等式证题法	2017－04	28.00	747
平面几何培优教程	2019－08	88.00	748
奥数鼎级培优教程.高一分册	2018－09	88.00	749
奥数鼎级培优教程.高二分册.上	2018－04	68.00	750
奥数鼎级培优教程.高二分册.下	2018－04	68.00	751
高中数学竞赛冲刺宝典	2019－04	68.00	883
初中尖子生数学超级题典.实数	2017－07	58.00	792
初中尖子生数学超级题典.式、方程与不等式	2017－08	58.00	793
初中尖子生数学超级题典.圆、面积	2017－08	38.00	794
初中尖子生数学超级题典.函数、逻辑推理	2017－08	48.00	795
初中尖子生数学超级题典.角、线段、三角形与多边形	2017－07	58.00	796
数学王子——高斯	2018－01	48.00	858
坎坷奇星——阿贝尔	2018－01	48.00	859
闪烁奇星——伽罗瓦	2018－01	58.00	860
无穷统帅——康托尔	2018－01	48.00	861
科学公主——柯瓦列夫斯卡娅	2018－01	48.00	862
抽象代数之母——埃米·诺特	2018－01	48.00	863
电脑先驱——图灵	2018－01	58.00	864
昔日神童——维纳	2018－01	48.00	865
数坛怪侠——爱尔特希	2018－01	68.00	866
传奇数学家徐利治	2019－09	88.00	1110

刘培杰数学工作室
已出版(即将出版)图书目录——初等数学

书　　名	出版时间	定　价	编号
当代世界中的数学.数学思想与数学基础	2019—01	38.00	892
当代世界中的数学.数学问题	2019—01	38.00	893
当代世界中的数学.应用数学与数学应用	2019—01	38.00	894
当代世界中的数学.数学王国的新疆域(一)	2019—01	38.00	895
当代世界中的数学.数学王国的新疆域(二)	2019—01	38.00	896
当代世界中的数学.数林撷英(一)	2019—01	38.00	897
当代世界中的数学.数林撷英(二)	2019—01	48.00	898
当代世界中的数学.数学之路	2019—01	38.00	899
105 个代数问题:来自 AwesomeMath 夏季课程	2019—02	58.00	956
106 个几何问题:来自 AwesomeMath 夏季课程	2020—07	58.00	957
107 个几何问题:来自 AwesomeMath 全年课程	2020—07	58.00	958
108 个代数问题:来自 AwesomeMath 全年课程	2019—01	68.00	959
109 个不等式:来自 AwesomeMath 夏季课程	2019—04	58.00	960
110 个几何问题:选自各国数学奥林匹克竞赛	2024—04	58.00	961
111 个代数和数论问题	2019—05	58.00	962
112 个组合问题:来自 AwesomeMath 夏季课程	2019—05	58.00	963
113 个几何不等式:来自 AwesomeMath 夏季课程	2020—08	58.00	964
114 个指数和对数问题:来自 AwesomeMath 夏季课程	2019—09	48.00	965
115 个三角问题:来自 AwesomeMath 夏季课程	2019—09	58.00	966
116 个代数不等式:来自 AwesomeMath 全年课程	2019—04	58.00	967
117 个多项式问题:来自 AwesomeMath 夏季课程	2021—09	58.00	1409
118 个数学竞赛不等式	2022—08	78.00	1526
119 个三角问题	2024—05	58.00	1726
紫色彗星国际数学竞赛试题	2019—02	58.00	999
数学竞赛中的数学:为数学爱好者、父母、教师和教练准备的丰富资源.第一部	2020—04	58.00	1141
数学竞赛中的数学:为数学爱好者、父母、教师和教练准备的丰富资源.第二部	2020—07	48.00	1142
和与积	2020—10	38.00	1219
数论:概念和问题	2020—12	68.00	1257
初等数学问题研究	2021—03	48.00	1270
数学奥林匹克中的欧几里得几何	2021—10	68.00	1413
数学奥林匹克题解新编	2022—01	58.00	1430
图论入门	2022—09	58.00	1554
新的、更新的、最新的不等式	2023—07	58.00	1650
几何不等式相关问题	2024—04	58.00	1721
数学归纳法——一种高效而简捷的证明方法	2024—06	48.00	1738
数学竞赛中奇妙的多项式	2024—01	78.00	1646
120 个奇妙的代数问题及 20 个奖励问题	2024—04	48.00	1647

书　　　名	出版时间	定　价	编号
澳大利亚中学数学竞赛试题及解答(初级卷)1978～1984	2019－02	28.00	1002
澳大利亚中学数学竞赛试题及解答(初级卷)1985～1991	2019－02	28.00	1003
澳大利亚中学数学竞赛试题及解答(初级卷)1992～1998	2019－02	28.00	1004
澳大利亚中学数学竞赛试题及解答(初级卷)1999～2005	2019－02	28.00	1005
澳大利亚中学数学竞赛试题及解答(中级卷)1978～1984	2019－03	28.00	1006
澳大利亚中学数学竞赛试题及解答(中级卷)1985～1991	2019－03	28.00	1007
澳大利亚中学数学竞赛试题及解答(中级卷)1992～1998	2019－03	28.00	1008
澳大利亚中学数学竞赛试题及解答(中级卷)1999～2005	2019－03	28.00	1009
澳大利亚中学数学竞赛试题及解答(高级卷)1978～1984	2019－05	28.00	1010
澳大利亚中学数学竞赛试题及解答(高级卷)1985～1991	2019－05	28.00	1011
澳大利亚中学数学竞赛试题及解答(高级卷)1992～1998	2019－05	28.00	1012
澳大利亚中学数学竞赛试题及解答(高级卷)1999～2005	2019－05	28.00	1013
天才中小学生智力测验题.第一卷	2019－03	38.00	1026
天才中小学生智力测验题.第二卷	2019－03	38.00	1027
天才中小学生智力测验题.第三卷	2019－03	38.00	1028
天才中小学生智力测验题.第四卷	2019－03	38.00	1029
天才中小学生智力测验题.第五卷	2019－03	38.00	1030
天才中小学生智力测验题.第六卷	2019－03	38.00	1031
天才中小学生智力测验题.第七卷	2019－03	38.00	1032
天才中小学生智力测验题.第八卷	2019－03	38.00	1033
天才中小学生智力测验题.第九卷	2019－03	38.00	1034
天才中小学生智力测验题.第十卷	2019－03	38.00	1035
天才中小学生智力测验题.第十一卷	2019－03	38.00	1036
天才中小学生智力测验题.第十二卷	2019－03	38.00	1037
天才中小学生智力测验题.第十三卷	2019－03	38.00	1038
重点大学自主招生数学备考全书:函数	2020－05	48.00	1047
重点大学自主招生数学备考全书:导数	2020－08	48.00	1048
重点大学自主招生数学备考全书:数列与不等式	2019－10	78.00	1049
重点大学自主招生数学备考全书:三角函数与平面向量	2020－08	68.00	1050
重点大学自主招生数学备考全书:平面解析几何	2020－07	58.00	1051
重点大学自主招生数学备考全书:立体几何与平面几何	2019－08	48.00	1052
重点大学自主招生数学备考全书:排列组合·概率统计·复数	2019－09	48.00	1053
重点大学自主招生数学备考全书:初等数论与组合数学	2019－08	48.00	1054
重点大学自主招生数学备考全书:重点大学自主招生真题.上	2019－04	68.00	1055
重点大学自主招生数学备考全书:重点大学自主招生真题.下	2019－04	58.00	1056
高中数学竞赛培训教程:平面几何问题的求解方法与策略.上	2018－05	68.00	906
高中数学竞赛培训教程:平面几何问题的求解方法与策略.下	2018－06	78.00	907
高中数学竞赛培训教程:整除与同余以及不定方程	2018－01	88.00	908
高中数学竞赛培训教程:组合计数与组合极值	2018－04	48.00	909
高中数学竞赛培训教程:初等代数	2019－04	78.00	1042
高中数学讲座:数学竞赛基础教程(第一册)	2019－06	48.00	1094
高中数学讲座:数学竞赛基础教程(第二册)	即将出版		1095
高中数学讲座:数学竞赛基础教程(第三册)	即将出版		1096
高中数学讲座:数学竞赛基础教程(第四册)	即将出版		1097

刘培杰数学工作室
已出版(即将出版)图书目录——初等数学

书 名	出版时间	定 价	编号
新编中学数学解题方法 1000 招丛书.实数(初中版)	2022—05	58.00	1291
新编中学数学解题方法 1000 招丛书.式(初中版)	2022—05	48.00	1292
新编中学数学解题方法 1000 招丛书.方程与不等式(初中版)	2021—04	58.00	1293
新编中学数学解题方法 1000 招丛书.函数(初中版)	2022—05	38.00	1294
新编中学数学解题方法 1000 招丛书.角(初中版)	2022—05	48.00	1295
新编中学数学解题方法 1000 招丛书.线段(初中版)	2022—05	48.00	1296
新编中学数学解题方法 1000 招丛书.三角形与多边形(初中版)	2021—04	48.00	1297
新编中学数学解题方法 1000 招丛书.圆(初中版)	2022—05	48.00	1298
新编中学数学解题方法 1000 招丛书.面积(初中版)	2021—07	28.00	1299
新编中学数学解题方法 1000 招丛书.逻辑推理(初中版)	2022—06	48.00	1300
高中数学题典精编.第一辑.函数	2022—01	58.00	1444
高中数学题典精编.第一辑.导数	2022—01	68.00	1445
高中数学题典精编.第一辑.三角函数·平面向量	2022—01	68.00	1446
高中数学题典精编.第一辑.数列	2022—01	58.00	1447
高中数学题典精编.第一辑.不等式·推理与证明	2022—01	58.00	1448
高中数学题典精编.第一辑.立体几何	2022—01	58.00	1449
高中数学题典精编.第一辑.平面解析几何	2022—01	68.00	1450
高中数学题典精编.第一辑.统计·概率·平面几何	2022—01	58.00	1451
高中数学题典精编.第一辑.初等数论·组合数学·数学文化·解题方法	2022—01	58.00	1452
历届全国初中数学竞赛试题分类解析.初等代数	2022—09	98.00	1555
历届全国初中数学竞赛试题分类解析.初等数论	2022—09	48.00	1556
历届全国初中数学竞赛试题分类解析.平面几何	2022—09	38.00	1557
历届全国初中数学竞赛试题分类解析.组合	2022—09	38.00	1558
从三道高三数学模拟题的背景谈起:兼谈傅里叶三角级数	2023—03	48.00	1651
从一道日本东京大学的入学试题谈起:兼谈 π 的方方面面	即将出版		1652
从两道 2021 年福建高三数学测试题谈起:兼谈球面几何学与球面三角学	即将出版		1653
从一道湖南高考数学试题谈起:兼谈有界变差数列	2024—01	48.00	1654
从一道高校自主招生试题谈起:兼谈詹森函数方程	即将出版		1655
从一道上海高考数学试题谈起:兼谈有界变差函数	即将出版		1656
从一道北京大学金秋营数学试题的解法谈起:兼谈伽罗瓦理论	即将出版		1657
从一道北京高考数学试题的解法谈起:兼谈毕克定理	即将出版		1658
从一道北京大学金秋营数学试题的解法谈起:兼谈帕塞瓦尔恒等式	即将出版		1659
从一道高三数学模拟测试题的背景谈起:兼谈等周问题与等周不等式	即将出版		1660
从一道 2020 年全国高考数学试题的解法谈起:兼谈斐波那契数列和纳卡穆拉定理及奥斯图达定理	即将出版		1661
从一道高考数学附加题谈起:兼谈广义斐波那契数列	即将出版		1662

刘培杰数学工作室
已出版（即将出版）图书目录——初等数学

书　名	出版时间	定　价	编号
代数学教程.第一卷,集合论	2023－08	58.00	1664
代数学教程.第二卷,抽象代数基础	2023－08	68.00	1665
代数学教程.第三卷,数论原理	2023－08	58.00	1666
代数学教程.第四卷,代数方程式论	2023－08	48.00	1667
代数学教程.第五卷,多项式理论	2023－08	58.00	1668
代数学教程.第六卷,线性代数原理	2024－06	98.00	1669
中考数学培优教程——二次函数卷	2024－05	78.00	1718
中考数学培优教程——平面几何最值卷	2024－05	58.00	1719
中考数学培优教程——专题讲座卷	2024－05	58.00	1720

联系地址：哈尔滨市南岗区复华四道街 10 号　哈尔滨工业大学出版社刘培杰数学工作室
邮　　编：150006
联系电话：0451－86281378　　13904613167
E-mail：lpj1378@163.com